JN273341

街へ野山へ

楽しい木めぐり

ポケット スケッチ図鑑
616種

開 誠 文・絵

近代出版

はじめに

　最近、自然や自然保護への関心が高まっていますが、私は数年にわたり、街の中や都市郊外の野山を、主宰していた植物教室の生徒さんと一緒に歩き、植物を観察し、名前を教えてきました。そのなかで、多くの方々が、普通の生活の中にある身近な植物の名を知りたいという強い気持ちをお持ちだということを感じてきました。例えば毎日の通勤や買い物の往復の道、散歩の道や公園の中などで、普通に出会う植物の名を知りたいという思いです。以前、このような思いをもつ数人の方々に、毎日の通勤路や家の周囲の野草地図・樹木地図を作ってさしあげましたが、もし御自分でこのような地図を作れるようになったら、どんなに楽しいことでしょう。このような経験から、誰にでも気軽に親しめる樹木の本を作ることにしました。

　以前から全国各地に出掛けたとき、樹木の写真を撮りためていました。デジタルカメラが普及してからは、植物全体・花・葉・果実・幹など各部位の撮影も気軽にできるようになり、十分な資料が得られました。本書はこの資料を基に作りました。さらに、植物教室で作った手描き絵のテキストを、加筆訂正して使用しました。

　記載した樹種は都市や都市郊外でよく見られる木を中心にして、海岸地帯やあまり高くない山にある種類も加えました。

　そして、あえて写真を使わず、樹木の各部位の特徴をわかりやすく示すために、見分けやすい角度や大きさを自由に変更できる「画」にしました。画はできるだけ単純化してあります。近縁種や間違えやすい種類は、同じ頁や見開頁に載せ、混同しないための説明を加えました。

樹木の種類を見分けるには、花はもちろんですが、葉の形や葉の付き方、鋸歯の有無などを分類して探し出す方法があります。しかし、初心者を対象としたこの本では、あえてそのような方法をとらず、10種類に分類されている頁を、パラパラとめくりながら探し出す方法にしました。結果的にはこの原始的と思われる方法のほうが見つけやすいことを、大勢の初心者と接するなかで実感したからです。

　本の目的から考え、持ち歩きに便利なようにポケット版にし、文章は電車の中でも旅行の途中でも読めるような気楽な内容としました。散歩や旅行などでお出掛けのときにポケットに入れて、ちょっと気になる木を調べていただきたいと思います。

　生活の近くにある樹木の名前が言えたら、そして旅先で目的地に着き最初に目に入る街路樹を知っていたら、きっと豊かで優しい気持ちになれることでしょう。この本が、そのお手伝いになればとても嬉しいです。

　この本の出版にあたり、私の考え方を理解し編集・制作をしてくださった小林栄三氏、神原　文氏、校正をしてくださった村田光崇氏、出版を引き受けてくださった近代出版の菅原律子社長に対し心から御礼申し上げます。

2007 年 夏　　　開　誠

この本の使い方

　一般に草花の名を調べるのは、花が咲いている時期だけのことが多いのですが、樹木の場合は花のない葉だけの時期でも名を知りたくなります。そこで、この本では、花の形や色はもちろんですが、葉・果実や樹皮などもわかりやすく描きました。

　また、樹木の名を調べる方法としては、初心者には難しく感じる花や葉の形状を分類して見つけだす方法ではなく、いくつかの特徴で分類した頁を、パラパラとめくりながら見つけだす方法にしました。分類は、街路樹、針葉樹・竹など、つる性樹木、果樹、高木、低木にしました。高木と低木については、さらに花の色からそれぞれ紅紫色花・白色花・黄緑色花に分けました。全部で 10 分類です。

それぞれの分類の簡単な基準は次のとおりです。

[街路樹]　全国の主な都市で発行している街路樹地図を参考に、比較的なじみがある種を選びました。また、その近縁種も比較のため載せました。

[針葉樹・竹など]　学術的には被子植物の単子葉類と裸子植物で、マツ・ヒノキ・スギ・タケなどです。

[つる性樹木]　ほかの植物に巻きついて伸びたり（フジなど）、くっついて伸びる（ツタなど）樹木です。ただし、ツルアジサイのようにアジサイと見比べたほうがわかりやすい場合などは、アジサイの次の頁に載せました。

[果樹]　リンゴ・ナシ・ミカンなどです。

[高木と低木]　明快な区分にはせず、高さが家の軒下までなら低木、それ以上なら高木といったような、曖昧で感覚的な基準で分けました。

[花色]　高木と低木は、さらに紅紫色花・白色花・黄緑色花に分けました。花のなかには白色から黄色系に変化するものもありますが、その色の期間が長いと思われるほうに載せました。

[葉や花の形状の説明]　画の横に簡単な説明をしました。花と果実の時期、落葉常緑の区別、樹木の高さ、葉の形、さらに必要に応じ鋸歯の有無、葉の付き方、複葉・3出複葉などを示しました。

[花期・果期の内容]　花期は開花期間を示し、果期は果実が成熟するころを示しました。

[分布]　例えば、北海道〜沖縄とした場合は、北海道・本州・四国・九州・沖縄に分布することを示します。関東〜九州の場合は本州の関東以西・四国・九州に分布することを示します。

　街の中の木を調べる場合は、まず街路樹から見ることをお勧めします。野山の木でも街路樹として使われることも多いので、街路樹の項は必ず注意して見てください。高木か低木か迷うことがあると思います。花色も白花か黄緑色花か判断できないかもしれません。このように判断に迷うときは面倒でも両方を探してみてください。少し辛抱強く頁をパラパラとめくっていただければ、必ず目的の樹木にたどりつけるはずです。

　植物の分類や分布などは、山と渓谷社の『樹に咲く花』山渓ハンディ図鑑3・4・5巻を参考にしました。

目　　次

■ 街路樹　　　　　1

■ 針葉樹・竹など　59

■ つる性樹木　　　85

■ 果　樹　　　　　109

■ 高　木　　　　　125

　　　紅紫色花 126

　　　白 色 花 150

　　　黄緑色花 198

■ 低　木　　　　　263

　　　紅紫色花 264

　　　白 色 花 304

　　　黄緑色花 328

　　　索　引　　　　358

街路樹

日頃、最も多く目にしている木は街路樹です。旅行などのときでも、目的地で最初に目にする木は街路樹です。住んでいる街の街路樹の名をすべて言えたらそれは素晴らしいことです。

ここでは街路樹として一般的なものを載せましたが、その他に、街路樹として見られるシラカシ・アカガシやウバメガシなどに関連して、同じカシの仲間のウラジロガシ・イチイガシやツクバネガシなども、相互の比較が容易なように近接する頁に載せました。サクラの仲間なども同様です。

日本の街路樹は中国の制度を見聞きした留学僧の進言により、天平宝字3年（759）に始まったといわれています。明治時代になると西欧文化の導入により、それまでは神社仏閣の参道が主だったものが、一気に一般道に広がりました。

街路樹はその街の印象を左右する重要な背景です。ぜひ覚えていただきたいと思います。

街路樹

ハクウンボク　白雲木

● 花期 5〜6月　● 果期 10月頃　● 落葉

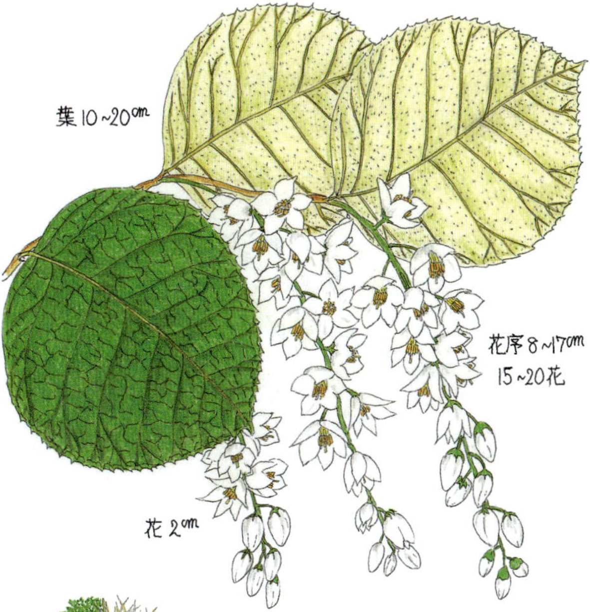

葉 10〜20cm

花序 8〜17cm
15〜20花

花 2cm

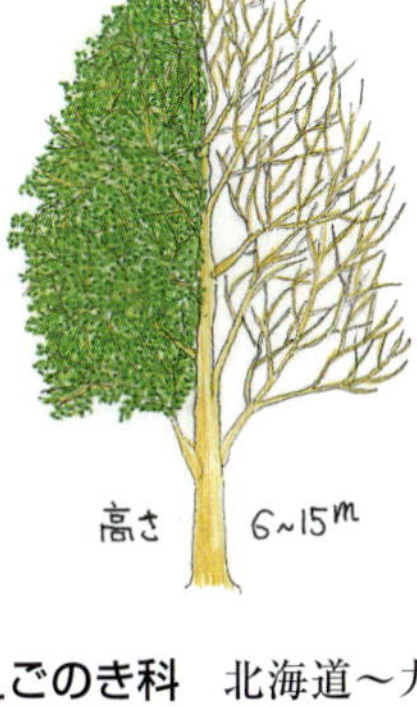

高さ 6〜15m

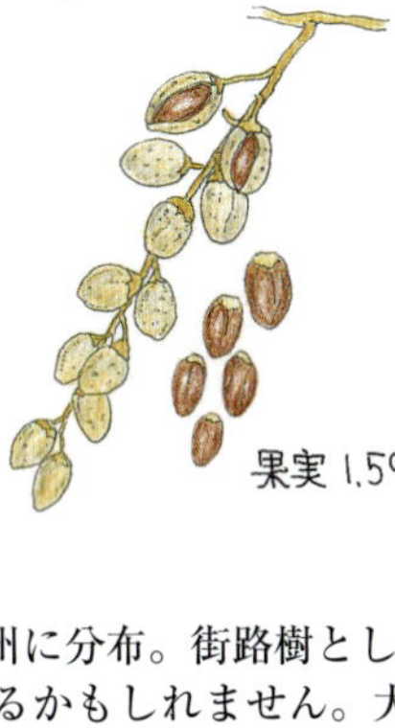

果実 1.5cm

えごのき科　北海道〜九州に分布。街路樹としてよりも、公園や寺社のほうが多く見かけるかもしれません。大きな葉の下側に、白い花が雲のように群がって咲く姿は見応えがあります。花が散った後、地面に落ちた白い花びらも美しく風情があり、白雲の意味はこれかと思うこともあります。花は清楚な印象を与えます。

エゴノキ

● 花期 5〜6月　● 果期 9月頃　● 落葉

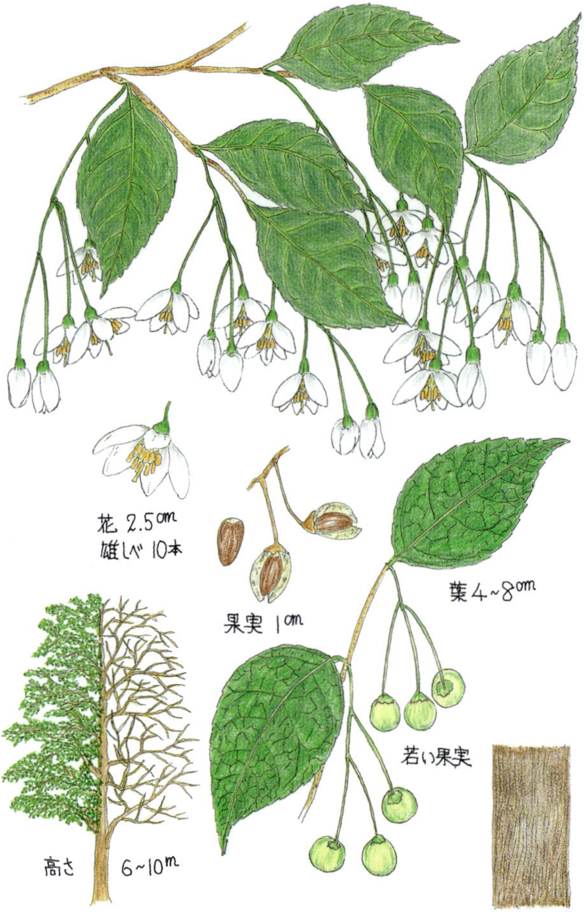

街路樹

花 2.5cm
雄しべ 10本

果実 1cm

葉 4〜8cm

若い果実

高さ 6〜10m

えごのき科　別名チシャノキ　北海道（日高）〜沖縄に分布。公園や寺社でもよく見かけます。前頁のハクウンボクと似ていますが、葉の大きさや花のつき方が異なります。葉の下で群れ咲く花も素敵ですが、熟す前の青白い果実も神秘的で綺麗です。エゴノキの名は、果皮がえごい（えぐい）ことからといわれます。

3

街路樹

ライラック

●花期 4〜5月　●果期 11月頃　●落葉

花序 10〜20cm

花 0.5〜1cm

葉 4〜10cm

果実 1.5cm

高さ　2〜5m

もくせい科　別名リラ・ムラサキハシドイ　ヨーロッパ南部原産で日本には明治中期に渡来。北海道では街路樹として盛んに利用され、道を代表するイメージの一つになりました。東日本では庭木としても一般的です。丸い葉が優しく花に芳香があり、ライラックやリラの名の響きとともにロマンチックな気分を誘います。

ハシドイ

●花期 6〜7月　●果期 11月頃　●落葉

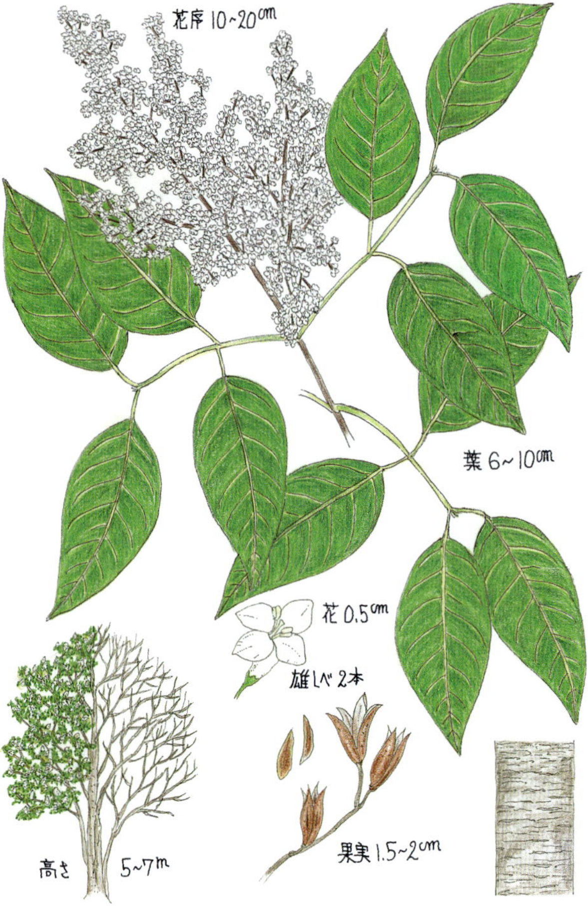

街路樹

花序 10〜20cm

葉 6〜10cm

花 0.5cm

雄しべ 2本

高さ　5〜7m

果実 1.5〜2cm

もくせい科　北海道〜九州に分布。街路樹としてより公園樹のほうが一般的です。花には前頁のライラックと同じような芳香があります。花が枝の先端につくので「ハシドイ」の名がつきました。ライラックの花が終わった頃から咲き始めます。葉だけの時期でのライラックとの見分けは、葉が少し細長いことくらいです。

街路樹

シダレヤナギ　枝垂柳

●花期 3〜4月　●果期 5月頃　●落葉

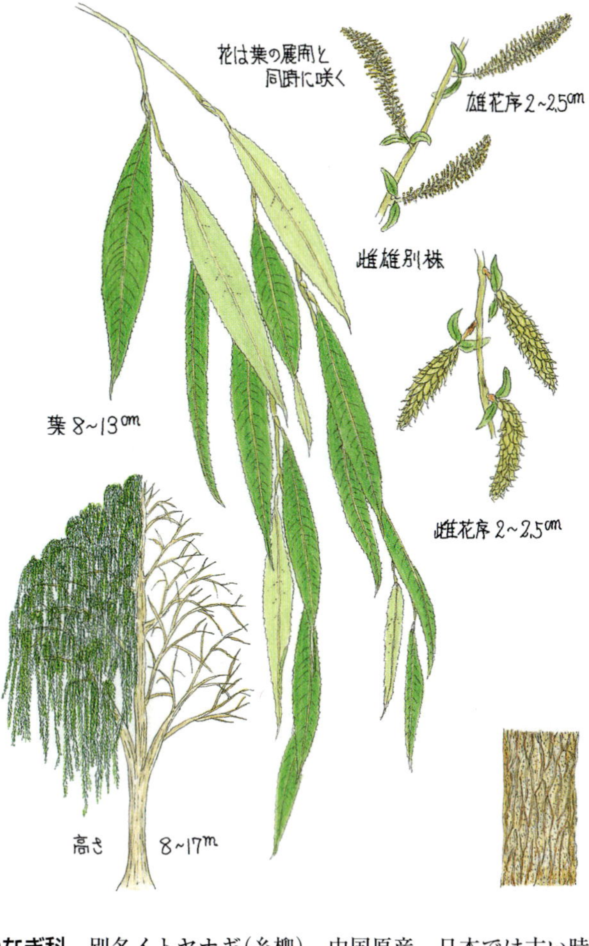

花は葉の展開と
同時に咲く

雄花序 2〜2.5cm

雌雄別株

雌花序 2〜2.5cm

葉 8〜13cm

高さ　8〜17m

やなぎ科　別名イトヤナギ（糸柳）　中国原産。日本では古い時代から街のお堀端や運河沿いに多く植えられ、独特の風情をかもし出しています。ヤナギには多種ありますが、単に「ヤナギ」といった場合、大体はこのシダレヤナギのことを指しています。雌雄別株ですが、日本へは雄株（雄花）だけ渡来しました。

6

ウンリュウヤナギ　雲竜柳

●花期 3月　●果期 5月　●落葉

街路樹

葉 5~10cm

花は葉の展開と同時に咲く

雄花序 2~2.5cm

高さ　10~20cm

雌雄別株
日本には雄株だけ

やなぎ科　中国原産。街路樹としても見られますが、公園や庭園で多く見かけます。前頁のシダレヤナギの下には日本風の幽霊がよく似合いますが、このウンリュウヤナギの枝は曲がりくねり、葉がよじれ、すごみがあるので、幽霊より妖怪が似合いそうです。特徴の面白さから、花材としても盛んに利用されています。

ポプラ

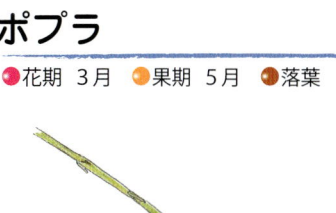

●花期 3月　●果期 5月　●落葉

街路樹

葉 4～5cm

花は葉の展開前に開花

雄花序4～7cm

雌花別株

高さ　30～40m

やなぎ科　別名セイヨウハコヤナギ（西洋箱柳）・イタリアヤマナラシ（イタリア山鳴らし）　ヨーロッパ原産。北海道の風景によく似合います。根が浅く強風で倒れやすい欠点があり、市街地の街路樹は減りました。全国各地で「ポプラ」と名のつく保育園・喫茶店・レストランなどに出会います。誰もが親しみを感じる木です。

ユリノキ　百合の木

● 花期 5〜6月　● 果期 10月頃　● 落葉

街路樹

花5〜6cm

花被片9枚

葉 10〜15cm

葉の形はいろいろ

← 落葉後もこの形のまま残る

高さ　20m

果実 3cm

もくれん科　別名ハンテンボク（半纏木）・チューリップツリー
北米原産。堂々とした樹形が好まれ、街路樹以外でも校庭や公園
に植えられます。葉が半纏の形に、花がチューリップの形に似て
いるのが別名の由来です。白亜紀からの生き残りで、首長草食恐
竜が葉をムシャムシャと食べていた姿を想像してみてください。

9

街路樹

シモクレン　紫木蓮

●花期 3〜4月　●果期 10月頃　●落葉　（3種とも）

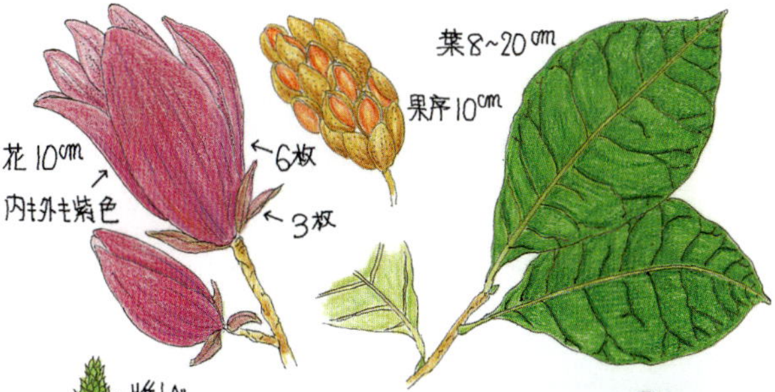

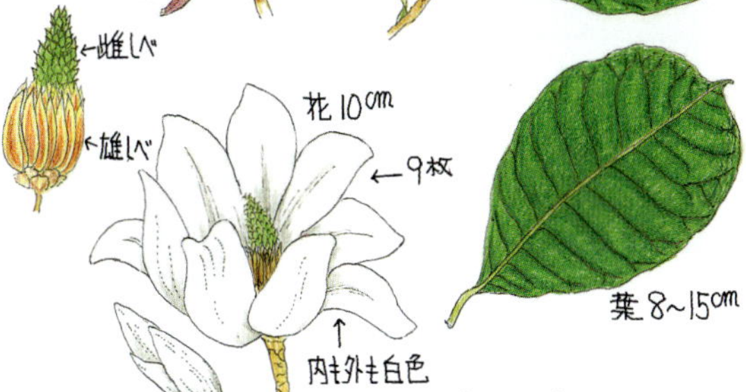

葉 8〜20cm
果序 10cm

花 10cm
内も外も紫色
←6枚
←3枚

←雄しべ
←雄しべ

花 10cm
←9枚
内も外も白色

ハクモクレン　白木蓮

葉 8〜15cm

内は白色、外は紫色
花 8〜10cm

高さ　5〜15m

葉 8〜13cm

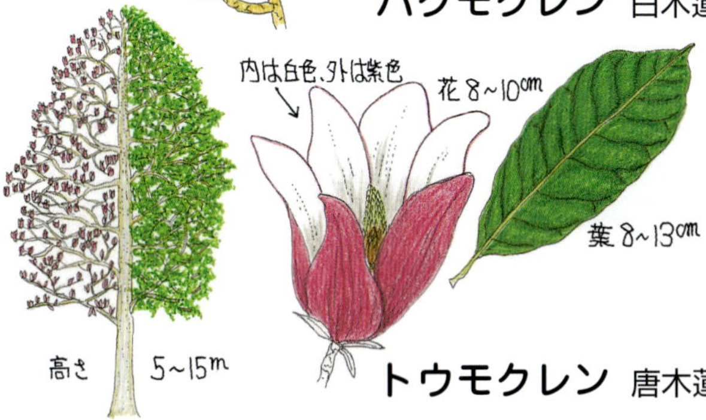

トウモクレン　唐木蓮

もくれん科　いずれも中国原産。紫色のシモクレンは単にモクレンと呼ばれます。葉が少し細く花弁に赤い縁取りのあるトウモクレンはモクレンの変種。3種とも街路樹・公園・庭木として大活躍です。枝いっぱいに花が咲く春は話題の有名人ですが、葉だけになると、落ち目の芸能人のように見向きもされません。

10

コブシ　辛夷

● 花期 3〜4月　● 果期 10月頃　● 落葉　（3種とも）

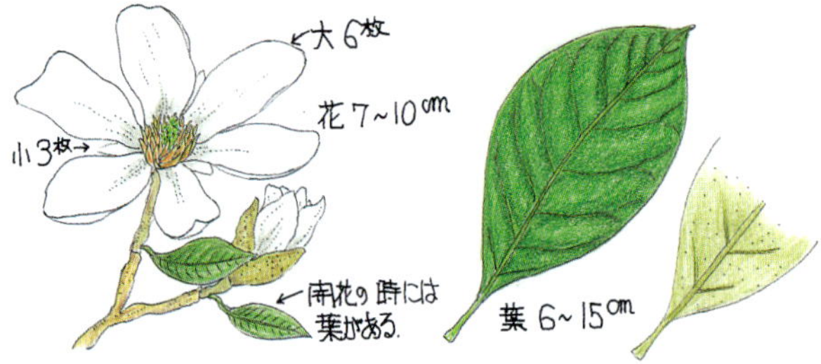

街路樹

大 6枚

花 7~10cm

小 3枚

開花の時には
葉がある.

葉 6~15cm

タムシバ　噛柴

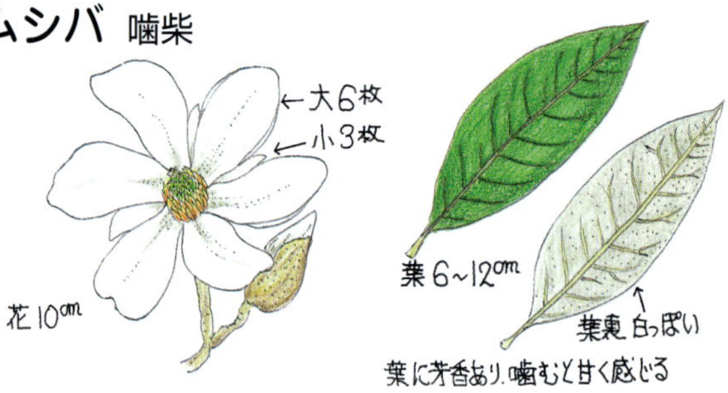

大 6枚

小 3枚

花 10cm

葉 6~12cm

葉裏 白っぽい

葉に芳香あり. 噛むと甘く感じる

シデコブシ　四手辛夷

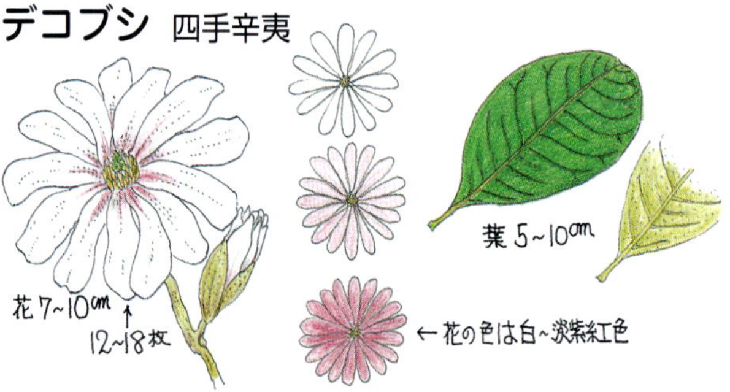

花 7~10cm

12~18枚

葉 5~10cm

← 花の色は白~淡紫紅色

もくれん科　コブシは北海道〜九州に分布。「北国の春」に唄われ、春を告げる花として有名になりました。タムシバ(別名ニオイコブシ　匂い辛夷)は本州〜九州に分布。シデコブシ(別名ヒメコブシ　姫辛夷)は本州の東海地方に分布。前頁の3種を含め各種モクレン仲間の特徴の違いを、もう一度確認してみてください。

11

トウカエデ　唐楓

街路樹

● 花期　4〜5月　● 果期　10月頃　● 落葉

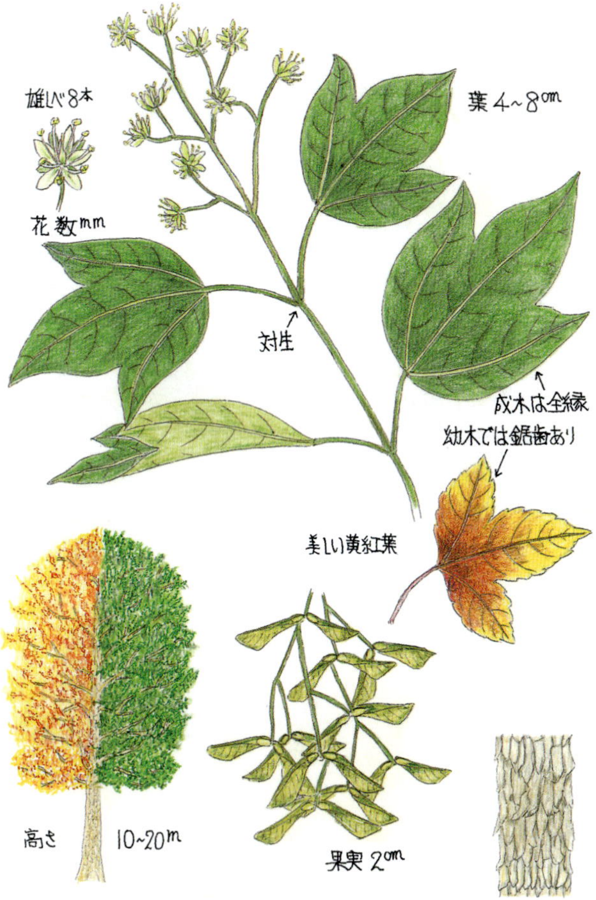

雄しべ8本

花 数mm

葉 4〜8cm

対生

成木は全縁

幼木では鋸歯あり

美しい黄紅葉

高さ　10〜20m

果実 2cm

かえで科　中国原産。日本へは江戸時代に渡来し、今は街路樹として全国のいたる所で見られます。葉の3裂に愛嬌があり新緑や紅葉もまた綺麗です。この紅葉を楽しみにしている人も多く、株による色合いの違いが大きいことも魅力のひとつです。ほかのカエデの仲間(p.140〜145)との違いを見比べてください。

ヤマモモ　山桃

● 花期 3〜4月　● 果期 6月頃　● 常緑

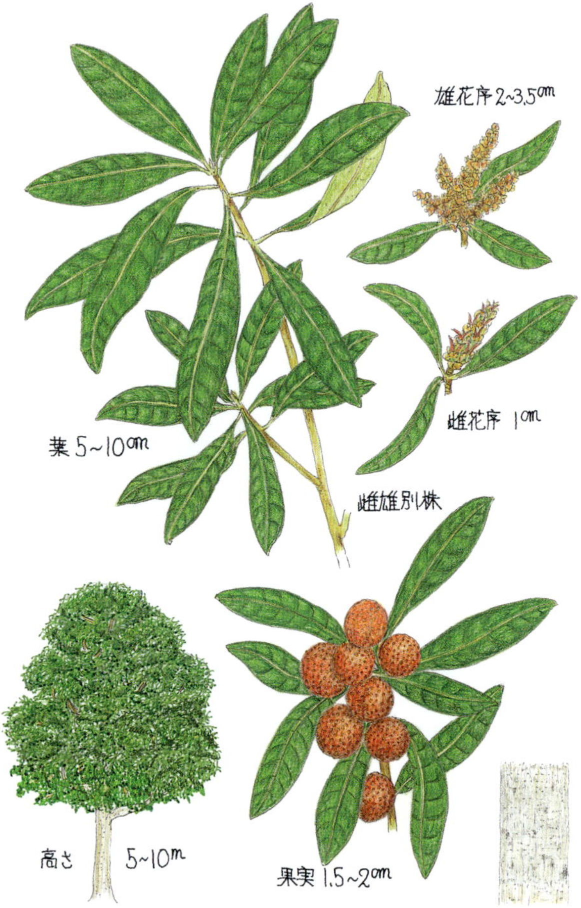

街路樹

雄花序 2〜3.5cm

雌花序 1cm

葉 5〜10cm

雌雄別株

高さ　5〜10m

果実 1.5〜2cm

やまもも科　本州〜沖縄に分布。高知県は県の木に指定していま
す。赤く熟す果実は、本当においしそうです。徳島県は江戸時代
から品種改良事業の記録もあり、高知県とともに産地です。街路
樹は道路の汚れを考慮して雄株を植えますが、時に雌株も見られ
ます。トベラ (p.179) やモッコク (p.197) とよく間違えられます。

ソメイヨシノ　染井吉野

街路樹

●花期 3〜4月　●果期 5〜6月　●落葉

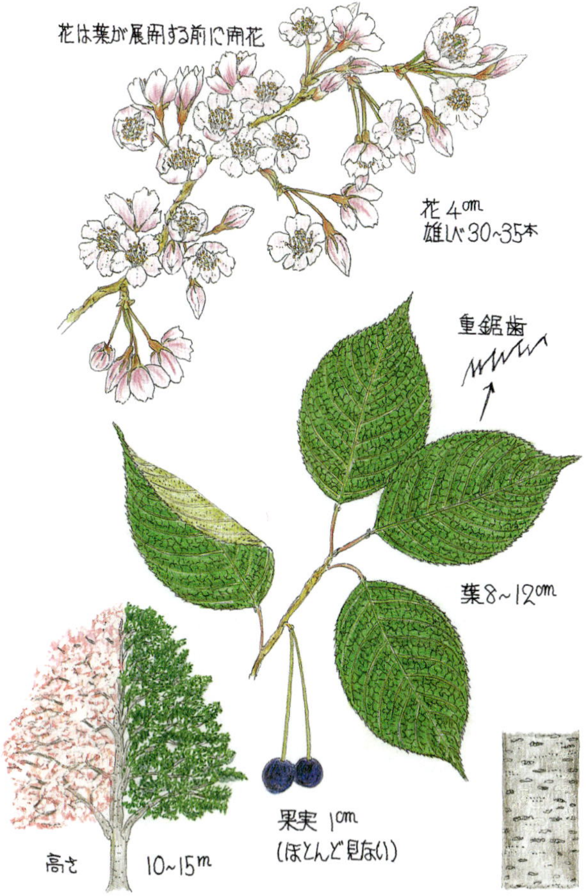

花は葉が展開する前に開花

花 4cm
雄しべ 30〜35本

重鋸歯

葉 8〜12cm

高さ　10〜15m

果実 1cm
(ほとんど見ない)

ばら科　北海道〜九州に栽植。街路樹はもちろん、公園や土手にも盛んに植えられます。次頁のエドヒガンとオオシマザクラの雑種から作られたといわれ、江戸時代末期江戸染井村(現東京都豊島区)から吉野桜の名で売り出されました。明治になり「染井吉野」の名になり、日本全国で最も親しまれているサクラの品種です。

エドヒガン　江戸彼岸

● 花期 3〜4月　● 果期 5〜6月　● 落葉　（2種とも）

街路樹

花 白色〜淡紅色

花 2.5cm

花は葉が展開する前に開花

葉 6〜12cm

オオシマザクラ
大島桜

花 1.5〜2.5cm

花 淡紅色

花は葉の展開とほぼ
同時に開花

葉 8〜13cm

ばら科　この2種がソメイヨシノの両親です。エドヒガンは春の彼岸の頃に咲き、江戸で多く植えられたことからの名です。オオシマザクラは房総・三浦・伊豆半島（諸島）を中心に分布。白い花の開花と同時に葉が展開します。果実がよく付きおいしいです。この3種を見分けるときに、葉の鋸歯の形にも注目してください。

15

ヤマザクラ　山桜

街路樹

● 花期　3月下旬〜4月上旬　● 果期　5〜6月　● 落葉

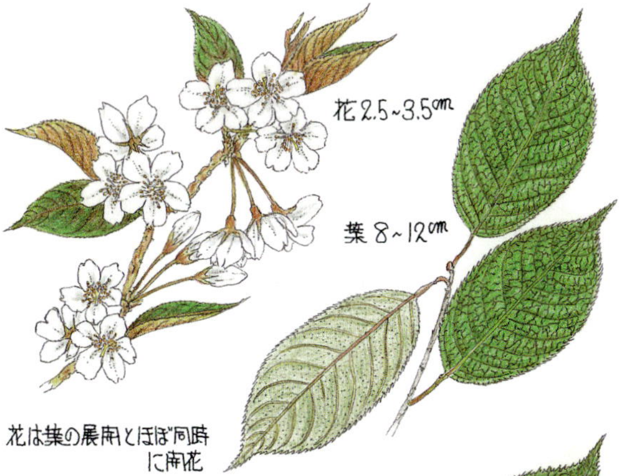

花 2.5~3.5㎝

葉 8~12㎝

花は葉の展開とほぼ同時に開花

オオヤマザクラ
大山桜
● 花期　4〜5月

葉 8~15㎝
葉の基部ハート形

カスミザクラ
霞桜
● 花期　4〜5月

葉 8~12㎝

高さ
15~25m

ばら科　ヤマザクラは宮城以西〜九州、他2種は北海道〜四国に分布。カスミザクラは別名ケヤマザクラ（毛山桜）といわれ、寒い地方の街路樹や公園樹としてよく使われます。前頁のオオシマザクラとこの頁の3種の大きな特徴は、花が咲く時に葉も一緒に出ることです。花と新緑が同時に楽しめます。

16

カンヒザクラ　寒緋桜

● 花期 1〜3月　● 果期 5〜6月　● 落葉

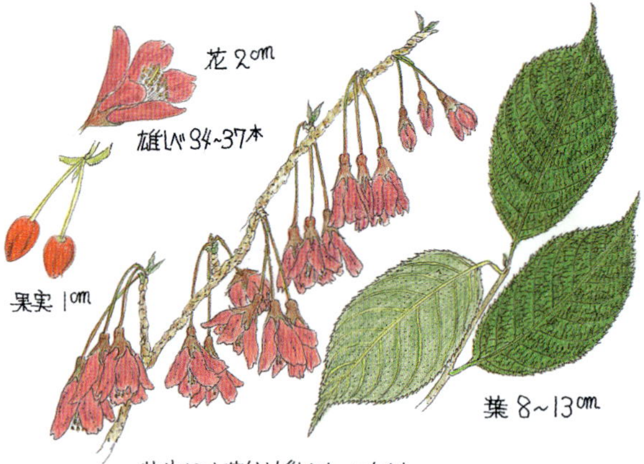

街路樹

花 2cm

雄しべ 34〜37本

果実 1cm

葉 8〜13cm

落花しても花弁も雄しべもついたまま

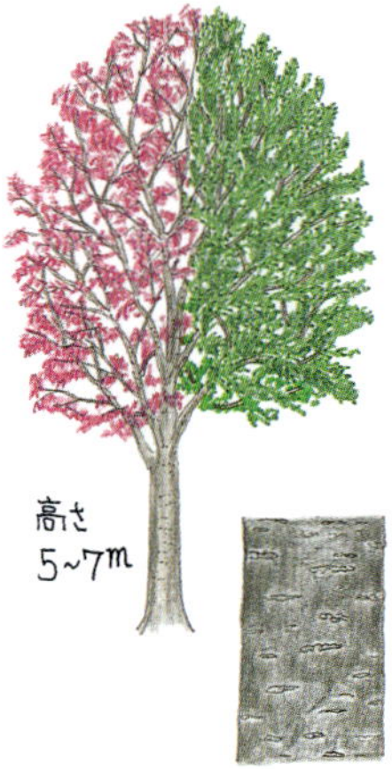

リュウキュウカンヒザクラ
琉球寒緋桜

花 3cm　カンヒザクラに比べ花弁が開き、
色が薄い

カンザクラ
寒桜

花 2.5〜3.5cm　カンヒザクラとヤマザクラの雑種

カワヅザクラ
河津桜

花 3cm　カンヒザクラを片親とする品種

高さ
5〜7m

ばら科　カンヒザクラ（別名ヒカンザクラ緋寒桜）は台湾・中国南部原産。沖縄でよく見られるサクラです。本州では伊豆など暖かい所に植えられました。濃紅紫色の花弁は大きく開かず、散る時も花の形のまま落ちます。早咲き桜で有名な伊豆半島河津町のカワヅザクラは、このカンヒザクラを片親とする品種です。

ハナモモ　花桃

● 花期 3〜4月　● 落葉

街路樹

枝垂れ品種も多い

花色は　いろいろある

高さ 3〜8m

八重花　　菊桃

ばら科　モモの観賞用品種です。初めて見た人は、鮮やかな花の色に驚きの声を上げます。街路樹としての利用はそう多くありませんが、3月の桃の節句には欠かせない花なので、切花として花屋さんの店頭を飾ります。色違い品種や八重咲き・菊咲き花品種、また枝が垂れるものなど多くの品種があります。

18

ナナカマド　七竈

●花期 5〜7月　　●果期 9〜10月　　●落葉

街路樹

花0.6〜1cm

花序 10〜12cm

雄しべ 20本

小葉 4〜7対

奇数羽状複葉
13〜20cm

小葉3〜9cm

果実0.5〜0.6cm

高さ　6〜10m

ばら科　北海道〜九州に分布。寒冷地に多く見られ、北国では街路樹として盛んに利用されます。この木の人気は、何と言っても赤い果実と見事な紅葉です。秋に東北や北海道を旅した人は、ナナカマドの炎のような紅葉と赤い実が、旅の記憶に残ることでしょう。名は7回竈に入れても燃え残るくらい材が硬いことに由来します。

19

スズカケノキ　鈴懸の木

● 花期 4～5月　● 果期 10～11月　● 落葉　（次頁の2種とも）

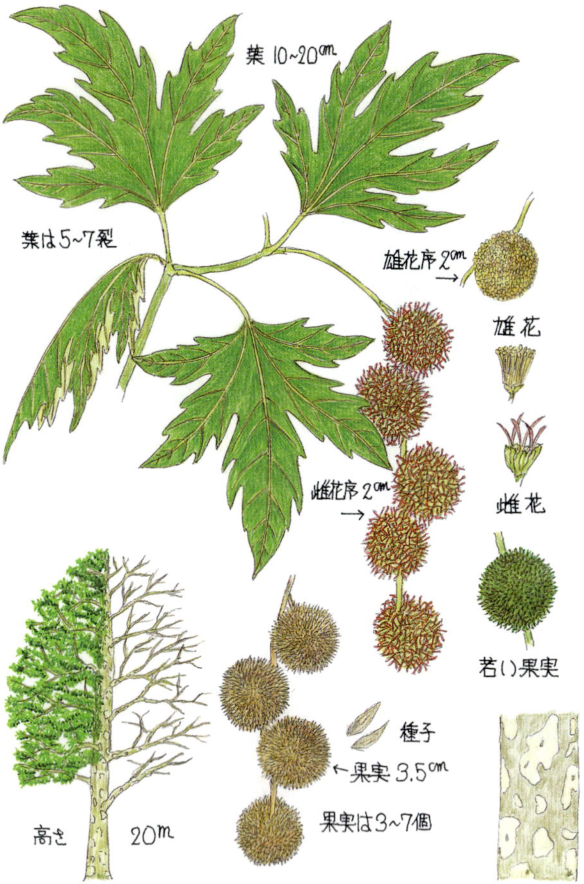

街路樹

葉 10~20㎝

葉は5~7裂

雄花序 2㎝
→

雄花

雌花序 2㎝
→

雌花

若い果実

高さ　20m

種子

← 果実 3.5㎝

果実は3~7個

すずかけのき科　別名プラタナス　バルカン半島～ヒマラヤ原産。球形の花や果実が連なって垂れ下がるのが特徴です。アメリカやヨーロッパを旅すると必ず見かける木です。この木の木陰のベンチで飲む一杯のコーヒーは、異国情緒に浸れ想い出として残ります。剥げてすべすべした白と緑褐色の樹皮が印象的です。

街路樹

アメリカスズカケノキ
アメリカ鈴懸の木

モミジバスズカケノキ
紅葉葉鈴懸の木

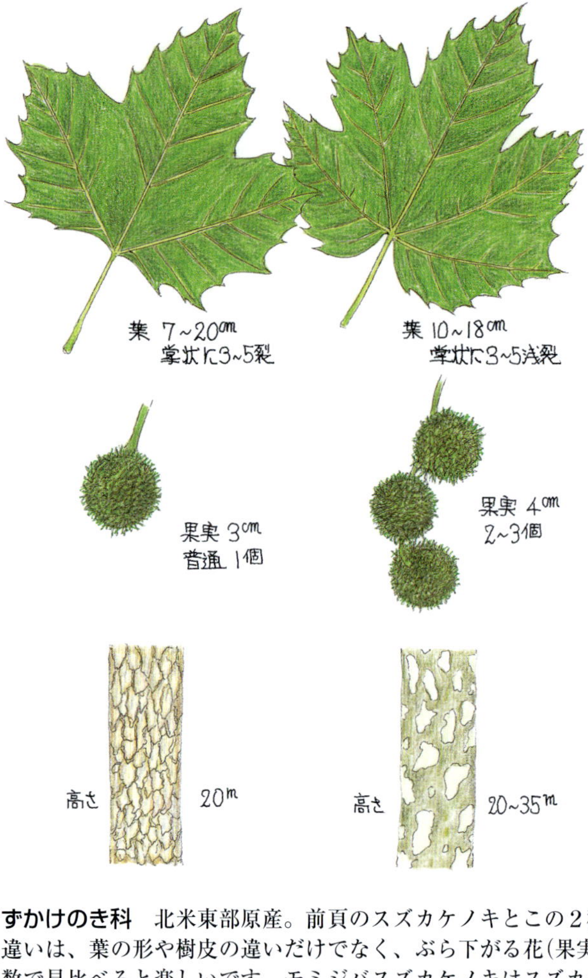

葉 7~20㎝
掌状に3~5裂

葉 10~18㎝
掌状に3~5浅裂

果実 3㎝
普通 1個

果実 4㎝
2~3個

高さ 20m

高さ 20~35m

すずかけのき科 北米東部原産。前頁のスズカケノキとこの2種の違いは、葉の形や樹皮の違いだけでなく、ぶら下がる花(果実)の数で見比べると楽しいです。モミジバスズカケノキはスズカケノキとアメリカスズケケノキの交配種。遺伝の雑種強勢がはたらいて、35mもの大木になるものもあります。

21

街路樹

フウ　楓

●花期　4〜5月　●果期　10〜11月　●落葉　（2種とも）

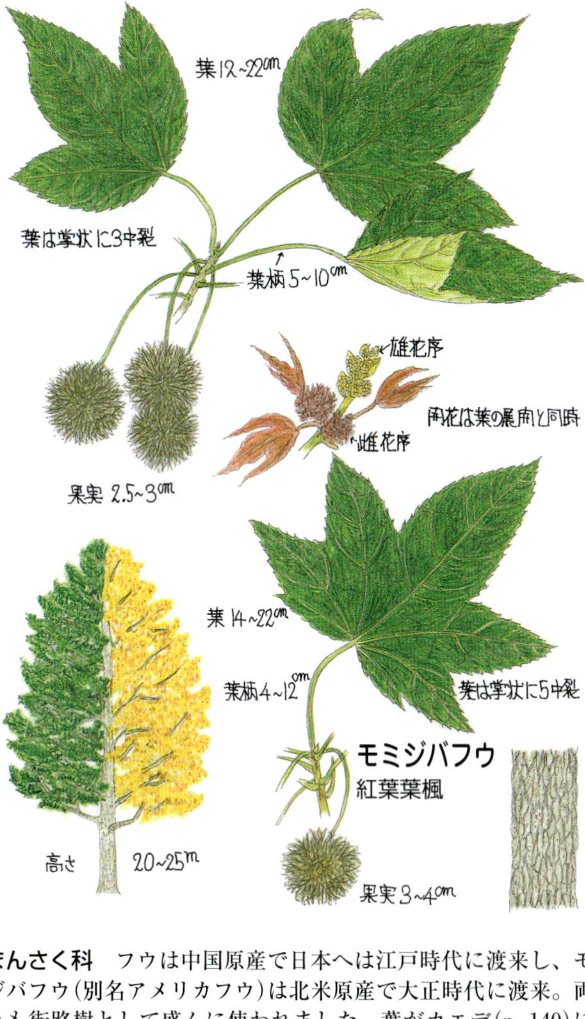

葉12〜22㎝

葉は掌状に3中裂

葉柄5〜10㎝

雄花序

両花は葉の展開と同時

雌花序

果実 2.5〜3㎝

葉14〜22㎝

葉柄4〜12㎝

葉は掌状に5中裂

モミジバフウ
紅葉葉楓

高さ　20〜25ｍ

果実 3〜4㎝

まんさく科　フウは中国原産で日本へは江戸時代に渡来し、モミジバフウ（別名アメリカフウ）は北米原産で大正時代に渡来。両者とも街路樹として盛んに使われました。葉がカエデ（p. 140）に似ているのでよく間違われますが、葉の付き方で見分けてください。カエデの仲間は対生です。対生ならばフウではありません。

ニワウルシ　庭漆

●花期 6月　●果期 9～10月　●落葉

街路樹

奇数羽状複葉
40～80㎝

花序10～20㎝

雄花　雌花
雌雄別株

小葉6～16対

小葉8～10㎝

高さ　25ｍ

翼果4～5㎝

にがき科　別名シンジュ(神樹)　中国原産。明治初期に渡来し、今では土手などに野生化したものも見られますが、神社でもよく見る木です。名は葉が羽状複葉でウルシ(p.240)に似ているからです。この大きな複葉は、大きな鳥が羽を広げ舞い降りたように見え、神樹の別名にふさわしく思えます。果実にも翼があり、翼果と呼ばれます。

23

街路樹

エンジュ　槐

●花期 7〜8月　●果期 10〜11月　●落葉

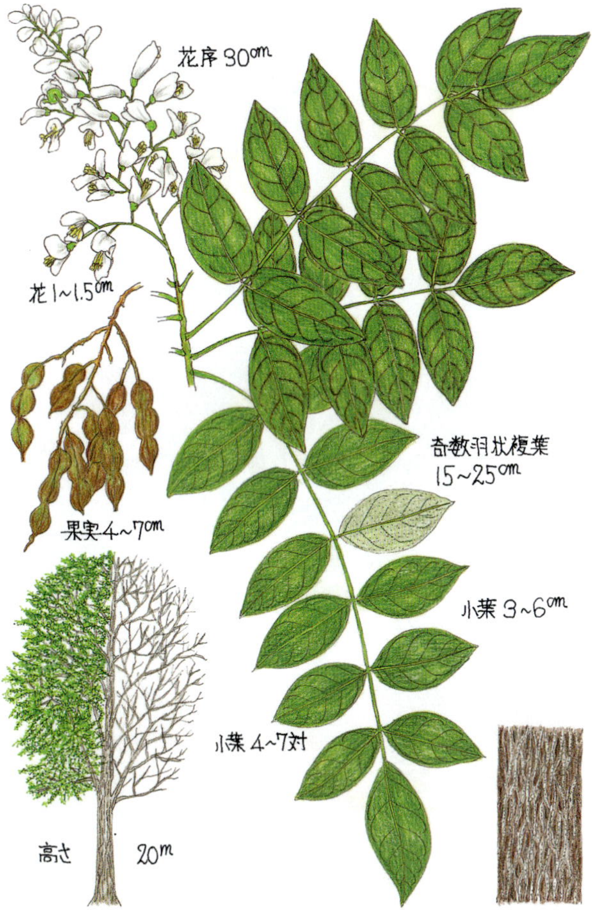

花序 30㎝

花 1〜1.5㎝

果実 4〜7㎝

奇数羽状複葉
15〜25㎝

小葉 3〜6㎝

小葉 4〜7対

高さ　20m

まめ科　中国原産。街路樹として古くから利用され、北海道から
九州まで植えられました。庭木や公園樹としてもよく見かけます。
多くの人は、葉の複葉の感じが似ている次頁のハリエンジュと混
同しますが、複葉の小葉の数が違います。名も形も似ているイヌ
エンジュは、日本固有種で丘や山の川岸などに多く生えます。

ハリエンジュ　針槐

🔴花期 5〜6月　🟠果期 10月頃　🟤落葉

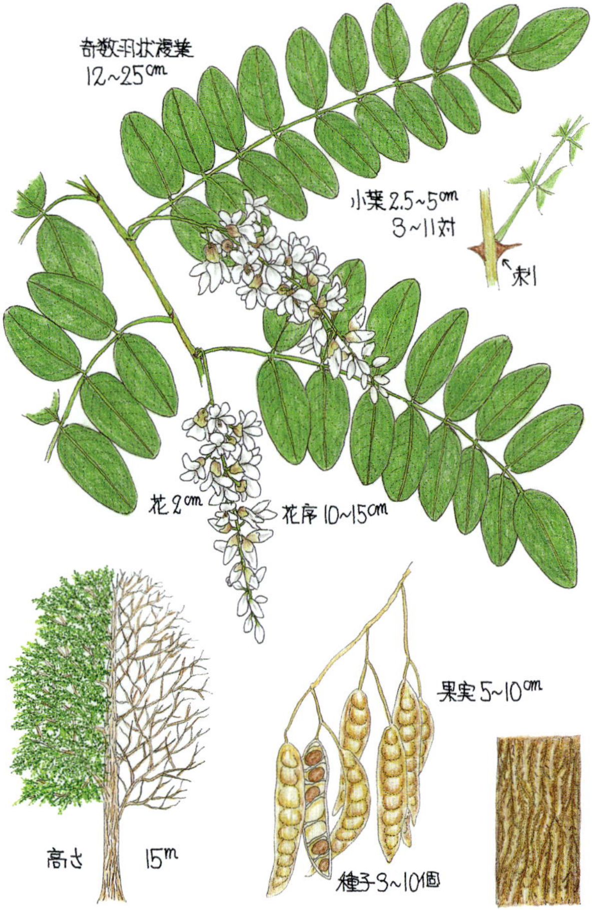

街路樹

奇数羽状複葉
12〜25cm

小葉2.5〜5cm
3〜11対

刺

花2cm

花序10〜15cm

高さ　15m

果実5〜10cm

種子3〜10個

まめ科　別名ニセアカシア　北米原産。明治初期に導入後、海岸地帯の防砂林・防風林などに盛んに利用されました。今ではいたる所に拡がり初夏には白い花が目立ちます。この花の蜜を採るため、養蜂家は花を追って全国を回ります。別名のニセアカシアから単にアカシアと呼ぶ人がいますが、これは誤りです。

25

街路樹

デイゴ　梯梧

●花期 4〜5月　●果期 秋　●落葉

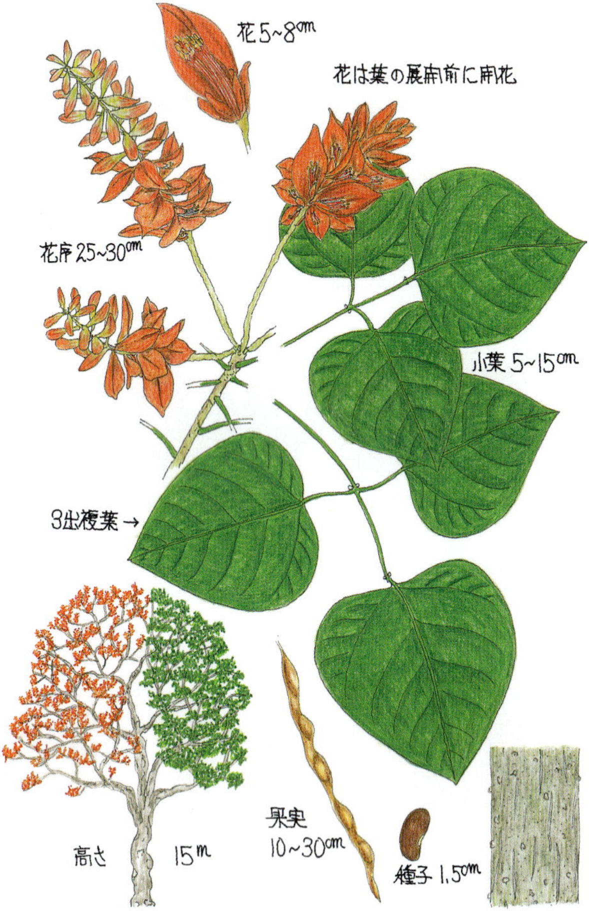

花5〜8cm

花は葉の展開前に開花

花序25〜30cm

小葉5〜15cm

3出複葉 →

高さ　15m

果実
10〜30cm

種子 1.5cm

まめ科　インド原産。沖縄県の県花。沖縄ではごく普通に見られます。葉の展開前に咲く真っ赤な花はいかにも南国的です。この花の時期に沖縄を旅行した人は、花の記憶をいっぱいにして帰ることでしょう。最近は東海や関東地方でも街路樹や公園樹として見かけます。次頁のカイコウズと間違わないようにしてください。

カイコウズ　海紅豆

● 花期 6〜9月　● 果期 秋冬　● 落葉

街路樹

花3〜8cm

果実 10〜15cm

花序 25〜35cm

小葉 8〜15cm

3出複葉

サンゴシトウ　珊瑚刺桐

花序 50〜60cm

花1〜1.8cm

小葉 8〜11cm

高さ 10m

3出複葉

花は完全に開かない

まめ科　別名アメリカデイゴ　南米原産。鹿児島県の県花。前頁のデイゴとの大きな違いは、カイコウズは花の咲く時に葉も展開していることです。サンゴシトウはカイコウズを片親にした交配種で、樹高は2〜3mと低く、花が完全に開かない特徴がありすぐ見分けられます。最近は両種とも多くの地方で見かけます。

街路樹

ネムノキ　合歓の木

● 花期 6〜7月　● 果期 10〜12月　● 落葉

花3〜4cm
花序 10〜20花

雄しべ →

7〜12対

果実
10〜15cm

小葉 15〜30対

小葉1〜1.7cm

高さ　10m

2回偶数羽状複葉
20〜30cm

まめ科　本州〜沖縄に分布。花も細かな羽状複葉の葉にも独特な趣きがあります。美智子皇后様が作詞された「ねむの木の子守唄」の木です。全体に優しくひょうきんな感じがあり、花の頃の街路はおとぎの国の門に入るような気分になります。葉は夕方からしぼみますが、花は夕方から開花します。公園でもよく見かけます。

ギンヨウアカシア　銀葉アカシア

● 花期 2〜4月　● 果期 10月頃月　● 常緑　（2種とも）

街路樹

果実 5~12㎝

花は多数の
雄しべが
目立つ

複葉5~10㎝
3~5対

2回偶数羽状複葉
10~15㎝

小葉 5㎜
8~25対

葉の裏面

葉の表面

複葉3~5㎝
10~20対

2回偶数羽状複葉
10~15㎝

小葉5㎜ 30~40対

高さ 5~10m

フサアカシア
房アカシア

まめ科　両者ともオーストラリア東南部原産（ギンヨウアカシア
はタスマニア島も含む）。フサアカシアは別名ミモザやミモザア
カシアと呼ばれますが、両者ともミモザと呼ぶ人もいます。春先
に黄色い花を山盛りにつけた木は壮観で、銀色に光る葉とともに
目立ちます。フサアカシアの花には、ほのかな香りもあります。

29

街路樹

トチノキ　栃(橡)の木

● 花期 5〜6月　● 果期 9月頃　● 落葉　（2種とも）

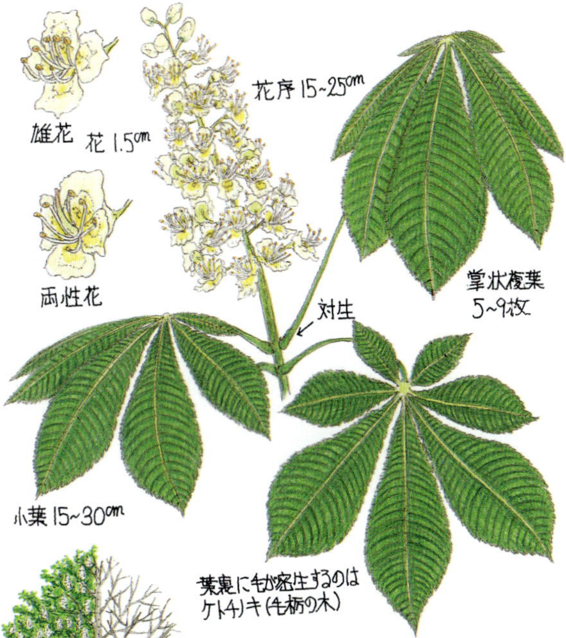

雄花　花 1.5cm

両性花

花序 15〜25cm

掌状複葉
5〜9枚

対生

小葉 15〜30cm

葉裏にも密生するのは
ケトチノキ(毛栃の木)

ウマグリ
馬栗

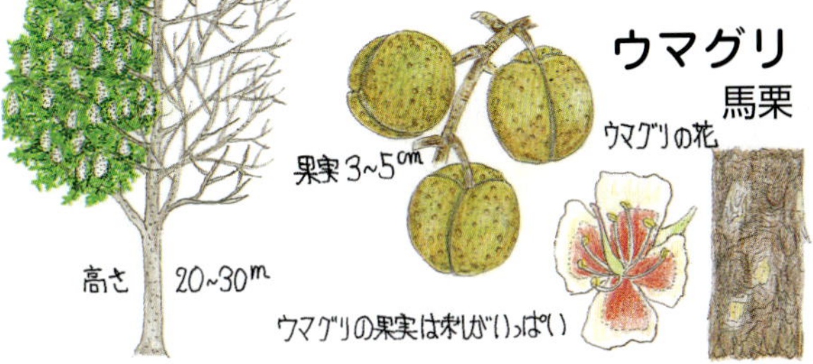

ウマグリの花

果実 3〜5cm

高さ 20〜30m

ウマグリの果実は刺がいっぱい

とちのき科　北海道〜九州に分布。蝋燭のように突き出た花も、手の指をいっぱいに広げたような葉も愛嬌を感じます。新緑も黄葉も綺麗です。果実の灰汁を抜いてトチ餅を作ります。街路樹で花の中心が赤く果実に刺があるのはウマグリ(別名セイヨウトチノキ西洋栃の木)で、ヨーロッパの「マロニエ並木」はこの木です。

30

アカバナトチノキ　赤花栃の木

● 花期 5〜6月　● 果期 9〜10月　● 落葉　（ほぼ2種とも）

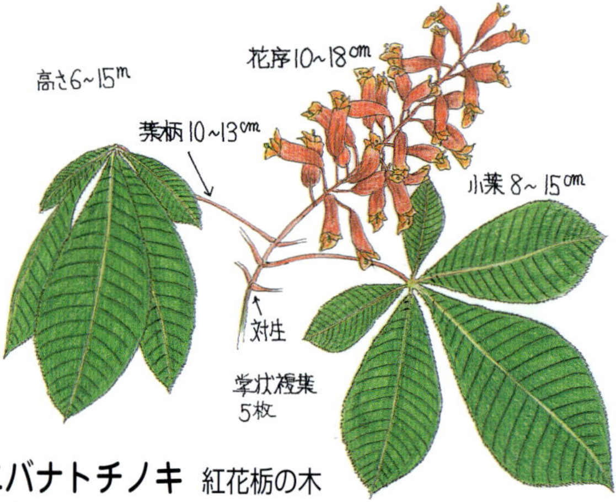

街路樹

高さ6〜15m

花序10〜18cm

葉柄10〜13cm

小葉8〜15cm

対生

掌状複葉
5枚

ベニバナトチノキ　紅花栃の木

花序15〜20cm

←対生

小葉8〜15cm

掌状複葉
5〜7枚

高さ10〜15m

とちのき科　アカバナトチノキ（別名アメリカトチノキ）は米国南部原産。ベニバナトチノキはアカバナトチノキと前頁のウマグリの交雑により作られました。両者の花はとてもよく目立ち、立ち止まって眺める人を見かけます。前頁を含めトチノキの仲間の街路樹は世界的に多く、きっと海外旅行の時に気がついたことでしょう。

シラカシ　白樫

●花期 5月　●果期 秋　●常緑

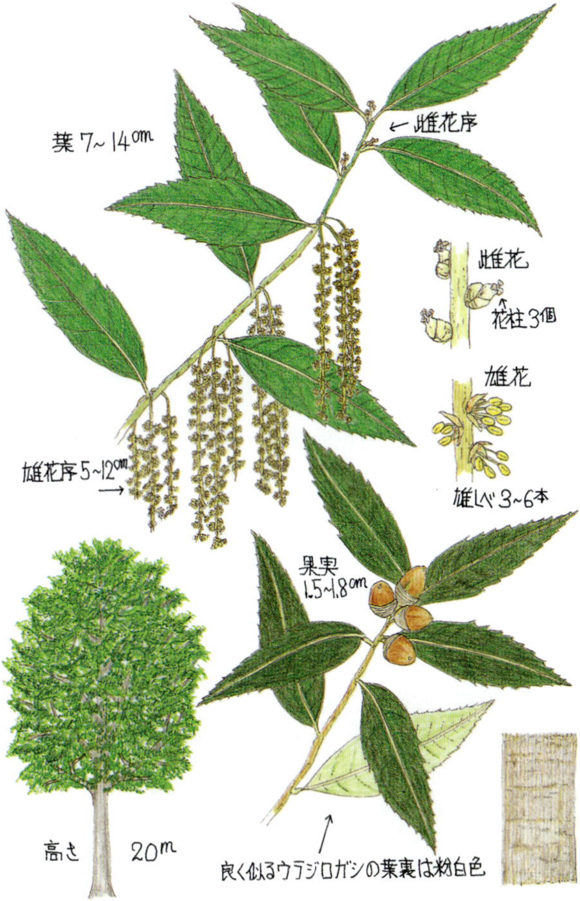

街路樹

葉 7~14cm

←雌花序

雌花

花柱3個

雄花

雄花序 5~12cm
→

雄しべ 3~6本

果実
1.5~1.8cm

高さ　20m

良く似るウラジロガシの葉裏は粉白色

ぶな科　宮城・新潟以西〜九州に分布。神社の参道や神社林に多く植えられています。北海道の神社に入ると、本州の神社とは違った雰囲気を感じますが、シラカシがほとんど見られないからかもしれません。名は材がアカガシ（p.35）に比べ白いことからです。地方によっては防風林として家の周りに植えます。

ウラジロガシ　裏白樫

●花期 4〜5月　●果期 秋　●常緑　（ほぼ3種とも）

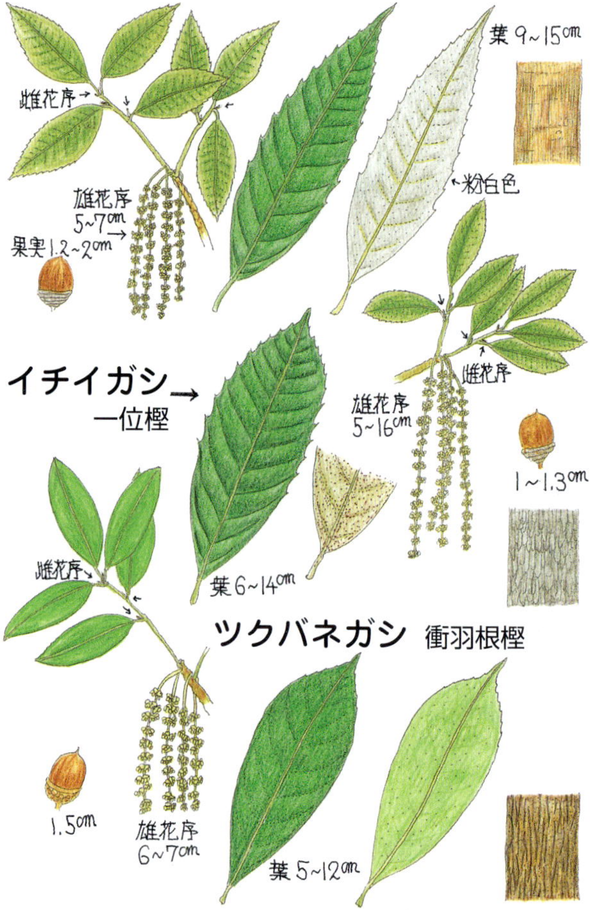

街路樹

雌花序→

雄花序
5〜7cm→

果実1.2〜2cm→

葉9〜15cm

粉白色

イチイガシ→
一位樫

雌花序

雄花序
5〜16cm→

葉6〜14cm

1〜1.3cm

雌花序→

ツクバネガシ　衝羽根樫

1.5cm

雄花序
6〜7cm→

葉5〜12cm

ぶな科　ウラジロガシは宮城・新潟以西〜沖縄、イチイガシは関東南部以西の太平洋側〜九州、ツクバネガシは宮城・富山以西〜九州に分布。3種とも公園樹・庭木・生垣などとしてよく見かけます。カシの仲間はどれも同じように見えますが、葉の形やドングリの形・大きさで見分けてください。

33

アラカシ　粗樫

●花期 4〜5月　●果期 秋　●常緑

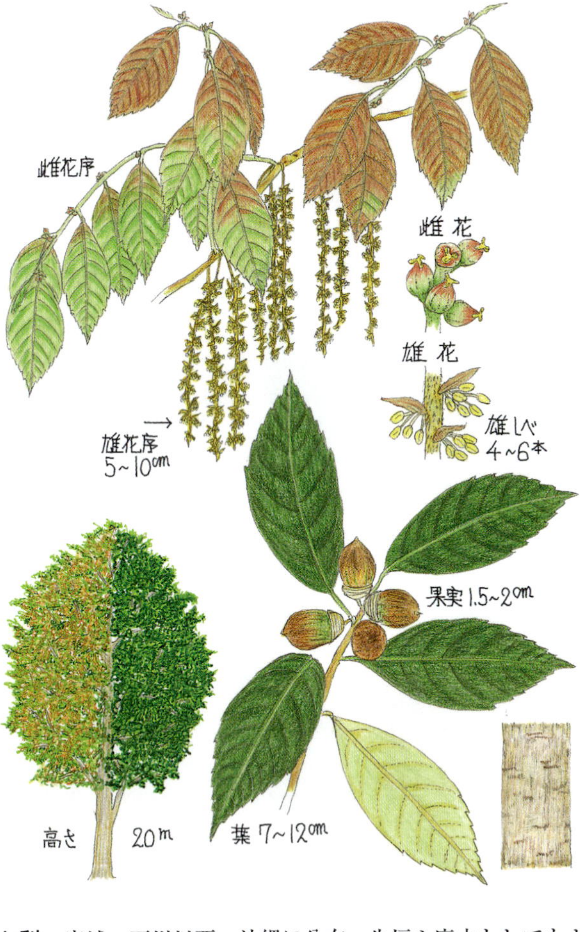

街路樹

雌花序

雄花序
5〜10cm

雌花

雄花

雄しべ
4〜6本

果実1.5〜2cm

高さ　20m

葉 7〜12cm

ぶな科　宮城・石川以西〜沖縄に分布。生垣や庭木としてもよく利用されます。花が咲く頃に新葉が出始め、全体が赤茶褐色になり美しく感じます。しばしば葉が細い個体もあるので注意してください。単にカシという場合は、このアラカシのことです。以前は山麓などどこででも、ごく普通に見られる木でした。

34

アカガシ　赤樫

●花期 5〜6月　●果期 秋　●常緑

街路樹

雌花序

葉 7〜15cm

葉は革質

雄花序
6〜12cm

果実 2cm

高さ　20m

ぶな科　別名オオバガシ（大葉樫）　宮城・新潟以西〜九州に分布。
神社に多く栽植され、屋敷林・生垣・庭木としても見かけます。
前頁のアラカシと似ていますが、アカガシはこの仲間には珍しく
葉の縁の鋸歯がない全縁葉なので、2種の区別は容易にできます。
名は材が淡紅褐色で赤味が強いことに由来します。

35

ウバメガシ　姥目樫

● 花期　4〜5月　● 果期　秋　● 常緑

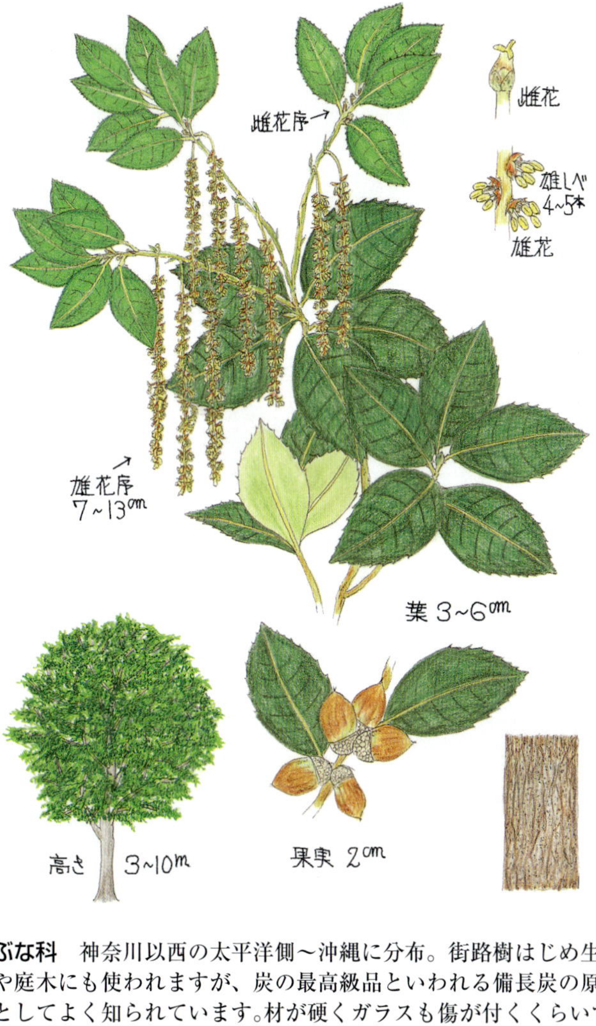

街路樹

雌花序→

雌花

雄しべ
4〜5本

雄花

雄花序
7〜13cm

葉　3〜6cm

高さ　3〜10m

果実　2cm

ぶな科　神奈川以西の太平洋側〜沖縄に分布。街路樹はじめ生垣や庭木にも使われますが、炭の最高級品といわれる備長炭の原料としてよく知られています。材が硬くガラスも傷が付くくらいで、葉も触れるとはっきりと硬さを感じます。名は春先の若い芽が茶褐色で、姥の目の色に似ているからだといわれます。

マテバシイ　馬刀葉椎・全手葉椎

●花期 6月　●果期 秋　●常緑

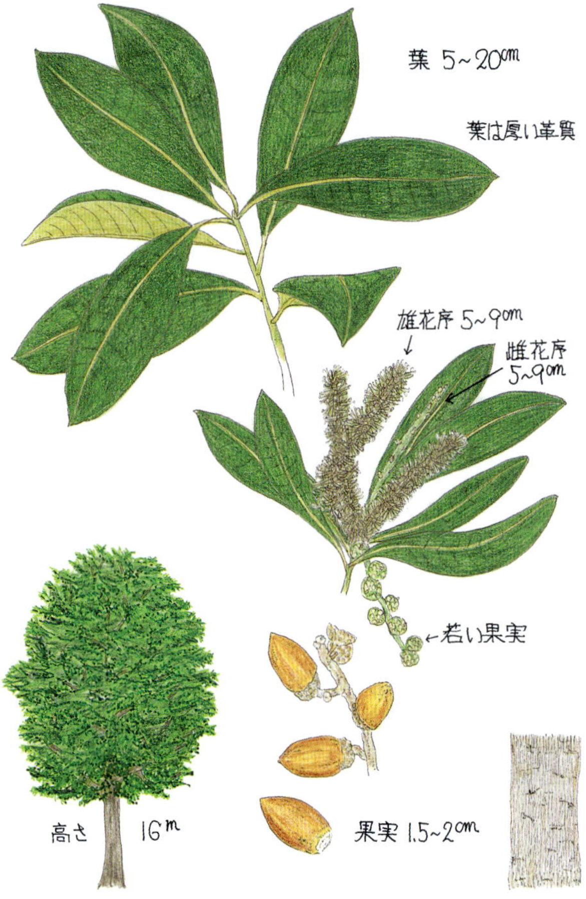

街路樹

葉 5~20㎝

葉は厚い革質

雄花序 5~9㎝

雌花序 5~9㎝

←若い果実

高さ 16ｍ

果実 1.5~2㎝

ぶな科　本州~沖縄に分布。元々は九州や沖縄にあったもののようですが、古くから各地で栽植され拡がりました。今も寺社や公園・学校などに植えられ、また、防風林や防火林としても利用されます。葉は個体ごとに大きさが異なる傾向があります。マテバシイのドングリは、生でも焼いてもおいしく食べられます。

街路樹

スダジイ

● 花期 5月下旬～6月　● 果期 秋　● 常緑

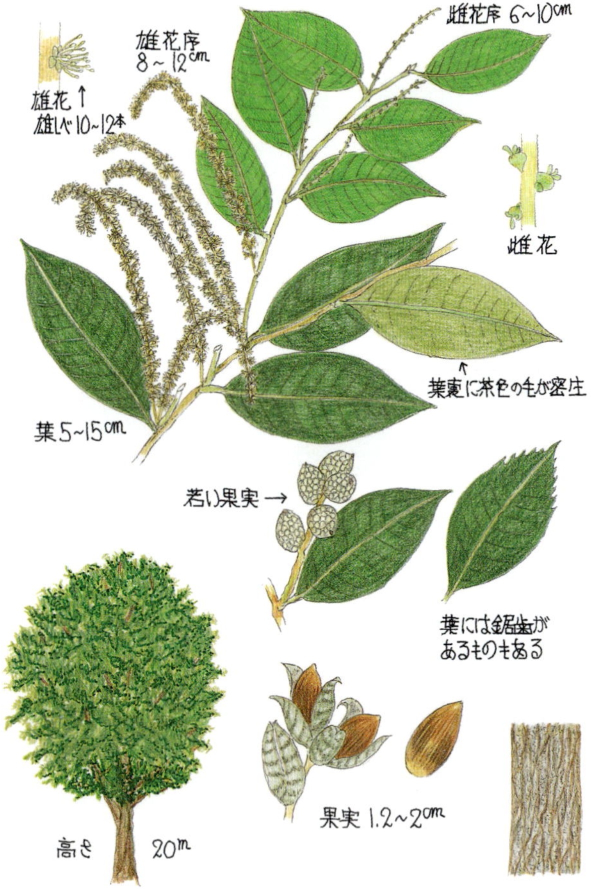

雄花序
8～12cm

雄花↑
雄しべ10～12本

雌花序 6～10cm

雌花

葉裏に茶色の毛が密生

葉5～15cm

若い果実 →

葉には鋸歯が
あるものもある

果実 1.2～2cm

高さ 20m

ぶな科　別名イタジイ　福島・新潟以南～九州に分布。花の頃は生臭い匂いがするので嫌う人もいます。各地に巨樹があり大きさを競っています。寺社でも多く見かけますが、防火林・防風林などの利用も珍しくありません。葉の裏に茶褐色の毛が密生し、木全体が茶褐色に見える特徴があります。名の由来は不明です。

38

センダン　栴檀

●花期 5〜6月　●果期 10〜12月　●落葉

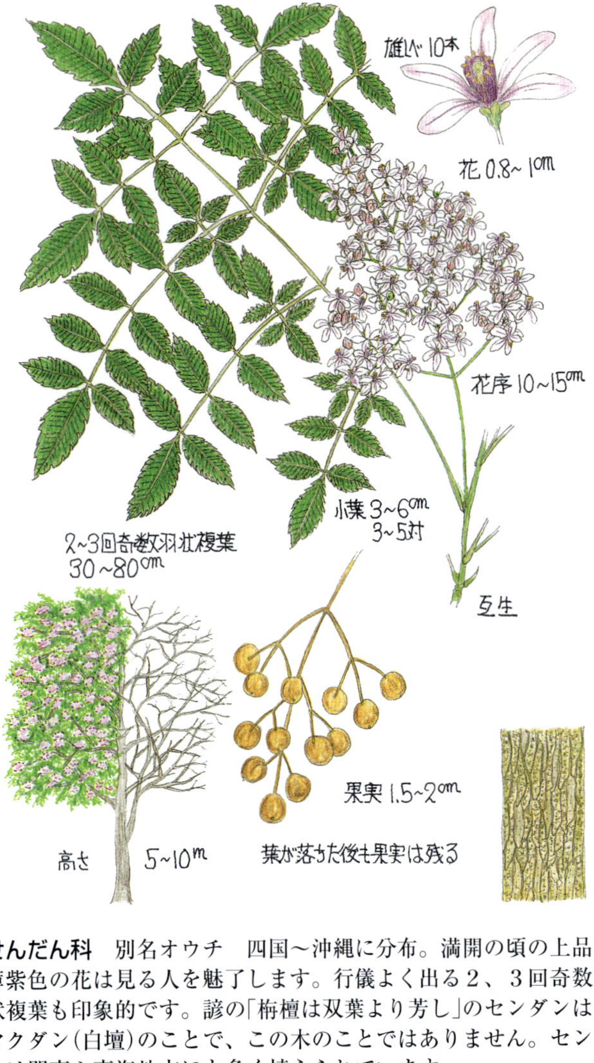

街路樹

雄しべ10本

花 0.8〜1㎝

花序 10〜15㎝

小葉 3〜6㎝
3〜5対

2〜3回奇数羽状複葉
30〜80㎝

互生

高さ 5〜10ｍ

果実 1.5〜2㎝

葉が落ちた後も果実は残る

せんだん科　別名オウチ　四国〜沖縄に分布。満開の頃の上品な薄紫色の花は見る人を魅了します。行儀よく出る2、3回奇数羽状複葉も印象的です。諺の「栴檀は双葉より芳し」のセンダンはビヤクダン（白檀）のことで、この木のことではありません。センダンは関東や東海地方にも多く植えられています。

39

ケヤキ　欅

●花期 4〜5月　●果期 10月頃　●落葉

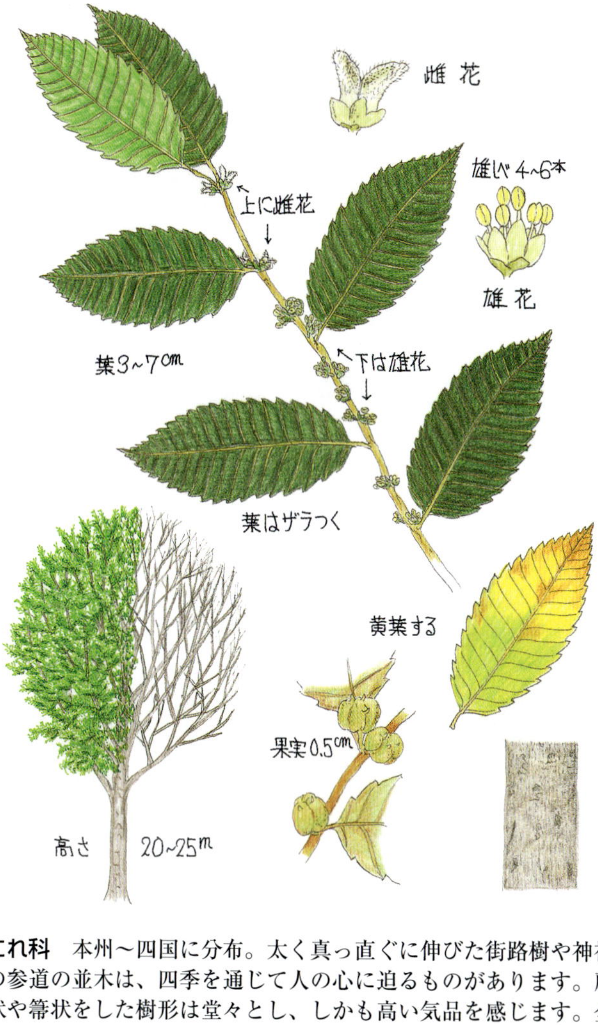

街路樹

雌花

雄しべ 4〜6本

雄花

上に雌花

葉 3〜7cm

下は雄花

葉はザラつく

黄葉する

果実 0.5cm

高さ　20〜25m

にれ科　本州〜四国に分布。太く真っ直ぐに伸びた街路樹や神社の参道の並木は、四季を通じて人の心に迫るものがあります。扇状や箒状をした樹形は堂々とし、しかも高い気品を感じます。全国各地に巨樹がありますが、なかでも山形県東根市の小学校校庭のケヤキが最大といわれ、樹齢1000年以上を誇ります。

40

ムクノキ　椋の木

● 花期 4〜5月　● 果期 10月頃　● 落葉

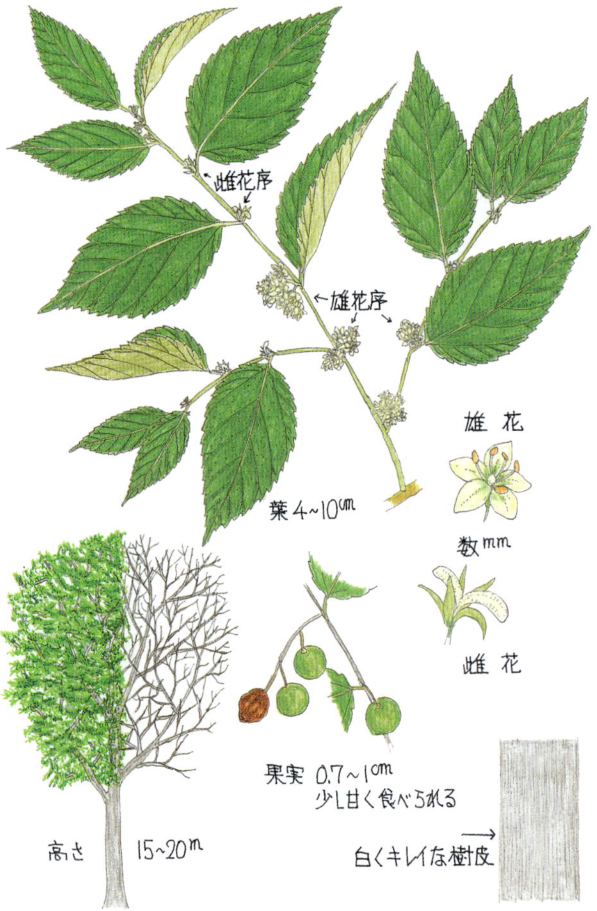

街路樹

雌花序

←雄花序

葉 4〜10㎝

雄花

数㎜

雌花

高さ 15〜20ｍ

果実 0.7〜1㎝
少し甘く食べられる

白くキレイな樹皮

にれ科　別名ムク・ムクエノキ（椋榎）　関東以西〜九州に分布。全体として前頁のケヤキと似ていますが、葉脈の形を比べれば一目で違いがわかります。太い幹は白っぽく神々しく、神様の住む木といわれます。自宅の庭で巨樹になり過ぎ、神様の住まいを切るに切れず、持て余している家もありました。

ハルニレ　春楡

● 花期 3～5月　● 果期 5～6月　● 落葉

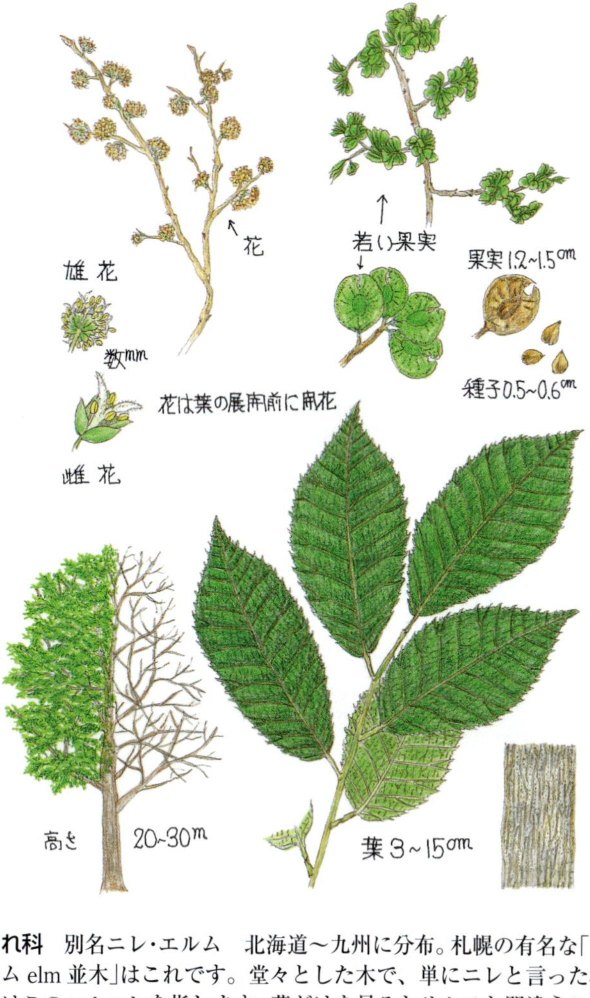

街路樹

雄花

数mm

花

花は葉の展開前に開花

雌花

若い果実

果実1.2～1.5cm

種子0.5～0.6cm

高さ　20～30m

葉 3～15cm

にれ科　別名ニレ・エルム　北海道～九州に分布。札幌の有名な「エルム elm 並木」はこれです。堂々とした木で、単にニレと言った場合はこのハルニレを指します。葉だけを見るとサクラと間違うことがあります。北海道だけの木のように思われていますが、ほぼ全国に分布しています。洞ができやすく、ムササビなどが住みつきます。

42

アキニレ　秋楡

● 花期 9月　● 果期 10〜11月　● 落葉

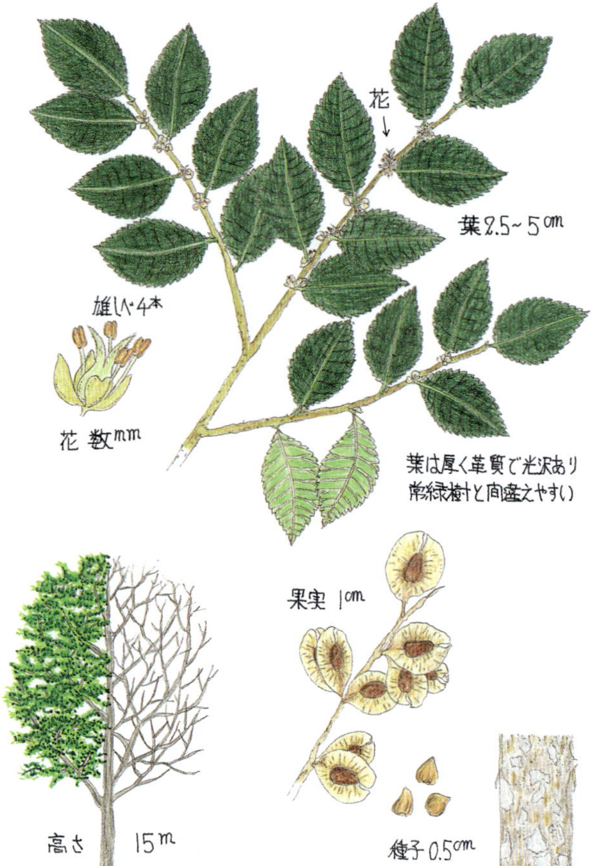

街路樹

雄しべ4本

花 数mm

花↓

葉 2.5〜5cm

葉は厚く革質で光沢あり
常緑樹と間違えやすい

高さ　15m

果実 1cm

種子 0.5cm

にれ科　別名イシゲヤキ（石欅）・カワラゲヤキ（河原欅）　本州中部以西〜沖縄に分布。自生のない関東・東北でも生垣や公園樹としてよく見かけます。剥れる樹皮が特徴でとても目立ちます。葉はザラザラとして紙ヤスリのようです。前頁のハルニレと同じように、種子の形が空飛ぶ円盤状です。若芽は食べられます。

43

ナンキンハゼ　南京櫨(黄櫨)

● 花期 7月　● 果期 10〜11月　● 落葉

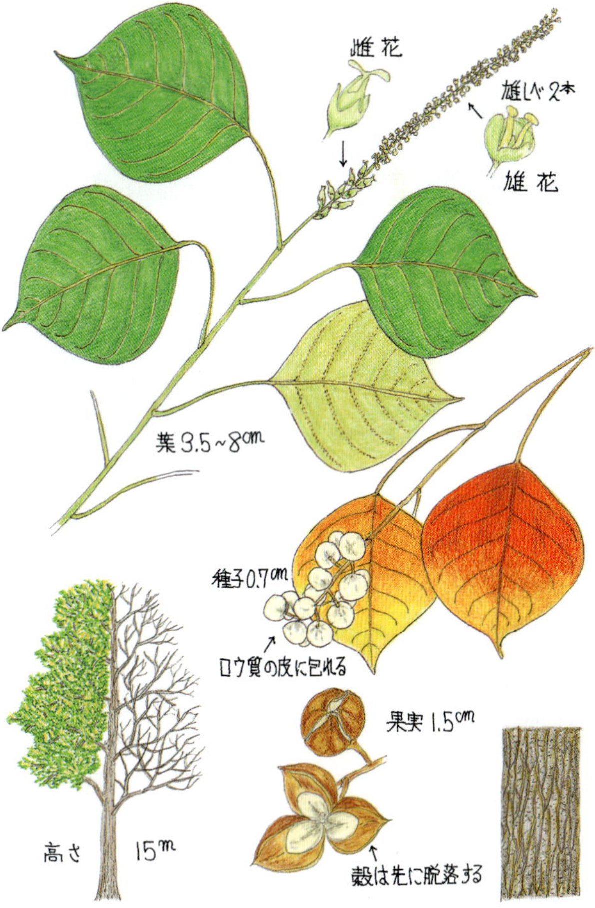

街路樹

雄花

雄しべ2本

雄花

葉3.5〜8cm

種子0.7cm

ロウ質の皮に包れる

果実1.5cm

高さ　15m

殻は先に脱落する

とうだいぐさ科　中国原産。花は目立ちません。葉は愛嬌のある形をしていて垂れ下がり、全体に大らかで優しい感じがします。黄紅葉も美しく押し葉にしたくなります。果実が裂開すると、白い仮種皮に包まれた3個の種子が出てきます。昔は種子からロウや油を採取しました。種子は有毒なので注意してください。

44

ハゼノキ　櫨(黄櫨)の木

● 花期　5〜6月　● 果期　9〜10月　● 落葉

街路樹

奇数羽状複葉
20〜30㎝

花序 5〜10㎝

雌雄別株

雄花

雌花

数mm

小葉 5〜12㎝
3〜8対

高さ　7〜10m

果実 0.9〜1.3㎝

うるし科　別名ハゼ・リュウキュウハゼ(琉球櫨)　関東南部以西
〜九州に分布。昔はこの種子から盛んにロウを採取しました。北
国の人達が西日本を旅行して、紅葉したハゼノキの街路樹をバス
から見ると、「あっ、ナナカマド(p. 19)！」と叫ぶ人が必ずいます。
同じ複葉で鮮やかに紅葉するからでしょう。

45

街路樹

クスノキ　楠(樟)の木

● 花期 5〜6月　● 果期 10〜11月　● 常緑

雄しべ9本

花 数mm

新葉は赤味を帯びる

葉 5〜12cm

果実 0.8〜1cm

クスノキの葉のように主脈と側脈2本
が目立つ葉脈を3行脈という

高さ 20m

くすのき科　別名クス　本州〜九州の暖地に分布。寺社・公園・校
庭などでもよく見られます。各地に巨樹がありますが、鹿児島県蒲
生の大楠は樹齢1500年といわれ日本最大です。兵庫・佐賀・熊本・
鹿児島の各県は県の木に指定しています。クスノキかなと思ったら、
まず葉の3行脈を確かめ、葉を揉み樟脳の香りを嗅いでください。

ゲッケイジュ　月桂樹

● 花期 4月　● 果期 10月頃　● 常緑

街路樹

葉 7〜9cm

雄花 数mm
雄しべ 8〜12本

花

葉は硬く革質

縁は波打つ

雌雄別株

雌花 数mm

果実 0.8〜1cm

高さ　12m

生垣としての利用もある

くすのき科　地中海沿岸原産で明治時代に渡来。葉や果実には芳香があり、乾燥した葉はベイリーフ（ローリエ）としてカレーやスープのスパイスとして使われます。古代ギリシア時代から競技会の優勝者に授けられる月桂冠はこの葉です。特徴は波打つ硬い葉です。あまり気付かれませんが、生垣としても見かけます。

街路樹

モチノキ　黐の木

● 花期 4月　● 果期 11〜12月　● 常緑

雌花 数mm

葉 4〜7cm

雌雄別株

雄花 数mm

花は前年枝の葉腋につく

果実 1cm

高さ 6〜10m

ツゲモチ
黄楊黐

葉 2〜5cm

もちのき科　宮城・山形以南〜沖縄に分布。公園樹や庭木として
もよく見かけます。昔は樹皮を剥ぎ水に漬けて臼で叩いてねばね
ばの「鳥もち」を作り、竹の先にこれを付けて鳥を捕まえました。
赤い果実と丸くて厚く光沢のある葉には人気があります。葉が一
回り小さいツゲモチも、生垣や庭木などで見かけます。

48

クロガネモチ　黒鉄黐

●花期 6月　●果期 11〜12月　●常緑

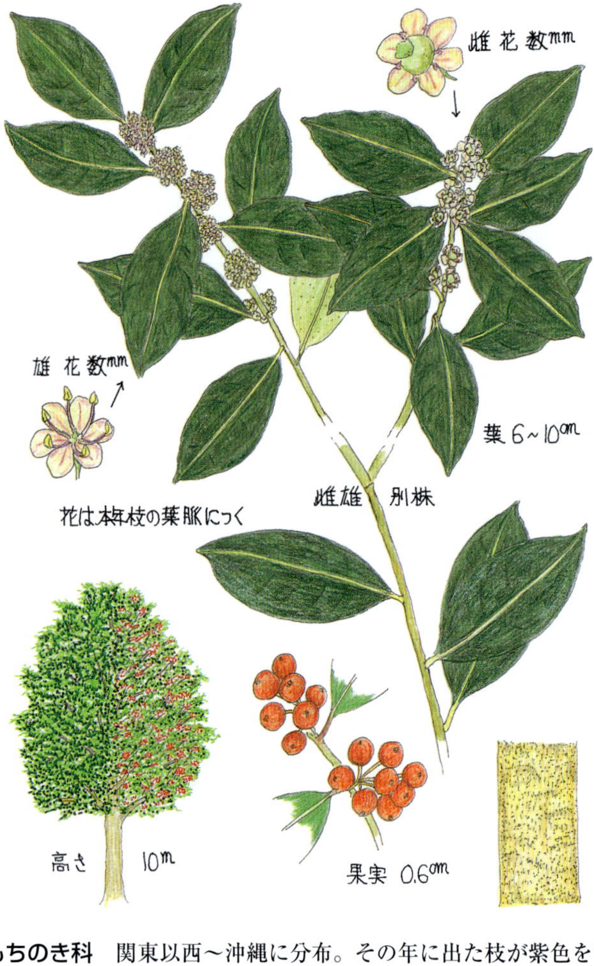

街路樹

雄花 数mm

葉 6〜10cm

雄花 数mm

雌雄 別株

花は本年枝の葉脈につく

高さ 10m

果実 0.6cm

もちのき科　関東以西〜沖縄に分布。その年に出た枝が紫色を帯びるので、クロガネモチの名がつきました。前頁のモチノキの花は前年に出た枝の葉腋に付きますが、クロガネモチはその年に出た枝の葉腋に付きます。両者はよく似ているので、ほとんどの人には区別がつきません。見分けに挑戦してみてください。

街路樹

ホルトノキ

● 花期 7〜8月　● 果期 2月頃　● 常緑

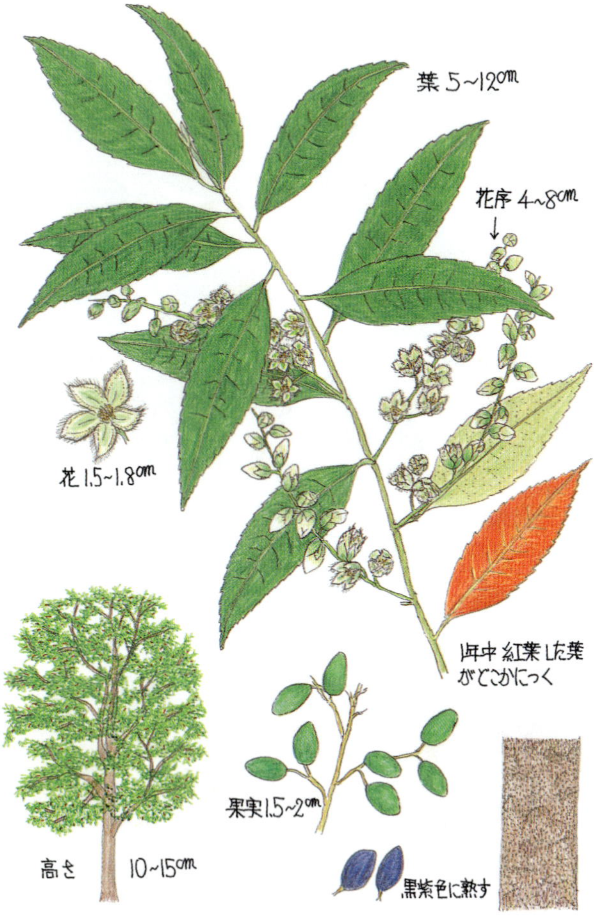

葉 5〜12㎝

花序 4〜8㎝

花 1.5〜1.8㎝

1年中 紅葉した葉がどこかにつく

果実 1.5〜2㎝

高さ 10〜15㎝

黒紫色に熟す

ほるとのき科　別名モガシ　千葉南部以西〜沖縄に分布。沿岸地帯に多い木です。関東以北ではほとんど知名度がない木ですが、西日本では街路樹や寺社で普通に見られます。名は江戸時代の学者平賀源内が、果実が似ているオリーブと間違え「ポルトガルの木」と呼んだことからです。葉はヤマモモ(p. 13)にも似ています。

50

アオギリ　青桐

● 花期　5〜6月　● 果期　9〜10月　● 落葉

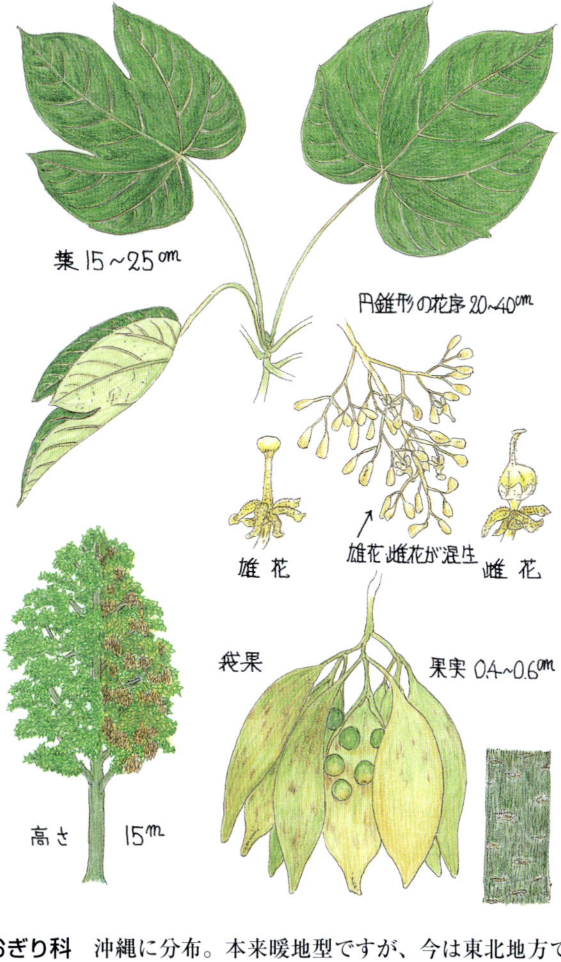

街路樹

葉 15〜25㎝

円錐形の花序 20〜40㎝

雄花

雄花 雌花が混生

雌花

袋果

果実 0.4〜0.6㎝

高さ　15ｍ

あおぎり科　沖縄に分布。本来暖地型ですが、今は東北地方でも植えられ、街路樹・公園樹・校庭樹・庭木など盛んに利用されています。青くスベスベの樹皮と大きな葉、カスタネットのような果実など全体に神秘的です。魔法使いが好みそうな木に思え、子供らは滑らかな樹皮に触わり、裸足になって登るのが好きです。

51

ハナミズキ　花水木

● 花期 4〜5月　● 果期 10〜11月　● 落葉

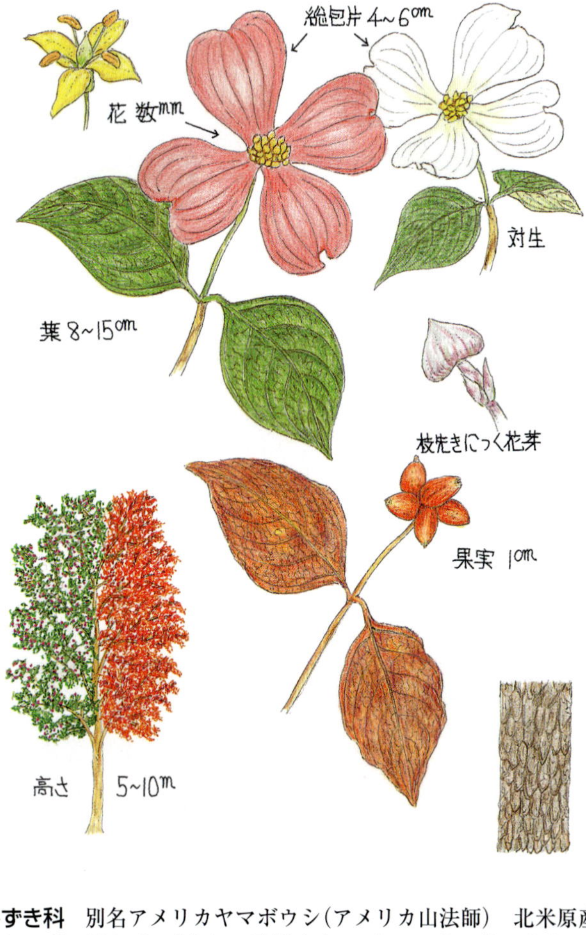

街路樹

総包片 4〜6cm

花 数mm

葉 8〜15cm

対生

枝先きにつく花芽

果実 1cm

高さ　5〜10m

みずき科　別名アメリカヤマボウシ（アメリカ山法師）　北米原産。いたる所で見かける「売れっ子樹木」のひとつです。花はもちろん綺麗ですがネギ坊主状の蕾にも愛嬌があり、秋には美しい紅葉が見られます。大正時代に日本はサクラを、アメリカはハナミズキを親善樹木として交換しました。実に見事な等価交換だと思います。

ヤマボウシ　山法師

●花期 5〜7月　●果期 9〜10月　●落葉

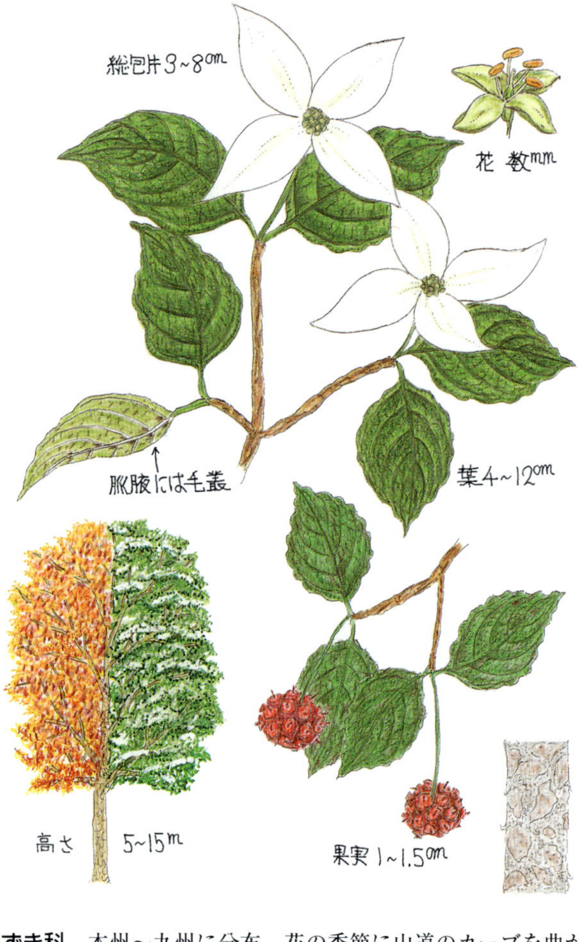

街路樹

総苞片3〜8cm

花 数mm

脈腋には毛叢

葉4〜12cm

高さ　5〜15m

果実 1〜1.50cm

みずき科　本州〜九州に分布。花の季節に山道のカーブを曲がると、崖下に真っ白な法師の頭巾のような花が見えることがあります。名のとおり、白い頭巾を被った僧兵が押し寄せてくるようです。赤い果実は甘く美味ですが日持ちしません。秋には美しく紅葉します。樹皮が剥げ落ちる特徴も覚えておいてください。

53

街路樹

サルスベリ　百日紅

●花期 7〜10月　●果期 10〜11月　●落葉

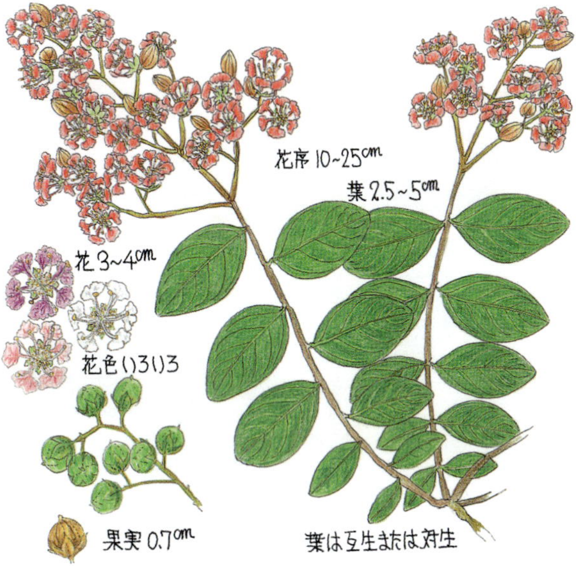

花序 10〜25cm

葉 2.5〜5cm

花 3〜4cm

花色 いろいろ

果実 0.7cm

葉は互生または対生

シマサルスベリ　島百日紅

●花期 6〜8月
●果期 11月
●落葉

葉 3〜8cm

高さ 10m

高さ 20m

みそはぎ科　サルスベリ（別名ヒャクジツコウ）は中国南部原産。中世以降に渡来。街路樹のほか寺社の庭や古い屋敷の庭でもよく見かけます。今は花色も増え、花の少ない夏の街路樹のなかで大活躍です。高さが20mにもなるシマサルスベリは沖縄に分布。サルスベリより大きく、ゴリラやオラウータンも滑りそうです。

54

カツラ 桂

●花期 3〜5月　●果期 9月頃　●落葉

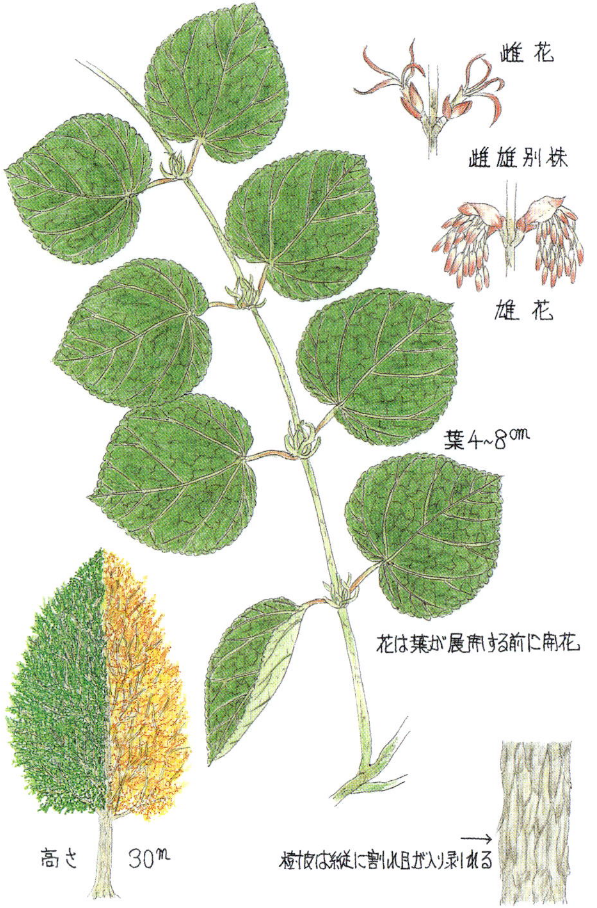

街路樹

雌花

雌雄別株

雄花

葉4〜8㎝

花は葉が展開する前に開花

高さ 30m

樹皮は縦に割れ目が入り剥れる

かつら科　北海道〜九州に分布。ユリノキ(p. 9)やメタセコイヤ(p. 70)などと同じように、恐竜がいた白亜紀に生存していた古いタイプの樹木です。この3種とも葉は柔らかくおいしそうなので、草食恐竜は好んで食べたことでしょう。優しい色の新緑も黄葉も美しく、マニアックなファンの多い木です。

55

イチョウ　銀杏・公孫樹

●花期 4〜5月　●果期 10月頃　●落葉

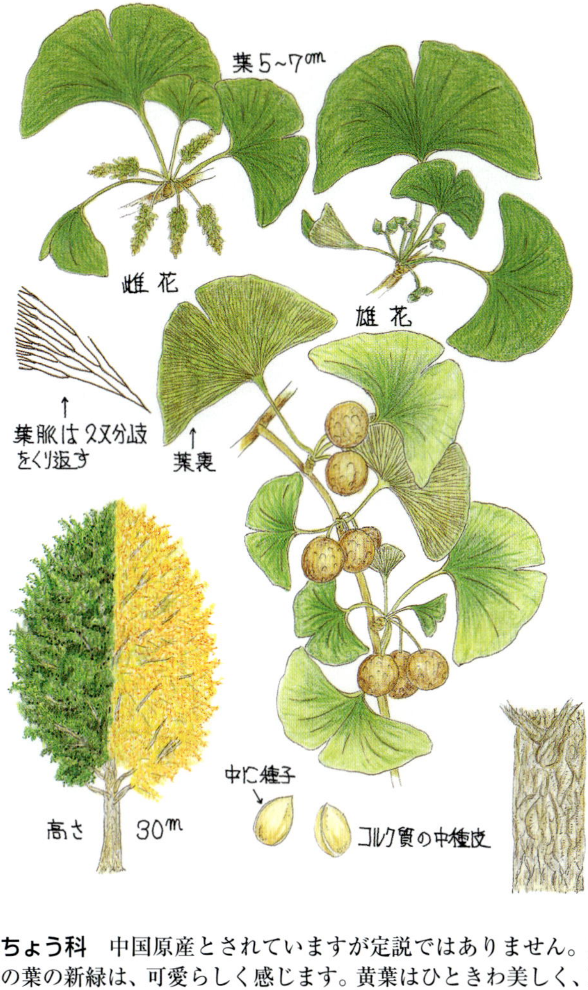

街路樹

葉5〜7cm

雌花

雄花

葉脈は2又分岐
をくり返す

葉裏

高さ　30m

中に種子

コルク質の中種皮

いちょう科　中国原産とされていますが定説ではありません。扇形の葉の新緑は、可愛らしく感じます。黄葉はひときわ美しく、東京の神宮外苑のイチョウ並木は、秋の風情を楽しむ大勢の人で賑わいます。ギンナン拾いも秋の風物詩です。全国各地に巨大なイチョウがあり、樹木天然記念物数の No.1 ではないかと思います。

フェニックス

街路樹

高さ 10~15m

羽状複葉
2~4m
雌雄別株

高さ 5~10m

トックリヤシ
徳利椰子

やし科　フニックス（別名カナリーヤシ）はカナリヤ諸島原産。西南暖地にはこの街路樹並木をたくさん見ることができます。この木を見ると、名の響きとともに南国気分に浸ります。トックリヤシは鹿児島・沖縄でよく見かけます。名は形がお酒の徳利に似ているからです。愛嬌があるため旅行者は足を止めて見入ります。

街路樹

ビロウ　檳榔

● 花期　4〜5月　● 果期　10〜12月　● 常緑　（2種とも）

← 刺あり

← 葉は直径 1mくらいの円形
↓

高さ10〜20m

オキナヤシ
翁椰子

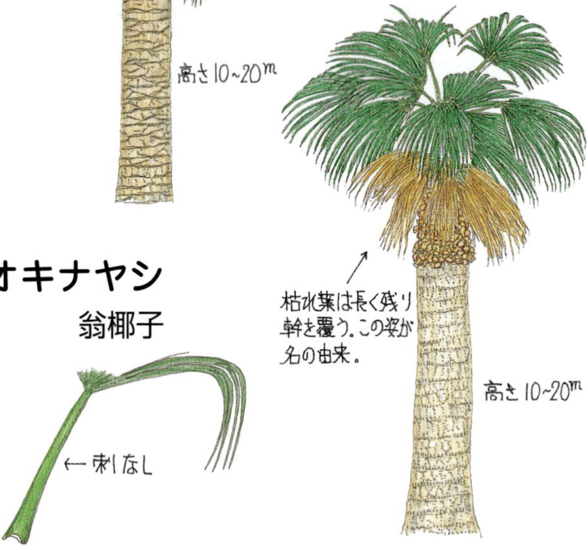

← 刺なし

枯れ葉は長く残り
幹を覆う。この姿が
名の由来。

高さ10〜20m

やし科　ビロウは四国南部〜九州に分布、オキナヤシ（別名ワシ
ントンヤシ）は北米原産です。両者ともに南国では街路樹や公園
樹としてよく見かけます。ヤシの仲間には、前頁に記載したもの
も含め、ヤエヤマヤシやナツメヤシなど多くの種類があります。
またシュロやトウジュロ（p. 262）などもその仲間です。

針葉樹・竹など

日頃何気なく見ている樹木の中には、針葉樹や竹などがかなりの数を占めています。この項では分類学的には被子植物単子葉類（いね科のタケ・ササ、やし科など）と裸子植物（まつ科、すぎ科、ひのき科、こうやまき科、まき科、いぬがや科など）の樹種を載せました。多くの人は、針葉樹や竹などの仲間にあまり関心を示しません。これはまず花の存在が希薄であること、そしてどれも同じように見えるためと思われます。スギとヒノキは名前として知らない人はいませんが、実際に見て「これはスギですか？ヒノキですか？」と聞くと、都会人の約半分の人は見分けることができません。

ここでは、これらの木の特徴をできるだけ簡明に示しましたので、敬遠されがちな針葉樹・竹などを得意科目に変え、より楽しんでください。

クロマツ　黒松　　アカマツ　赤松

●花期　4〜5月　●果期　秋　●常緑　（2種とも）

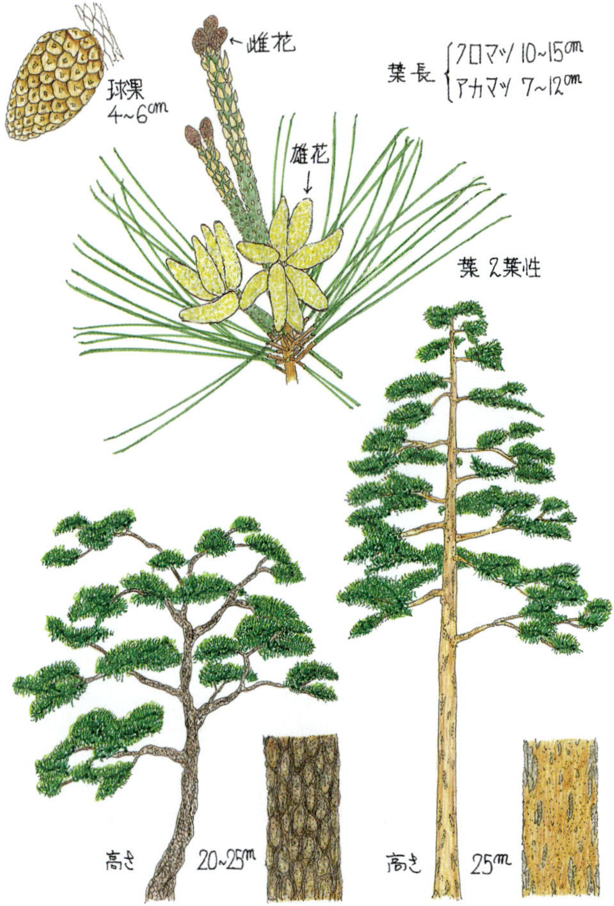

針葉樹・竹など

←雌花

球果
4〜6cm

雄花

葉 長 { クロマツ 10〜15cm
アカマツ 7〜12cm

葉 2葉性

高さ　20〜25m

高さ　25m

まつ科　クロマツは本州〜九州、アカマツは北海道〜九州に分布。マツを知らない人はいませんが、クロマツとアカマツが同じ種類だと思っている人は意外に大勢います。クロマツは別名オマツ(雄松)、アカマツは別名メマツ(雌松)という呼び方もします。この呼び方も誤解を招く一因になっています。

リュウキュウマツ　琉球松

● 花期 3～4月　● 果期 秋　● 常緑　（ほぼ3種とも）

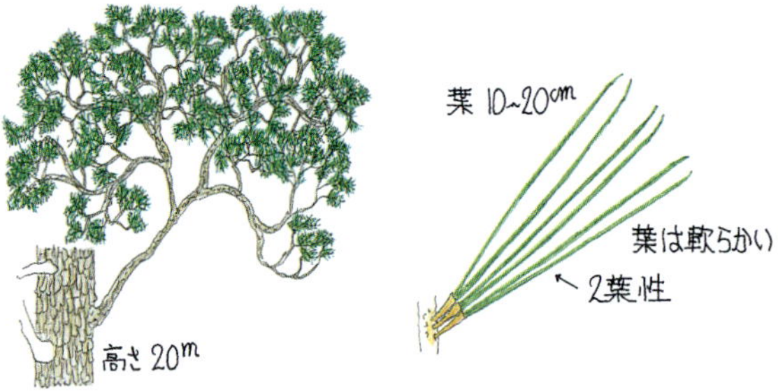

針葉樹・竹など

葉 10～20cm

葉は軟らかい

← 2葉性

高さ 20m

ダイオウショウ　大王松

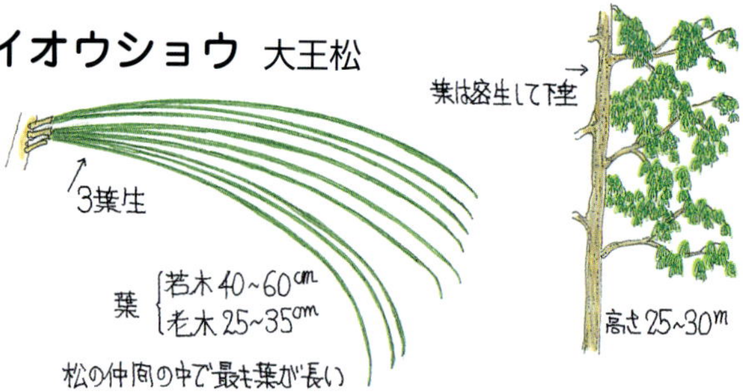

葉は密生して下垂 →

↑ 3葉生

葉 ┌ 若木 40～60cm
　 └ 老木 25～35cm

松の仲間の中で最も葉が長い

高さ 25～30m

ハクショウ　白松

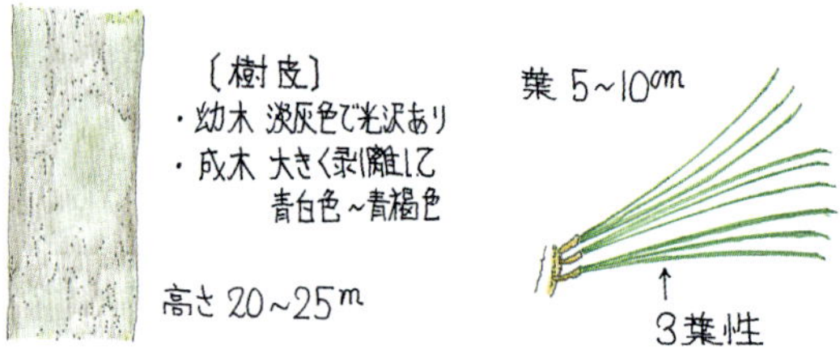

〔樹皮〕
・幼木 淡灰色で光沢あり
・成木 大きく剥離して
　　　 青白色～青褐色

高さ 20～25m

葉 5～10cm

↑ 3葉性

まつ科　リュウキュウマツは沖縄諸島に分布し、枝が曲がりくねるのが特徴です。ダイオウショウは北米東部原産で葉が長く、マツ界の長老然とした雰囲気が好まれます。ハクショウ（別名シロマツ）は中国北西部原産で寺社に多く植えられ、東京の神宮外苑の絵画館前には、立派なものが見られます。

針葉樹・竹など

ゴヨウマツ3種

● 花期 4〜6月　● 果期 秋　● 常緑　（ほぼ3種とも）

ゴヨウマツの樹姿
2種

風の強い地帯の樹姿は
斜めに傾むく

庭木として良く見る樹姿

5葉性

葉4〜8cm

チョウセンゴヨウ
朝鮮五葉

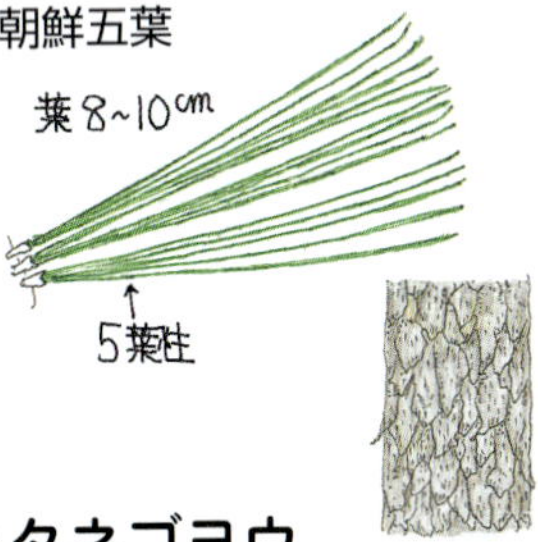

葉8〜10cm

5葉性

ゴヨウマツ
五葉松

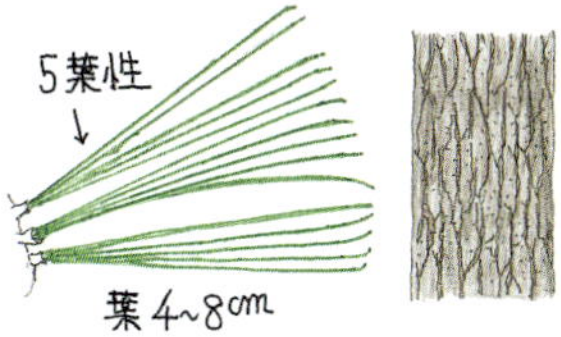

ヤクタネゴヨウ
屋久種子五葉

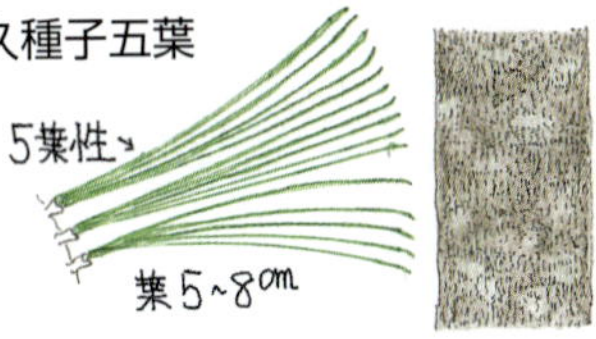

5葉性

葉5〜8cm

〔分布〕
・ゴヨウマツ　　　　北海道〜九州
・チョウセンゴヨウ　本州・四国
・ヤクタネゴヨウ　　屋久島・種子島など

まつ科　同じような葉に見えますが、前々頁のクロマツ・アカマツは2葉性、前頁のダイオウショウ・ハクショウは3葉性、ゴヨウと名のつくマツは5葉性です。庭園で見られる各種ゴヨウマツは上の図のように形が整えられています。野生のものは20m以上にもなり、むしろ荒々しくたくましい感じがします。

カラマツ　唐松・落葉松

● 花期 5月　● 果期 秋　● 落葉

針葉樹・竹 など

上向き

雄花 1.5cm

下向き

雌花 2.5～3cm

短枝には葉が 20～30葉 束生する

球果 2～3.5cm

葉 2～3cm

高さ　20m

球果は雀が電線に並ぶ ように見える

まつ科　宮城～石川に分布。ほとんどのマツは常緑ですが、カラマツは落葉するのでマツの仲間ではないと思われてしまいます。新葉の頃も美しいのですが、黄葉は広葉樹の黄葉とは一味違う景色です。各地に名所がありますが、美し森から見る八ヶ岳裾野のカラマツ林の黄葉は息をのむ美しさです。

63

ヒマラヤスギ　ヒマラヤ杉

●花期 10〜11月　●果期 秋〜晩秋　●常緑

針葉樹・竹など

雄花 2〜5cm

葉 4cm

短枝の葉
20〜50本束生

←球果は良く目立つ

高さ　25〜30m

球果 6〜13cm

まつ科　ヒマヤラ〜アフガニスタン原産。この木を見た人は原産地のヒマラヤに行ったことがなくても、この雄大な名を納得します。大きな公園では必ずといえるほど見かけます。樹姿も印象的ですが、枝上では大勢の小人の監視員が雄花のときは黄白色制服で、果実になると青、茶色の制服に着替えて見張っています。

モミ 樅

●花期 5月頃 ●果期 10月頃 ●常緑

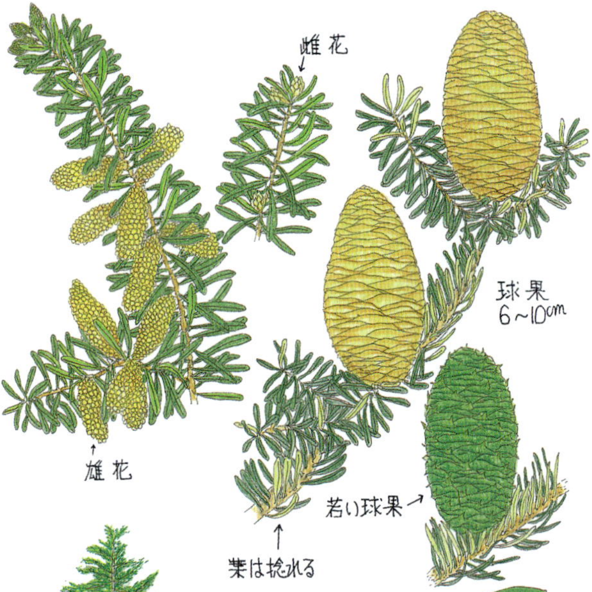

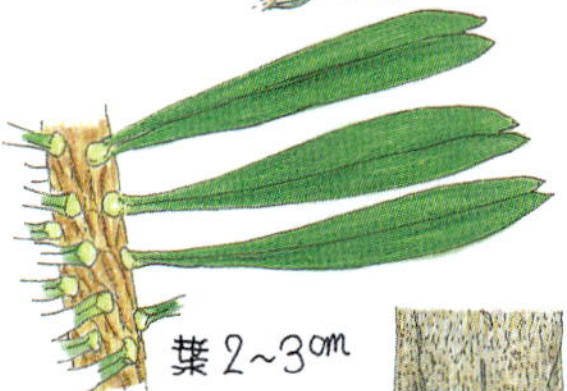

針葉樹・竹など

雌花

球果
6~10cm

雄花

若い球果

葉は捻れる

葉 2~3cm

葉の先端は 2つに分かれ
触れても痛くない。但し、幼木
や若木では針状に鋭く尖る。

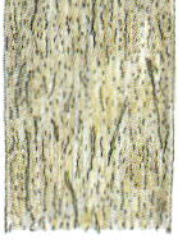

高さ 25~30m

まつ科 本州~九州に分布。真っ直ぐに伸びた太い枝は豪快で締まった感じがして、力技を競うスポーツ選手のイメージです。この木に頼りがいを感じるのか、太い幹に触れ、叩く人がたくさんいます。葉や幹だけを見るとカヤ(p. 80)と区別が難しいのですが、葉の先が2裂していて触ってもカヤほど痛くありません。

65

針葉樹・竹など

ドイツトウヒ　ドイツ唐檜

● 花期 5月　● 果期 10月頃　● 常緑

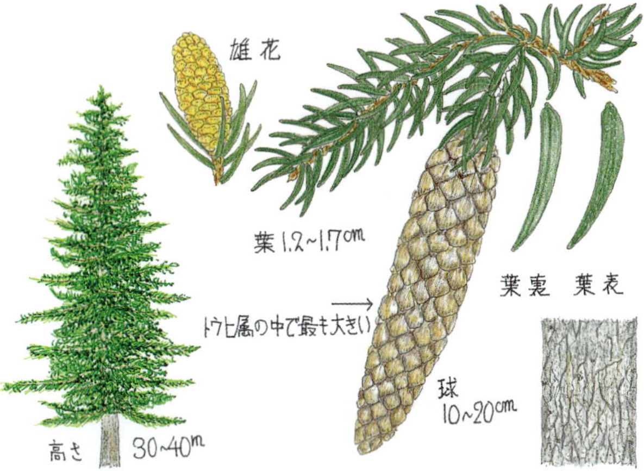

雄花

葉 1.2～1.7cm

トウヒ属の中で最も大きい

球
10～20cm

葉裏　葉表

高さ　30～40m

ツガ 栂

● 花期 4～6月
● 果期 秋
● 常緑

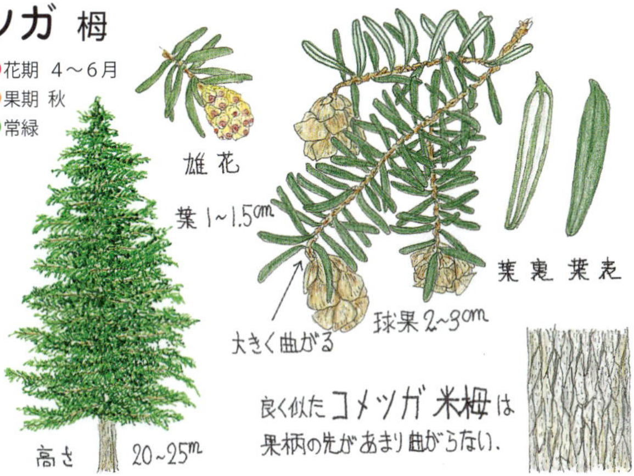

雄花

葉 1～1.5cm

大きく曲がる

球果 2～3cm

葉裏 葉表

良く似た コメツガ 米栂 は
果柄の先があまり曲がらない。

高さ　20～25m

まつ科　ドイツトウヒはヨーロッパ原産。寒地の鉄道などの防風・防雪林として利用され、クリスマスツリーにも使われます。ドイツの「黒い森」はこの木です。日本在来のトウヒもあります。ツガは福島以西〜九州に分布。よく似たコメツガ（本州中部以北と紀伊半島、四国、九州の一部）は果柄がツガのように曲がりません。

66

まつ科4属の見分け方

針葉樹・竹など

マツ属

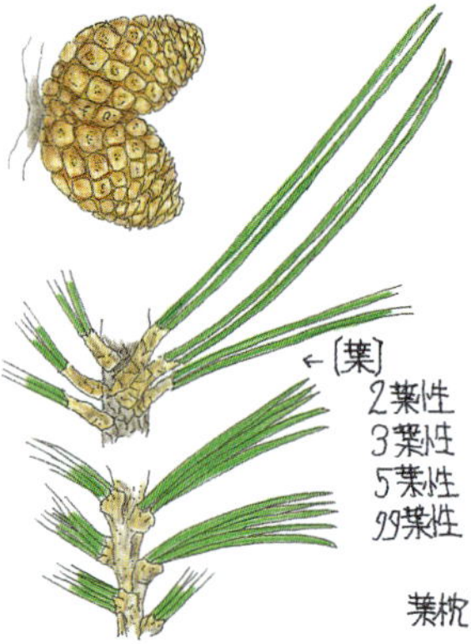

[葉]
2葉性
3葉性
5葉性
99葉性

モミ属

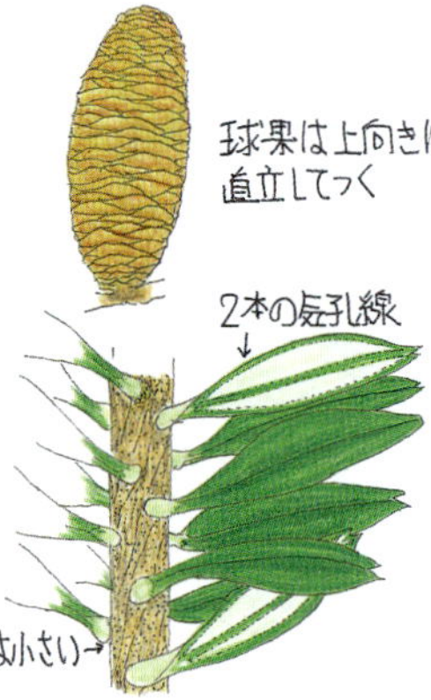

球果は上向きに直立してつく

2本の気孔線

葉枕は小さい→

トウヒ属

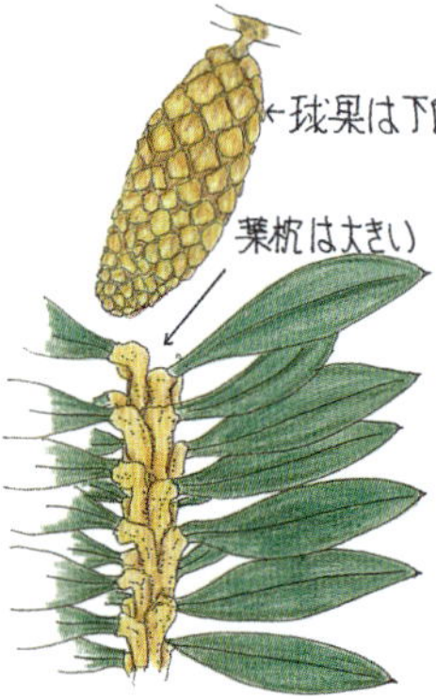

←球果は下向きにつく

葉枕は大きい

ツガ属

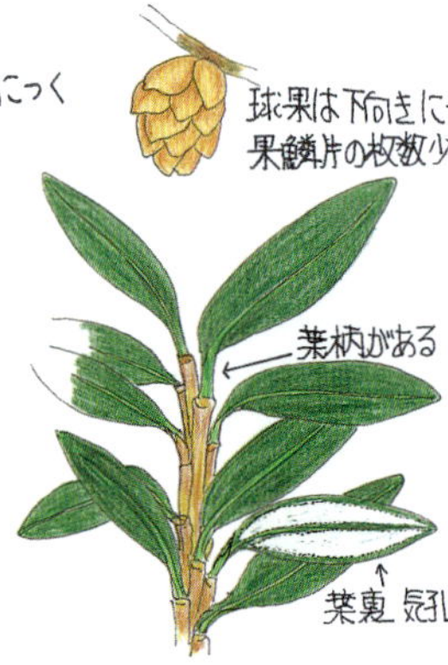

球果は下向きにつき果鱗片の枚数少ない.

葉柄がある

葉裏 気孔線

針葉樹はみな同じように見えますが、細かく見ればまつ科の4つの属の見分けはそう難しくありません。マツ属は葉の形から一目瞭然。他の3属も葉枕、気孔線、葉先の尖り、そして果実の形を見れば誰でも見分けられます。これで敬遠していた針葉樹の見分けに一歩近づけました。さらに細かな分類は専門家の仕事です。

67

スギ　杉

🔴花期 3〜4月　🟠果期 10〜11月　🟢常緑

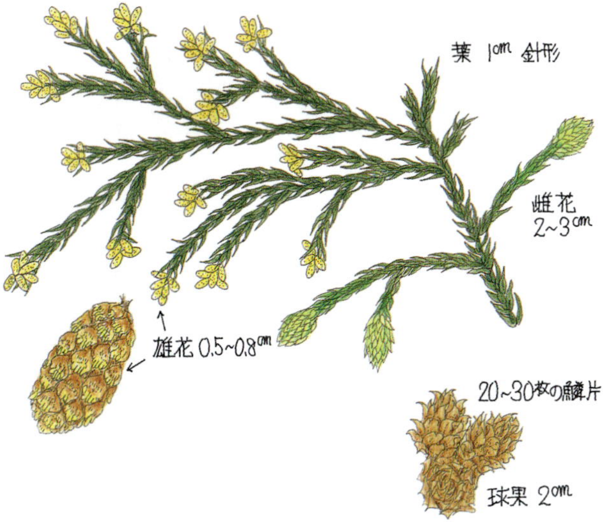

針葉樹・竹など

葉 1cm 針形

雌花 2〜3cm

雄花 0.5〜0.8cm

20〜30枚の鱗片

球果 2cm

スギの園芸品種

ヨレスギ
捻杉

葉

庭園樹 4〜5m

高さ 20〜50m

庭園樹 3〜4m

オウゴンスギ
黄金杉

すぎ科　本州〜九州に分布。花粉症ですっかり嫌われていますが昔は重要な樹種で、秋田杉とか吉野杉とか産地名をつけてその品質を誇りました。スギは直(すぎ)からの転訛で、日本書紀では暴れん坊の「スサノオの命」の脛毛から作られたとされます。発想の違う古代人の感性には驚かされますが納得もできます。

コウヨウザン　広葉杉

●花期 4月　●果期 10〜11月　●常緑

針葉樹・竹など

雄花

雌花

20〜30cm

葉 3〜5cm

球果は枝に直立してつく

球果 3〜4cm

高さ　25m

樹皮は縦に長く裂ける

すぎ科　中国原産。一般の知名度は高くありませんが、公園でも寺社でもよく見かけます。葉は大きくて硬く、小葉の先端は触ると少し痛く感じます。葉だけを見ると大きな葉のカヤ(p. 80)のようにも見え、スギの仲間とは思えない印象があります。葉の裏側には2本の白い気孔線が見えます。生長が早い木です。

69

メタセコイア

● 花期 2〜3月　● 果期 10〜11月　● 落葉

針葉樹・竹 など

対生

5〜9cm

葉2〜3cm

葉のつき方

ラクウショウ　落羽松

● 花期 4月
● 果期 10〜11月
● 落葉

互生

5〜10cm

葉のつき方

葉1〜2cm

高さ　20m

樹皮は縦に裂けが入る

膝根　ラクウショウは膝根を出す

すぎ科　中国南西部原産。メタセコイアは別名アケボノスギ(曙杉)と呼ばれ、恐竜時代からの生き残りで「生きた化石」として知られています。ラクウショウ(別名ヌマスギ 沼杉)は北米東南部原産で水湿地を好み、周囲から膝根と呼ばれる呼吸根を出します。両者とも葉が美しく軟らかでよく似ていますが、葉は対生と互生です。

70

ネズ　杜松

● 花期 4月　● 果期 10月　● 常緑

雄花 0.4~0.5㎝

雌花

雌雄別株

葉 1~2.5㎝

葉は3輪生

←触ると痛い

果実 0.8~1㎝

ハイネズ　這杜松

地を這うように拡がる

葉 1~2㎝

高さ　10~20m

ひのき科　ネズ(別名ネズミサシ・ムロ)は本州~九州に分布し、丘陵や山地の尾根沿いに多く見られます。特徴は葉が3輪生し触ると痛いことです。熟すと黒紫の果実はロウ質に覆われます。ハイネズは北海道~九州に分布し、海岸沿いの岩場などに生えます。地を這うように拡がるので、庭木として利用されています。

針葉樹・竹など

針葉樹・竹など

クロベ　黒檜

●花期 5月頃　●果期 10～11月　●常緑　（2種とも）

球果 1㎝

← 鱗片状の葉

葉 0.2～0.4㎝

葉表

葉裏

← 気孔線は黄白色

アスナロ　翌檜

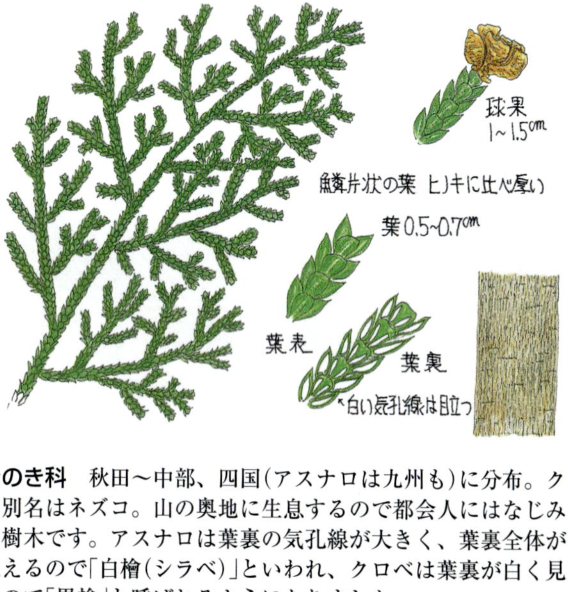

球果
1～1.5㎝

鱗片状の葉 ヒノキに比べ厚い

葉 0.5～0.7㎝

葉表

葉裏

← 白い気孔線は目立つ

ひのき科　秋田～中部、四国（アスナロは九州も）に分布。クロベの別名はネズコ。山の奥地に生息するので都会人にはなじみが薄い樹木です。アスナロは葉裏の気孔線が大きく、葉裏全体が白く見えるので「白檜（シラベ）」といわれ、クロベは葉裏が白く見えないので「黒檜」と呼ばれるようになりました。

ヒノキ 檜

● 花期 4月　● 果期 10〜11月　● 常緑　（2種とも）

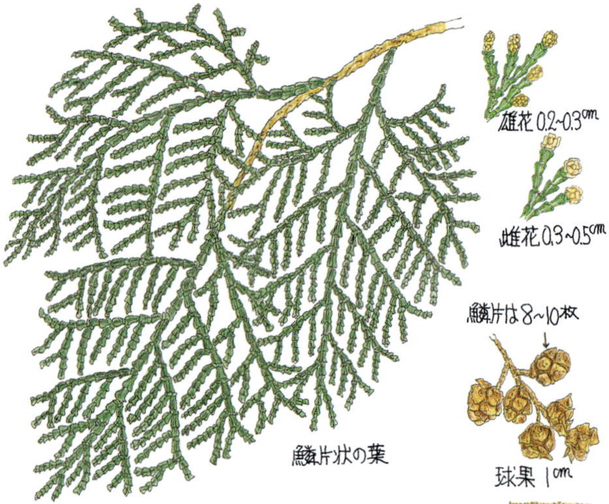

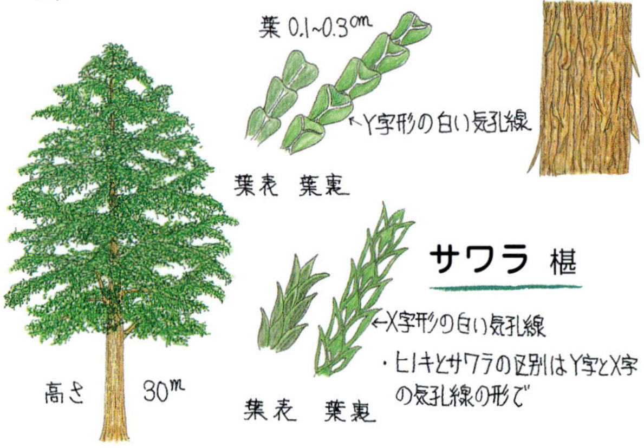

針葉樹・竹など

雄花 0.2〜0.3cm

雌花 0.3〜0.5cm

鱗片は8〜10枚

球果 1cm

鱗片状の葉

葉 0.1〜0.3cm

←Y字形の白い気孔線

葉表　葉裏

サワラ 椹

←X字形の白い気孔線

・ヒノキとサワラの区別はY字とX字の気孔線の形で

高さ 30m

葉表　葉裏

ひのき科　福島以西〜九州に分布。サワラもほぼ同様の分布。ヒノキとは「火の木」の意味で、昔この木を擦って火を起こしたことが名の由来といわれます。この両者の外見はそっくりなので区別がつきません。最も簡単な見分けかたは、葉裏の気孔線の違いです。ヒノキはY字型でサワラはX字型に似た形です。

73

針葉樹・竹など

ヒノキ・サワラの園芸品種

シノブヒバ
忍檜葉

葉裏

葉裏

ヒヨクヒバ　比翼檜葉

オウゴンシノブヒバ
黄金忍檜葉

ヒムロ
檜室

葉

代表的樹姿

ひのき科　ヒノキやサワラから多くの園芸品種が作られています。そのごく一部を紹介します。コニファーガーデン（主に観賞用に育成された針葉樹種のみの庭園）では、これらも盛んに使われています。ひのき科の葉は鱗状ですが、針状の葉のスギやモミなどと組合せて、神秘的な雰囲気の庭園を作り出します。

74

イブキ　伊吹

● 花期 4月　● 果期 10月頃　● 常緑　（2種とも）

針葉樹・竹 など

針葉

鱗片葉

果実 0.6～0.7㎝
表面は白いロウ質

鱗片葉 0.2㎝

針葉 0.5～1㎝
・多くの個体に針葉が出る

← 海岸地帯の岩上などで風の影響を受けて
捻れた樹計形が多い.

高さ 15m

少し捻れる

カイヅカイブキ

貝塚伊吹

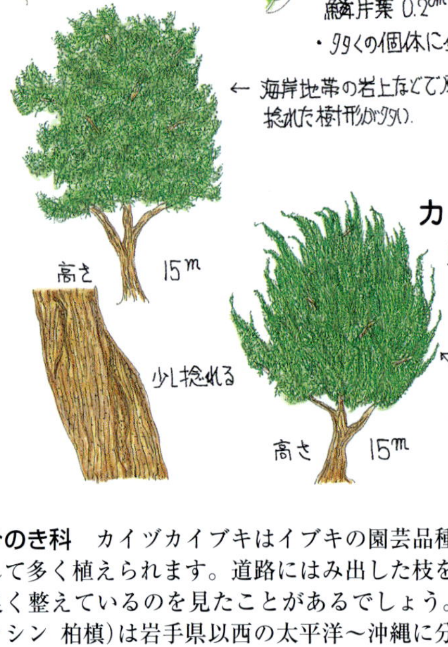

捻りあげたような枝が
特長.

高さ 15m

ひのき科　カイヅカイブキはイブキの園芸品種で、庭木や生垣として多く植えられます。道路にはみ出した枝を、植木屋さんが形良く整えているのを見たことがあるでしょう。イブキ(別名ビャクシン 柏槙)は岩手県以西の太平洋〜沖縄に分布。主に海岸地帯の崖上に異様な姿で生えていて、強く印象に残る木です。

針葉樹・竹など

コノテガシワ　児の手柏

🔴 花期 3〜4月　🟠 果期 10〜11月　🟢 常緑

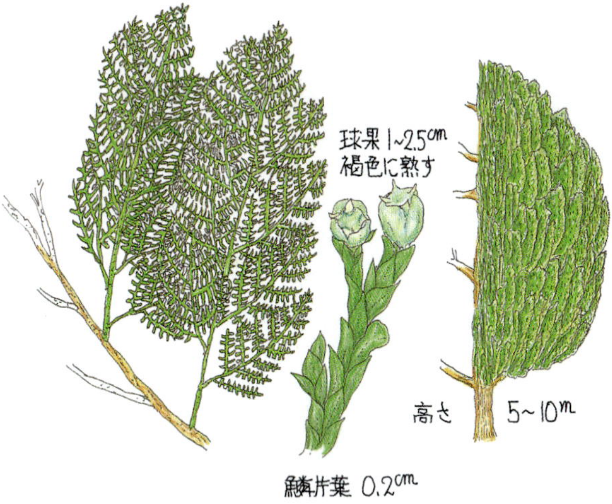

球果 1〜2.5cm
褐色に熟す

高さ　5〜10m

鱗片葉 0.2cm

・枝は直立する
・葉に裏表がない
・平面的に重さなっている枝葉を子供が手をあげている姿に見立てた
　名といわれる.

ハイビャクシン
這柏槙

🔴 花期 4月
🟠 果期 10月頃
🟢 常緑

高さ 1〜1.5m

ひのき科　コノテガシワは中国原産。葉が平面的に重なって出る姿が面白く、庭木・公園樹・校庭樹などとして植えられます。ハイビャクシンは九州、壱岐、対馬、沖ノ島などの沿岸に分布。壱岐島の近くの辰ノ島には、海岸一面にハイビャクシンの見事な群落があります。街では庭木としてごく一般的に使われています。

76

イチイ　一位

●花期 3〜5月　●果期 9〜10月　●常緑　（2種とも）

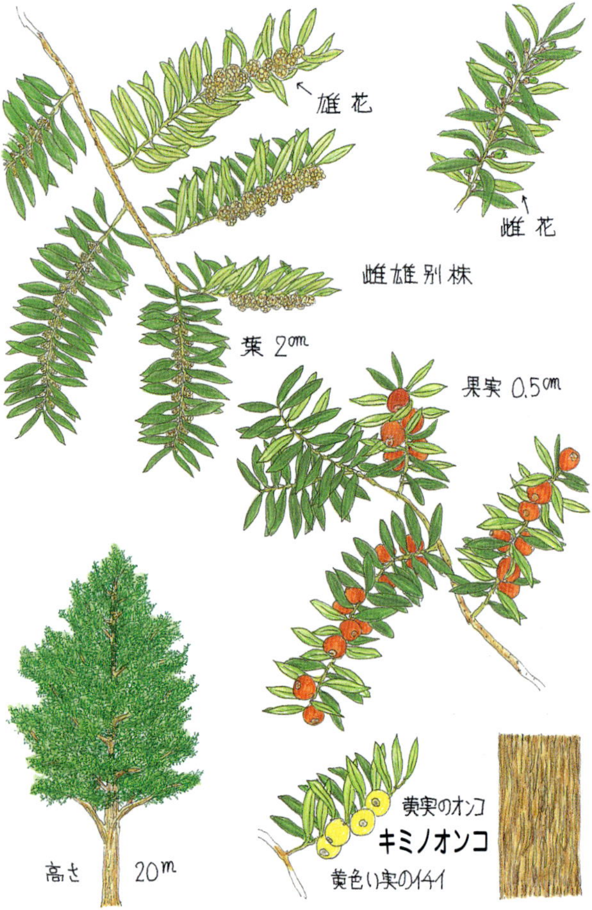

針葉樹・竹 など

雄花

雌花

雌雄別株

葉 2cm

果実 0.5cm

高さ 20m

黄実のオンコ
キミノオンコ
黄色い実のイチイ

いちい科　別名オンコ、アララギ　北海道〜九州に分布。赤い実が美しく北国では庭木や生垣として普通に見かけます。この木で貴人が持つ笏（しゃく）を作りました。位階の正（従）一位に因んだ名です。樹高1〜4mのキャラボクはイチイの変種で秋田〜鳥取の日本海側に分布。キミノオンコは黄色い果実の変種です。

77

イヌマキ　犬槙

●花期 5〜6月　●果期 10〜12月　●常緑

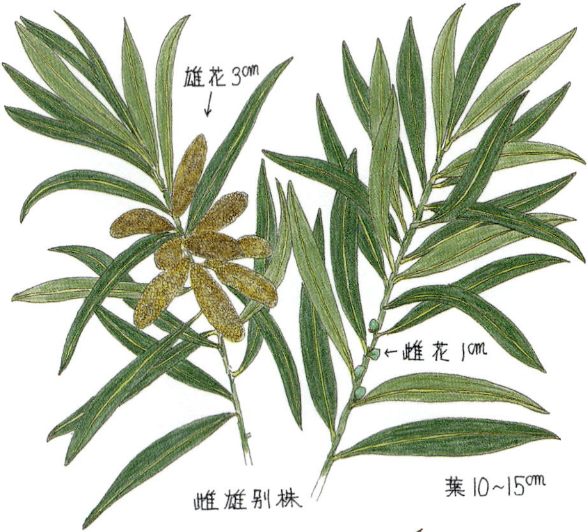

針葉樹・竹など

雄花 3㎝

←雌花 1㎝

雌雄別株

葉 10〜15㎝

果実 1㎝

高さ 20m

まき科　別名マキ・ホンマキ　関東以西〜沖縄に分布。庭木や生垣でも見られますが、防風林としての利用も盛んです。果実は色違いの串だんご状で可愛らしく、食べられます。よく似たラカンマキ（羅漢槙）は全体に小形ですが、見分けは難しいでしょう。次頁のコウヤマキとの区別をしっかり確認してください。

コウヤマキ　高野槙

●花期　4月　　●果期　10〜11月　　●常緑

針葉樹・竹など

葉 6〜13㎝

葉裏に黄白色の気孔線が1本

雄花　　雌花

高さ　30m

球果 6〜8㎝

こうやまき科　別名マキ　福島以西〜九州に分布。特に紀伊半島と四国に多い。多くの人が前頁のイヌマキと別名が同じなので混同しています。見分けは葉のつき方が違うことです。名は高野山に多くあることに由来します。2006年、秋篠宮家にご誕生の悠仁様のお印はこのコウヤマキです。

カヤ 榧

●花期 5月頃 ●果期 9月 ●常緑

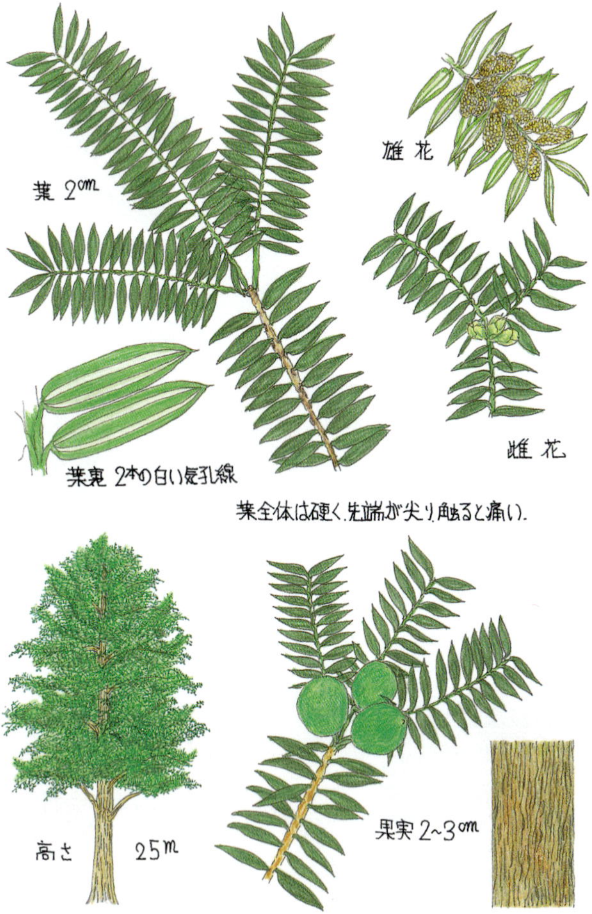

針葉樹・竹など

葉 2㎝

雄花

葉裏 2本の白い気孔線

雌花

葉全体は硬く,先端が尖り触ると痛い.

高さ 25m

果実 2〜3㎝

いちい科 別名ホンガヤ 宮城以南〜九州に分布。一昔前は、な
ぜかわかりませんが農家の庭でよく見かけました。全体にモミ（p.
65）に似ていますが、葉の先が1つで鋭く尖り、触ると痛く感じ
ます。モミは先端が2つに分かれ、それほど痛く感じません。ま
た、コウヨウザン（p.69）と間違うことがあります。

80

イヌガヤ　犬榧

● 花期 3〜4月　● 果期 9〜10月　● 常緑

針葉樹・竹 など

雌雄別株

雄花

雌花

葉裏 2本の淡黄色の気孔線

果実 2〜2.5cm

葉 3〜5cm

高さ 5m

いぬがや科　岩手南部以南〜九州に分布。あまり日光を要求しないので、スギやコナラなどの日当りの悪い林の中にも生えています。秋に赤く熟す果実はよく目立ち、食べると甘みを感じます。前頁のカヤと似ているのでこの名がありますが、イヌガヤの葉は軟らかく触っても痛くないので簡単に見分けられます。

81

モウソウチク　孟宗竹　　マダケ　真竹

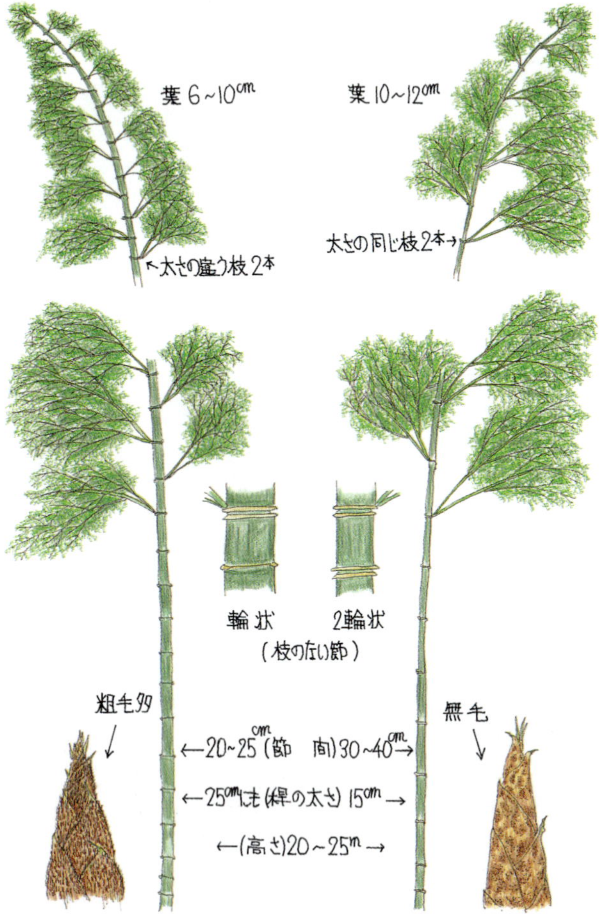

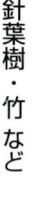

針葉樹・竹など

葉 6～10㎝

葉 10～12㎝

←太さの違う枝2本

太さの同じ枝2本→

輪状　　2輪状
(枝のない節)

粗毛羽
↓

無毛
↓

←20～25㎝(節　間)30～40㎝→

←25㎝は(稈の太さ)15㎝→

←(高さ)20～25m→

いね科　モウソウチクは中国原産で北海道～九州に栽植されました。マダケは本州～沖縄に分布。タケの種類はキッコウタケ(亀甲竹)・ホテイチク(布袋竹)・ハチク(淡竹)・クロチク(黒竹)など多数あります。ササは筍(たけのこ)が生長しても稈鞘(筍の皮)が残りますが、タケは生長途中で脱落します。

クマザサ　隈笹

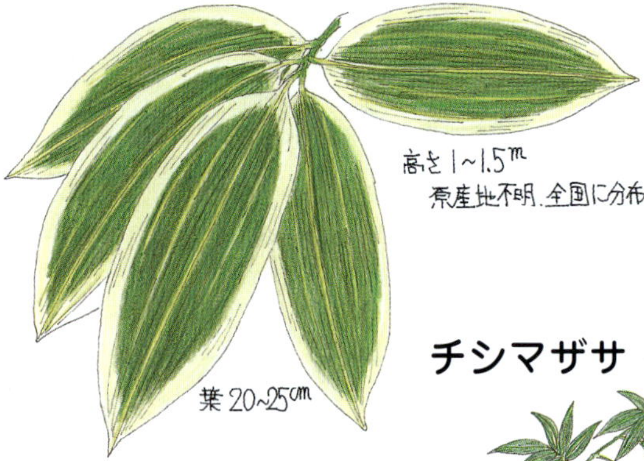

針葉樹・竹など

高さ1〜1.5m
原産地不明 全国に分布.

葉 20〜25cm

チシマザサ　千島笹

高さ1.5〜3m

〔分布〕
北海道・本州（東北・中国の
日本海側）

チマキザサ　粽笹

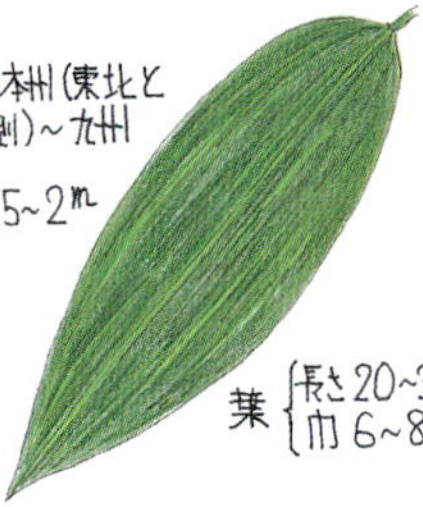

〔分布〕
北海道・本州（東北と
日本海側）〜九州

高さ1.5〜2m

葉 { 長さ20〜30cm
　　　巾 6〜8cm

・粽の他、鮨などの食品を包む

タケノコは美味

別名 ネマガリタケ の由来

いね科　クマザサの名は、葉の周りが白く隈取りされていること
に由来します。チマキザサは葉が大きく毛がないので粽（ちまき）
の皮に使われます。チシマザサはネマガリタケ（根曲り竹）の呼び
名のほうが有名です。寒い地方ではネマガリタケがとても好まれ、
塩蔵保存などもして、1年中いろいろな食べ方を楽しみます。

ナギ　梛

● 花期 5〜6月　● 果期 10〜11月　● 常緑

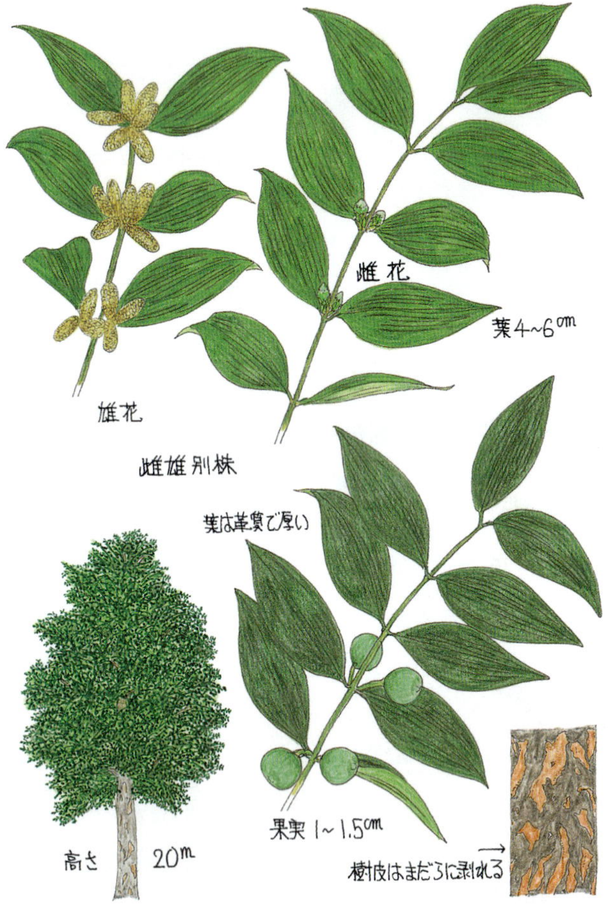

針葉樹・竹など

雄花

雄花

雌花

葉4〜6㎝

雌雄別株

葉は革質で厚い

果実 1〜1.5㎝

高さ　20ｍ

樹皮はまだらに剥れる

まき科　式根島・紀伊半島・山口、四国、九州南部、沖縄に分布。イヌマキ（p. 78）と同じまき科です。奈良の春日大社の大規模なナギの純林は有名で、暖地の神社や墓所に植えられています。一見、常緑広葉樹に見えますが、葉脈はイヌマキと同じように縦方向に走ります。果実から灯明用の油を採りました。

つる性樹木

意外かもしれませんが、普段歩いている街の中にもフジ・テイカカズラ・スイカズラ・ツタ・ムベなど、つる性の樹木のかなりの種類が見られます。つる性樹木も前項の針葉樹・竹などと同じようにあまり関心を持たれませんが、街でも野山でも綺麗な花を咲かせています。
もし、「つる性」と判別できましたら、この項の頁をゆっくりとめくって探してください。ほとんどは見つけだせることでしょう。

ツキヌキニンドウ　突抜忍冬

●花期 5〜9月　●果期 9〜12月　●常緑

つる性樹木

葉4〜9cm

対生

葉裏はロウ質

花 3〜4cm

雄しべ 5本

果実 0.5〜0.6cm

つる長 5〜6m

すいかずら科　北アメリカ原産で明治時代に渡来。葉の中央部から花が出る性質が面白がられ、庭木などとして植えられました。最近は黄色花の園芸品種も育成され普及しています。この花のような出かたをするものは、ハナイカダやナギイカダ (p. 355) などですが、植物進化の途中を見ているように感じます。

スイカズラ　吸葛

● 花期 5〜6月　● 果期 9〜12月　● 半常緑

つる性樹木

雄しべ 5本

花 3〜4cm

花も果実も 2つつく

果実
0.5〜0.6cm

葉の形には変化が多い

対生

つる長 数m

すいかずら科　別名ニンドウ(忍冬)・キンギンカ(金銀花)　北海道南部〜九州に分布。山野で普通に見られ、花には甘い芳香があります。名は花の奥にある蜜を吸ったことからで、別名のニンドウは、冬でも青い葉をしている姿を捉えたものです。キンギンカは、白色の花が黄色に変わることに由来します。

つる性樹木

ノウゼンカズラ　凌霄花

● 花期 7〜8月　● 落葉　（2種とも）

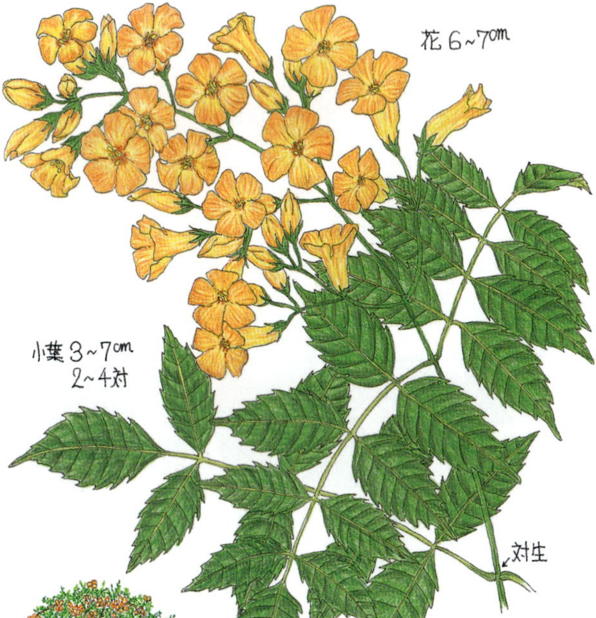

花 6〜7㎝

小葉 3〜7㎝
2〜4対

対生

奇数羽状複葉
20〜30㎝

アメリカノウゼンカズラ

つる長　10ｍにも

花は色が濃く細長い

のうぜんかずら科　中国原産。平安時代にはすでに日本でも栽植されていました。花の少ない夏に華やかな赤橙系の花はよく目立ちます。葉は程よく繁茂するため、夏の日除けを兼ねた栽培も見かけます。花色が濃いアメリカノウゼンカズラ（北アメリカ原産）も多く見かけます。花の色が薄い紫などの新品種もできています。

88

サルトリイバラ　猿捕茨

● 花期 4〜5月　● 果期 10〜11月　● 落葉

つる性樹木

ヒゲ→

硬い刺

葉 3〜12㎝

雌花　雄花

0.8〜1㎝

花序 3〜4㎝

つる長 3〜7m

果実 0.7〜0.9㎝

ゆり科　北海道〜沖縄に分布。野山のやや乾いた所に普通に見られます。枝には名の由来の猿も捕るといわれる鉤状の刺があり、引っ掛けるとかなりの痛さです。若芽・若葉・蔓の先端はテンプラなどにして食べる山菜で、西日本では柏餅の葉としても使います。晩秋には果実が美しい朱赤色になり目立ちます。

89

つる性樹木

テイカカズラ　定家葛

● 花期 4〜6月　● 果期 秋　● 常緑　（2種とも）

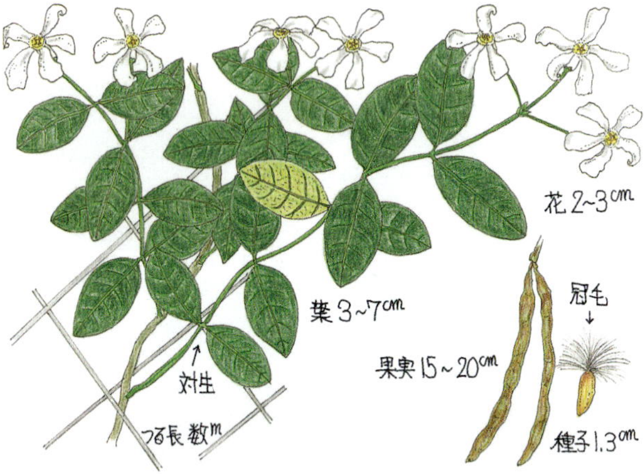

花 2〜3cm

葉 3〜7cm

対生

つる長 数m

果実 15〜20cm

冠毛

種子 1.3cm

サカキカズラ　榊葛

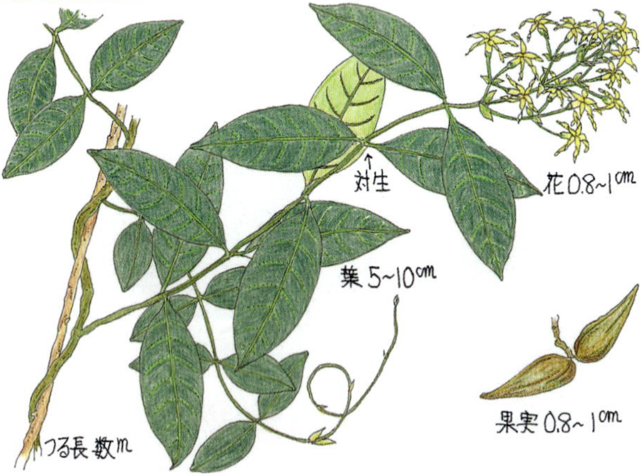

対生

花 0.8〜1cm

葉 5〜10cm

つる長 数m

果実 0.8〜1cm

きょうちくとう科　テイカカズラは本州〜九州に分布。テイカは歌人・藤原定家のことで、名は定家の霊が葛となって恋焦がれた皇女の墓にまとわりつく話からです。街でもフェンスにまとわりつく姿をよく見かけます。サカキカズラは千葉以西〜沖縄に分布。名は葉がサカキ（p. 248）に似ていることからです。

カギカズラ　鉤葛

● 花期 5〜6月　● 果期 9〜10月　● 常緑

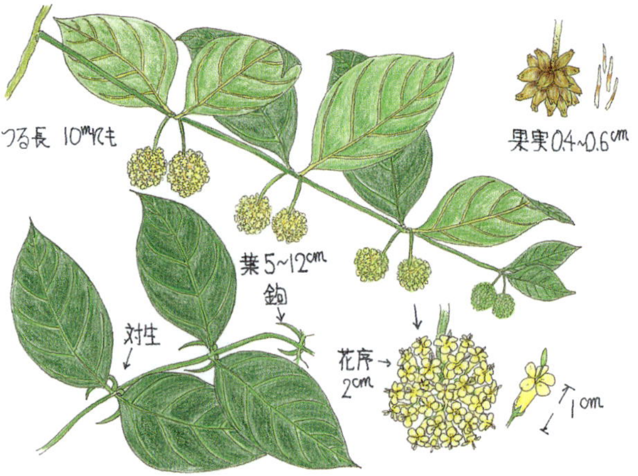

つる性樹木

つる長 10mでも

果実0.4〜0.6cm

葉 5〜12cm

鉤

対生

花序 2cm

1cm

ノブドウ　野葡萄

● 花期 7〜8月　● 果期 10〜11月　● 落葉

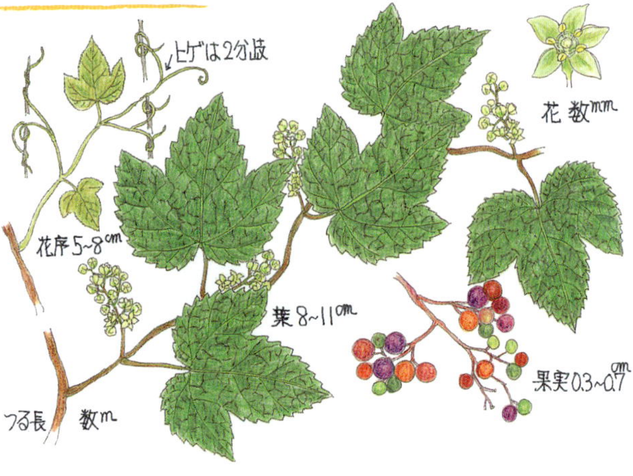

ヒゲは2分岐

花 数mm

花序 5〜8cm

葉 8〜11cm

果実0.3〜0.7cm

つる長　数m

カギカズラは**あかね科**　別名カラスノカギヅル（烏の鉤蔓）　関東南部以西〜九州に分布。鉤は漢方では鎮静・鎮痛の薬ですが、この鉤を見れば薬効にも納得です。ノブドウは**ぶどう科**で北海道〜沖縄に分布。どこにでも生えているので遠足などで一度は目にしたでしょう。ノブドウの果実は色とりどりに熟し綺麗です。

91

つる性樹木

ヤマブドウ　山葡萄

●花期 5〜7月　●果期 10月頃　●落葉　（3種とも）

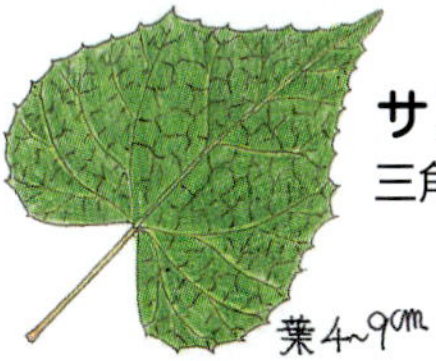

花序 20cm

花 数mm

葉 10〜30cm

果実 0.8cm

巻きヒゲ

雌雄別株

つる長　数m

サンカクヅル
三角蔓

葉 4〜9cm

エビヅル
蝦蔓

葉 5〜8cm・3〜5裂など

ぶどう科　ヤマブドウは北海道〜四国に分布。黄紅葉は美しく、晩秋の山の楽しみのひとつです。サンカクヅルは本州〜九州に分布。蔓を切ると甘みがある汁がにじみ出し「行者の水」と呼ばれます。エビヅルは本州〜沖縄に分布。葉はヤマブドウよりかなり小さくなります。ヤマブドウと同じように美しく黄紅葉します。

ツタ　蔦

● 花期 6〜7月　● 果期 10月　● 落葉

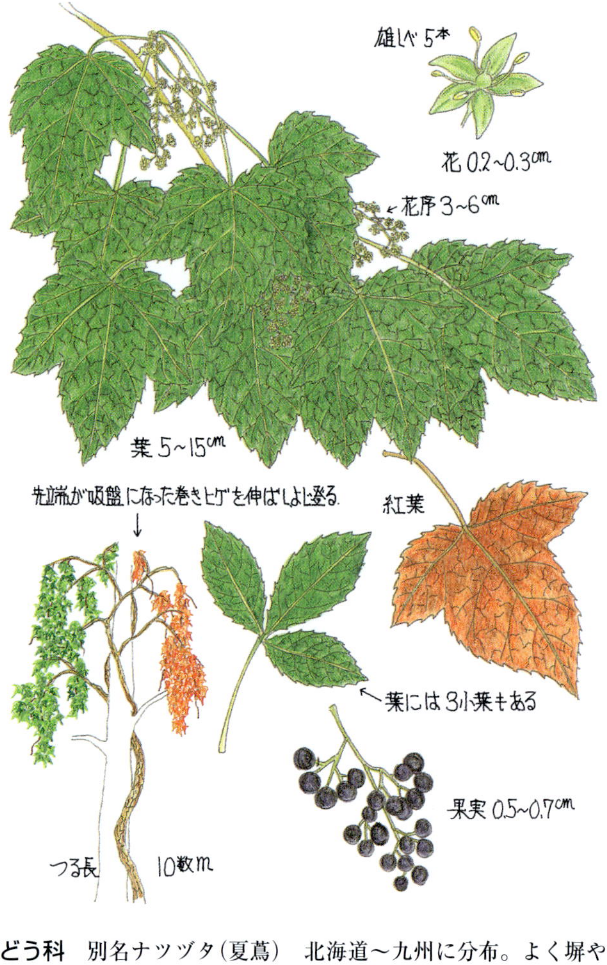

つる性樹木

雄しべ 5本

花 0.2〜0.3cm

花序 3〜6cm

葉 5〜15cm

先端が吸盤になった巻きヒゲを伸ばし登る.

紅葉

葉には3小葉もある

果実 0.5〜0.7cm

つる長　10数m

ぶどう科　別名ナツヅタ（夏蔦）　北海道〜九州に分布。よく塀や家の壁などを這わせているのを見かけますが、うこぎ科のキヅタ（次頁）と間違っている人が大勢います。キヅタは常緑ですが、ツタは紅葉して落葉します。別名のナツヅタはこの意味です。山では、かぶれるツタウルシと似ていますので注意してください。

93

キヅタ　木蔦

●花期 10〜12月　●果期 5〜6月　●常緑

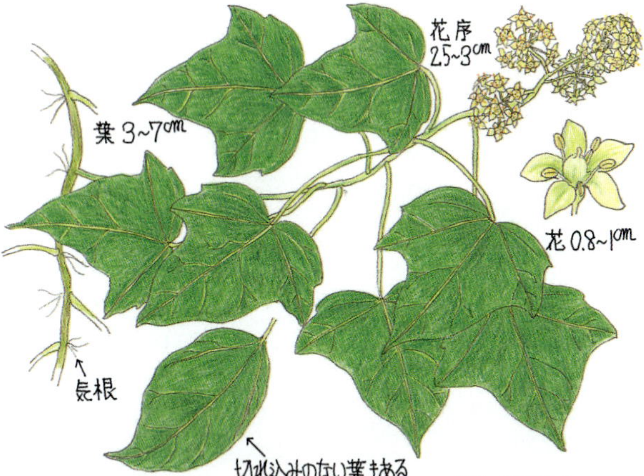

つる性樹木

花序
2.5〜3cm

葉 3〜7cm

花 0.8〜1cm

気根

切れ込みのない葉もある

葉に光沢あり

気根で這い上る

果実 0.8〜1cm

斑入り品種

建物を覆うキヅタ

つる長
10mにも

うこぎ科　別名フユヅタ（冬蔦）　本州〜九州に分布。塀や建物の壁面やグランドカバー（一般的にはセイヨウキヅタが使われることが多い）、そして鉢物としてもよく目にします。山では地面を覆うように幼苗が生え、その中から競争に勝った1，2本の苗が木の上部まで蔓を伸ばす様子が見られます。

94

ツヅラフジ　葛藤

●花期　7月　●果期　10〜11月　●落葉

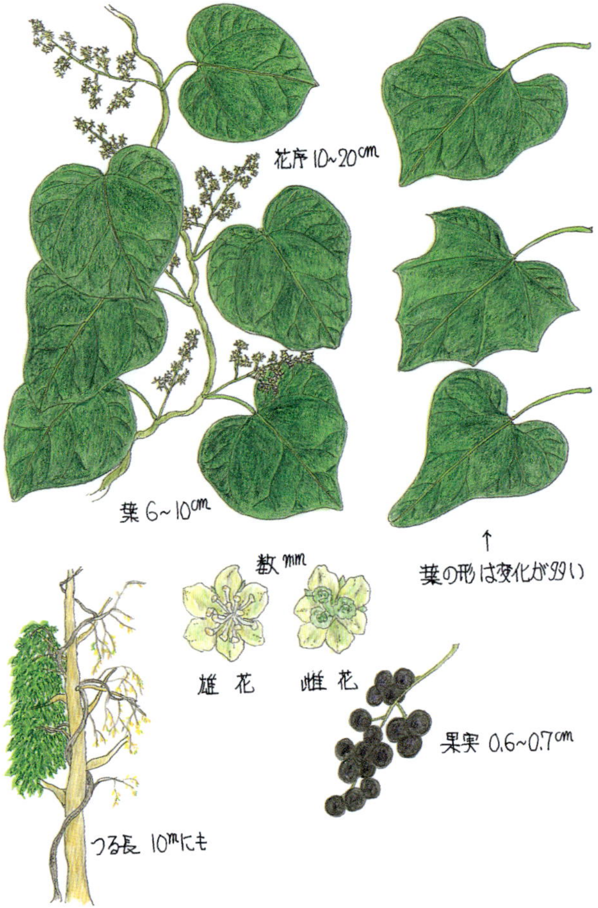

つる性樹木

花序 10〜20cm

葉 6〜10cm

葉の形は変化が多い →

数mm

雄花　　雌花

果実 0.6〜0.7cm

つる長 10mにも

つづらふじ科　別名オオツヅラフジ（大葛藤）　本州〜沖縄に分布。崖などにビッシリと生えているのを見かけます。本書には載せませんでしたが、葉柄が盾状に着くコウモリカズラやハスノハカズラと間違えやすいので注意が必要です。北海道で見られるものは花も葉もそっくりのアオツヅラフジ（北海道〜沖縄に分布）です。

95

つる性樹木

サネカズラ　実葛・真葛

● 花期 8月　● 果期 11月頃　● 常緑

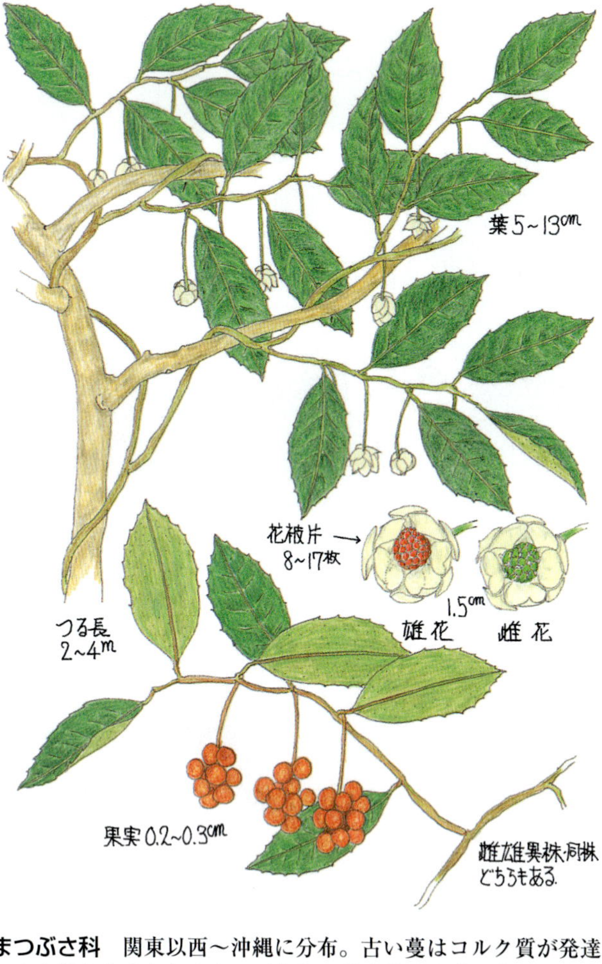

葉 5〜13㎝

花被片
8〜17枚

1.5㎝
雄花　雌花

つる長
2〜4m

果実 0.2〜0.3㎝

雌雄異株・同株
どちらもある.

まつぶさ科　関東以西〜沖縄に分布。古い蔓はコルク質が発達して太く軟らかくなります。下向きに咲く花は地味ですが、よく見ると可愛いらしく、赤い果実は美しく人目を引きます。別名ビナンカズラ（美男葛）と呼ばれますが、昔、樹皮を剥いで潰し、水を加えた液を整髪料に使ったことがこの別名の由来です。

96

マツブサ　松房

● 花期 6〜7月　● 果期 10月頃　● 落葉　（2種とも）

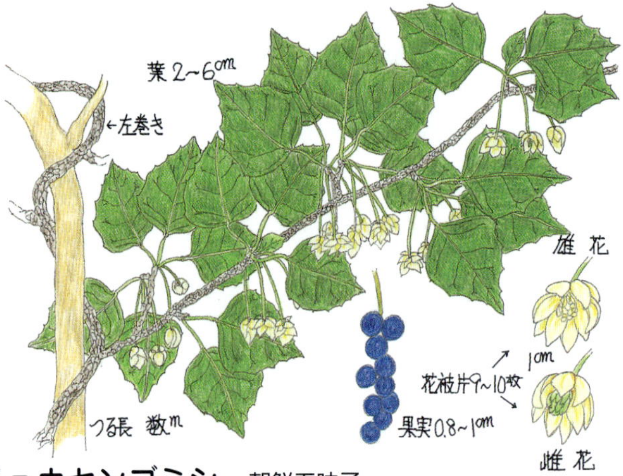

つる性樹木

葉 2〜6㎝

←左巻き

つる長 数ｍ

雄花

花被片9〜10枚

果実0.8〜1㎝

1㎝

雌花

チョウセンゴミシ　朝鮮五味子

雄花

1㎝

花被片 6〜9枚

雌花

1㎝

果実 0.7㎝

つる長 数ｍ

葉 4〜10㎝

まつぶさ科　マツブサ（別名ウシブドウ　牛葡萄）　北海道〜九州に分布。幹はコルク質でマツのような香りがします。果実は濃青色でブドウによく似ています。チョウセンゴミシは北海道〜本州中部以北に分布。こちらは赤く美しい果実で、5色の味（甘・苦・酸・辛・鹹）があり、漢方薬にも果実酒にも使います。

97

つる性樹木

イタビカズラ　イタビ葛

● 花期 6〜7月　● 果期 9〜11月　● 常緑　（3種とも）

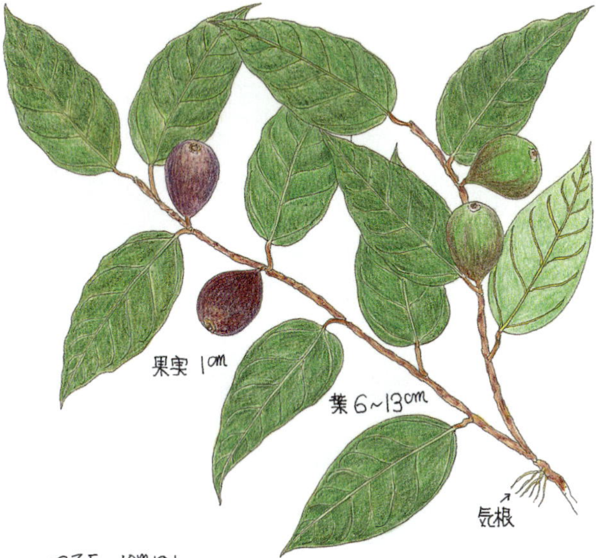

果実 1cm

葉 6〜13cm

気根

つる長　10mにも

←気根を出して這い上る

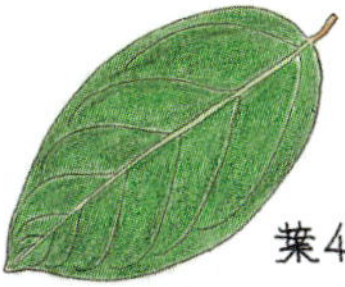

オオイタビ

葉 4〜10cm

ヒメイタビ

果実は2cm

葉 2〜6cm

いたびかずら科　福島以西〜沖縄に分布。この3種は枝を折ると白い液が出て葉が厚ぼったく、葉裏の葉脈が浮き出る特徴があり、気根を出して這い上がります。果実はイチジクの果実に似ています。西日本では、家の壁や塀に張り付いて伸びる姿を比較的よく見かけますが、少し寒い地方ではあまり見かけません。

フウトウカズラ　風藤葛

●花期 4～5月　●果期 11～3月　●常緑

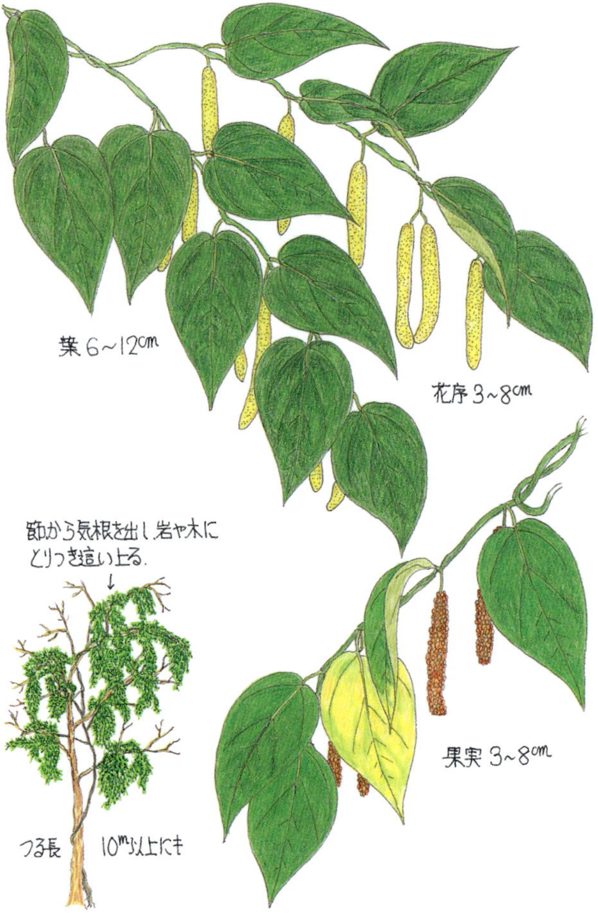

つる性樹木

葉 6～12cm

花序 3～8cm

節から気根を出し,岩や木に
とりつき這い上る.

つる長　10m以上にも

果実 3～8cm

こしょう科　別名ツルコショウ（蔓胡椒）　関東以西～沖縄に分布。節から気根を出してほかの木に覆いかぶさるように伸びる姿は、凄みがあり、多少気味悪さも感じます。果実は赤色に熟し、花も実も胡椒を採るコショウとそっくりです。果実は胡椒の味がしますが、胡椒の替わりになるかどうかはわかりません。

99

つる性樹木

モッコウバラ　木香薔薇

●花期 4〜5月　●常緑

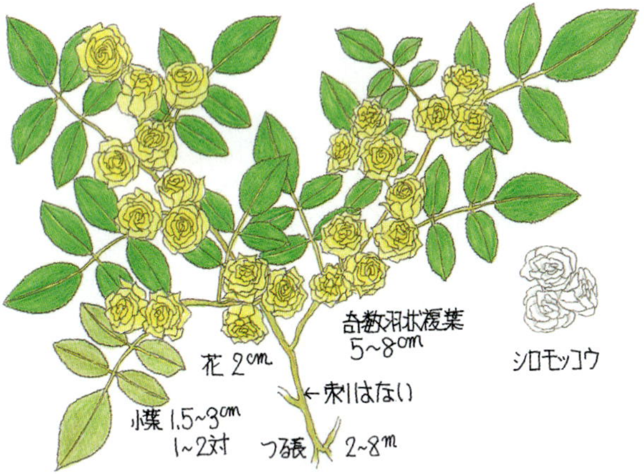

花 2㎝
奇数羽状複葉
5〜8㎝
←刺はない
小葉 1.5〜3㎝
1〜2対
つる張 2〜8ｍ

シロモッコウ

サンショウバラ　山椒薔薇

●花期 6月　●果期 10〜11月　●落葉

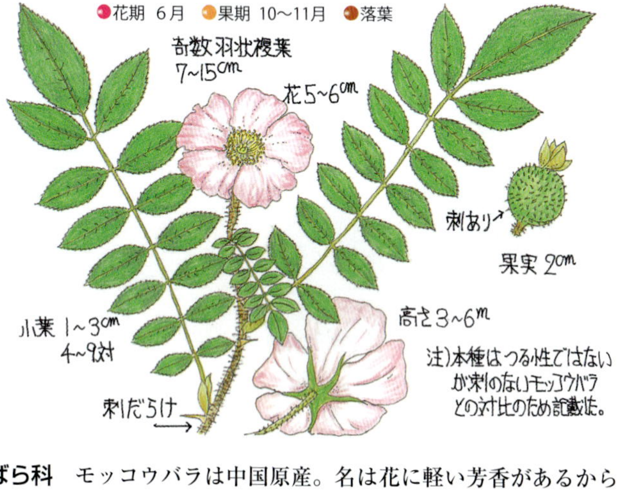

奇数羽状複葉
7〜15㎝
花 5〜6㎝
刺あり→
果実 2㎝
小葉 1〜3㎝
4〜9対
高さ 3〜6ｍ
刺だらけ
→

注)本種はつる性ではない
が刺のないモッコウバラ
との対比のため記載は。

ばら科　モッコウバラは中国原産。名は花に軽い芳香があるから
です。薄黄色の花がいっぱい咲き、他のバラのように刺がないと
ころが好まれ栽植が盛んです。サンショウバラは別名ハコネバラ
（箱根薔薇）といわれるように富士山付近や箱根で見られます。名
は葉も刺もサンショウ(p. 347)によく似ていることからです。

100

フユイチゴ　冬苺

● 花期 9〜10月　● 果期 11〜1月　● 常緑　（2種とも）

つる性樹木

花 1.2〜1.8cm

つる長 2m

葉 5〜10cm

毛と刺

果実 1cm

ミヤマフユイチゴ　深山冬苺

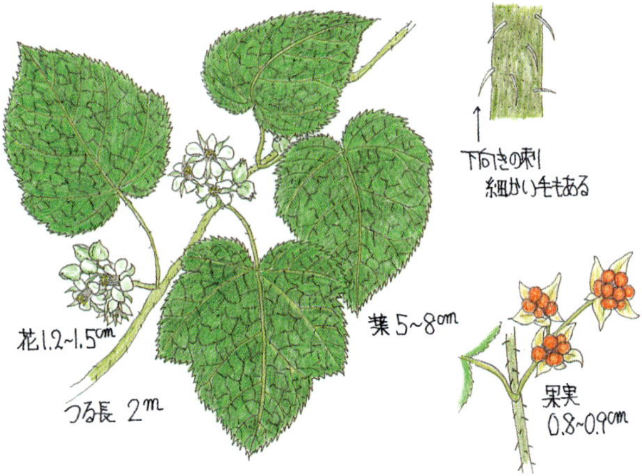

↑
下向きの刺
細かいもある

花 1.2〜1.5cm

つる長 2m

葉 5〜8cm

果実
0.8〜0.9cm

ばら科　両者ともほぼ関東以西〜九州に分布。果実が冬に熟すのでこの名があります。どちらもおいしいので、初めて食べた人はびっくりします。普段は見過ごされてしまいますが、冬に熟す果実は珍しいのでぜひ覚えてください。この両者の見分けは刺の向きがポイントで、ミヤマフユイチゴははっきりと下向きです。

101

つる性樹木

フジ　藤

● 花期 5月　● 果期 11〜12月　● 落葉

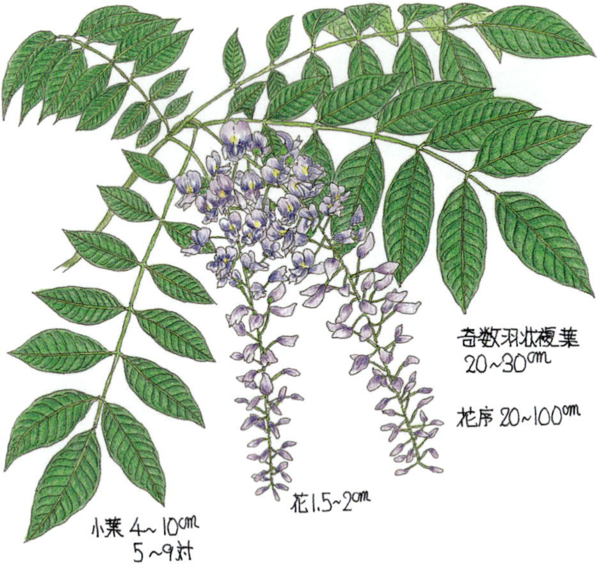

奇数羽状複葉
20〜30㎝

花序 20〜100㎝

花 1.5〜2㎝

小葉 4〜10㎝
5〜9対

←フジ　藤　　　ヤマフジ　山藤→

別名ノダフジ　野田藤　　別名ノフジ　野藤

つるは左巻き　　　　　　　つるは右巻き

つる長 10〜20m

まめ科　本州〜九州に分布。この両者はよく似ていますが蔓の巻き方（右巻きと左巻き）が違いますから、近くの藤棚で確かめてみてください。フジの紫色はなぜか人の心に染みます。「紫の似合う女になりたい」と言った人がいましたが、多分このフジの紫色のイメージなのでしょう。新芽や花は食べられます。

ジャケツイバラ　蛇結茨

● 花期 5〜6月　● 果期 10〜11月　● 落葉

つる性樹木

小葉 1〜2.5㎝
5〜12対

小さく赤い模様あり

花序 20〜30㎝

花 2.5〜3㎝

2回偶数羽状複葉
25〜35㎝

複葉
3〜8対

つる長　数m

茎の刺

果実 7〜10㎝

種子 1㎝

まめ科　本州〜沖縄に分布。山の中でジャケツイバラの花に出会うと、その鮮やかな黄色にハッとします。細やかな偶数羽状複葉も印象に残ります。これだけ綺麗な花を街の中で見かけないのは、刺がいっぱいあり、けがの心配があるからでしょう。別名のカワラフジ（河原藤）は河原で見ることが多いからです。

103

つる性樹木

マタタビ

● 花期 6〜7月　● 果期 10月頃　● 落葉

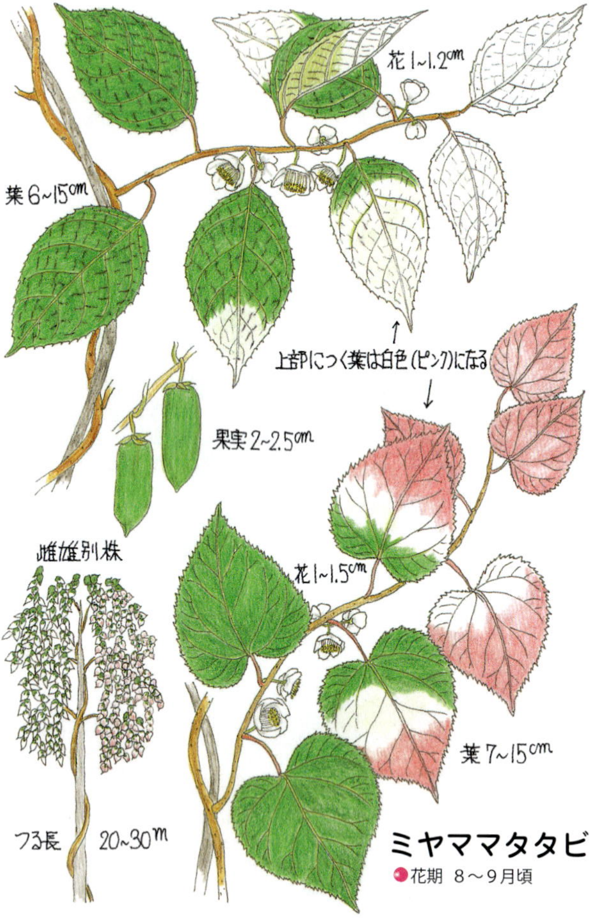

花 1〜1.2cm

葉 6〜15cm

上部につく葉は白色(ピンク)になる

果実 2〜2.5cm

雌雄別株

花 1〜1.5cm

つる長　20〜30m

ミヤママタタビ
● 花期 8〜9月頃

葉 7〜15cm

またたび科　マタタビは北海道〜九州に分布、ミヤママタタビは北海道〜本州中部以北に分布。果実は塩漬けや果実酒などにして、土産物店で売られています。葉は花の時期に半分白くなります。山で白い葉の高木を見かけたら、マタタビがからみ付いている可能性があります。白ならマタタビ、ピンクならミヤママタタビです。

サルナシ　猿梨

● 花期　5〜7月　● 果期　10〜11月　● 落葉

つる性樹木

葉 6〜10㎝

花 1〜1.5㎝
花弁 5枚

赤褐色 →

つる長　10数m

果実 2〜2.5㎝

褐色
↓

葉 6〜13㎝

シマサルナシ　島猿梨

● 花期　5〜8月
● 果期　9〜10月
● 落葉

果実 3〜4㎝

またたび科　サルナシは北海道〜九州に分布。日本三大奇橋の一つ、四国の「祖谷のかずら橋」はこのサルナシの蔓で作られています。丸い果実は香りがありおいしいと評判です。シマサルナシは紀伊半島・山口・四国・九州〜沖縄に分布。こちらはキウイフルーツ（p. 123）と同じような香りと食感があります。

105

つる性樹木

アケビ　木通

●花期　4〜5月　●果期　9〜10月　●落葉　（2種とも）

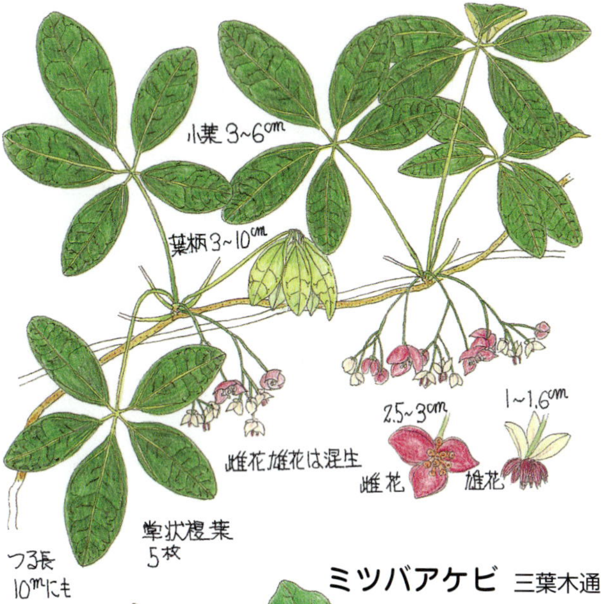

小葉 3〜6㎝

葉柄 3〜10㎝

雌花雄花は混生

掌状複葉
5枚

つる長
10ｍにも

2.5〜3㎝
雌花

1〜1.6㎝
雄花

ミツバアケビ　三葉木通

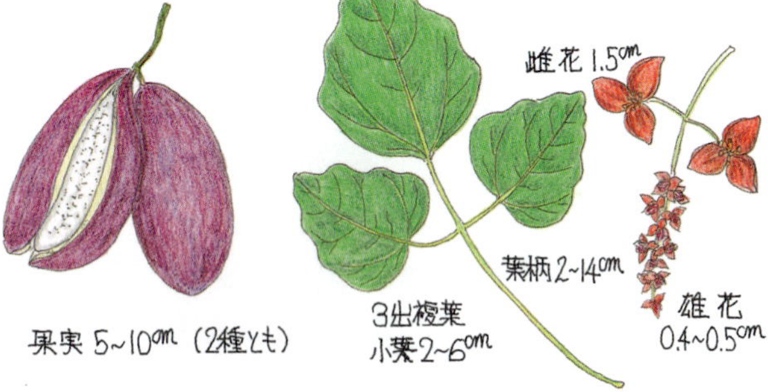

雌花 1.5㎝

葉柄 2〜14㎝

3出複葉
小葉 2〜6㎝

雄花
0.4〜0.5㎝

果実 5〜10㎝（2種とも）

あけび科　アケビは本州〜九州に、ミツバアケビは北海道〜九州に分布。この両者は葉の違い（掌状複葉と3出複葉）だけでなく、花の付き方など花序の仕組みも違います。熟した果実はどちらも甘く美味です。名のアケビは果実の色から朱実（アケミ）、果実が裂開するので開け実（アケミ）など諸説あります。

106

ムベ　郁子

● 花期 4〜5月　● 果期 10〜11月　● 常緑

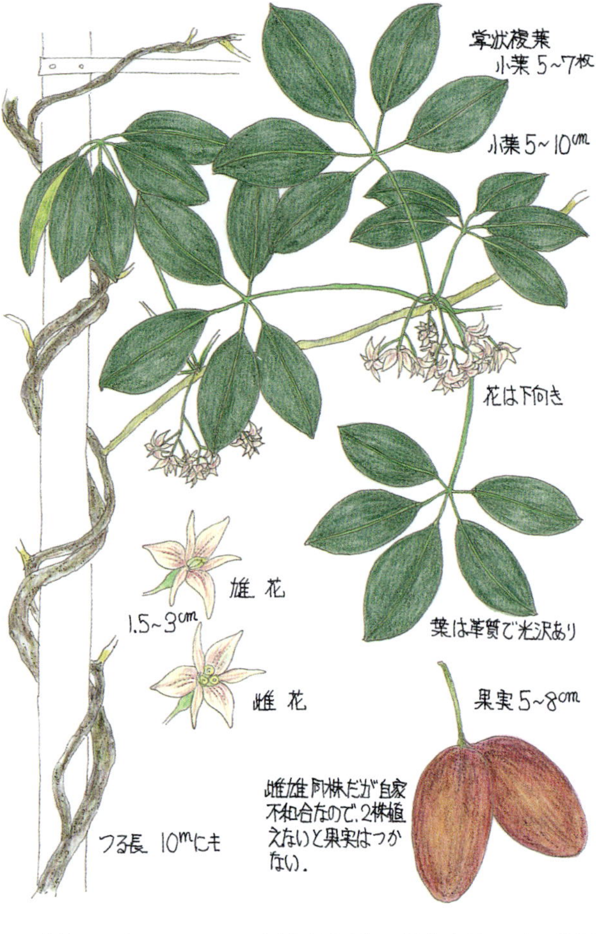

つる性樹木

掌状複葉
小葉5〜7枚

小葉5〜10cm

花は下向き

雄花

1.5〜3cm

雌花

葉は革質で光沢あり

果実5〜8cm

雌雄同株だが自家不和合なので、2株植えないと果実はつかない。

つる長 10mにも

あけび科　別名トキワアケビ（常磐木通）　関東南部以西〜沖縄に分布。前頁のアケビ2種との大きな違いは、常緑で果実は熟しても裂開しないことです。庭の日除け、生垣や鉢植えもよく見かけます。郁子（イクコ）さんが、なぜムベなのか？郁子さんを「ムベちゃん」と呼んでいる女子大生グループに出会いました。

107

ツルウメモドキ　蔓梅擬

●花期 5〜6月　●果期 10〜12月　●落葉　（ほぼ3種とも）

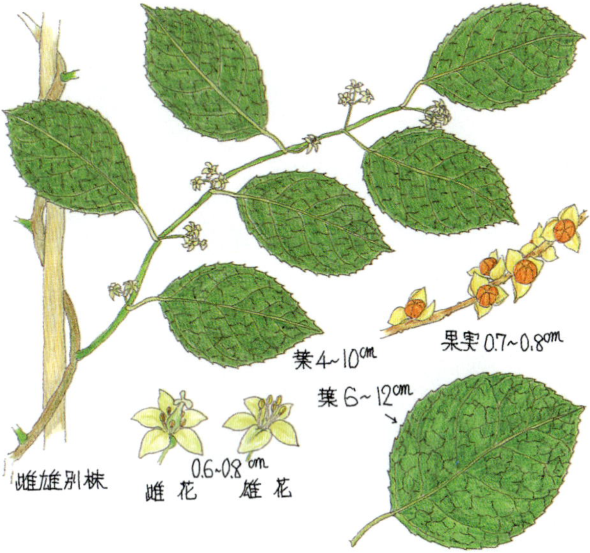

つる性樹木

葉4〜10cm

果実 0.7〜0.8cm

葉6〜12cm

雌雄別株

0.6〜0.8cm
雌花　雄花

オオツルウメモドキ 大蔓梅擬

イワツルウメ 岩蔓梅

葉2〜5cm

つる長　数m

にしきぎ科　ツルウメモドキは北海道〜沖縄に、他二者は関東以西〜九州に分布。果実の美しさや可愛らしさが好まれています。黄葉もなかなか美しく、庭木として大きな木にからませて鑑賞します。葉がウメ (p. 114) に似ているのが名の由来ですが、美しく個性豊かで、「擬」とは失礼な名だと思います。

108

果樹

果物は果樹園でしか見られないと思っている人も多いのですが、街の中でも果樹の廃園もありますし、最近は庭木として栽培されている各種の果樹も見かけるようになりました。また都市郊外には果樹園がかなりありますから、見る機会も多いと思います。

ミカンの仲間については、果樹とは言えませんがカラタチやタチバナも比較のため載せました。ビワ・ブドウ・パパイヤ・マンゴーなどは頁数の関係で省きました。

果
樹

ブルーベリー

●花期 4～6月　●果期 7～8月　●落葉

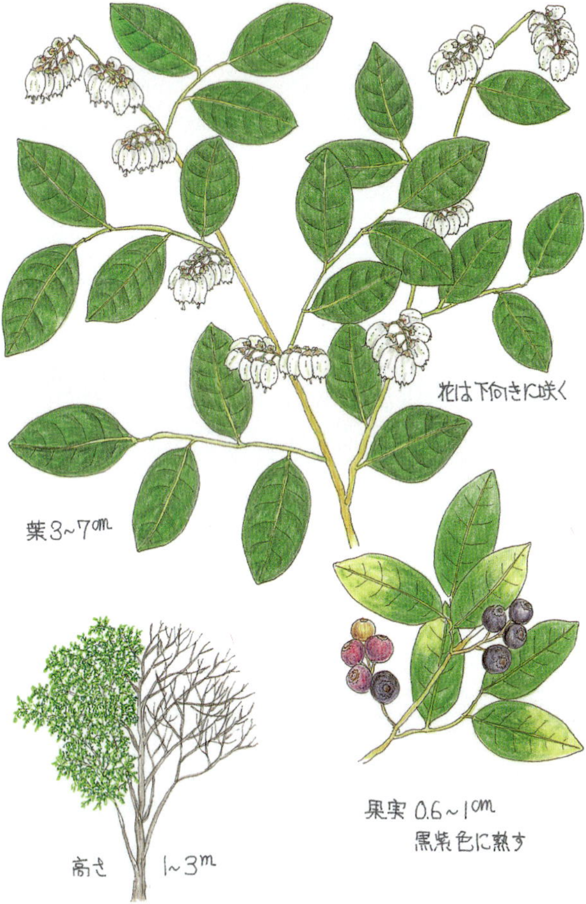

花は下向きに咲く

葉3～7cm

果実 0.6～1cm
黒紫色に熟す

高さ　1～3m

つつじ科　北米湖沼地帯の野生種から改良されたもので、日本ではスノキ（p. 267）の仲間です。果実が目の健康に良いことが知られてから各地で栽培が拡がり、最近では園芸品種を庭木としているのもよく見かけます。品種改良により果実の大きい品種が増えました。生食でもジャムでも人気があります。

コケモモ　苔桃

● 花期　7月　　● 果期　夏　　● 常緑　　（2種とも）

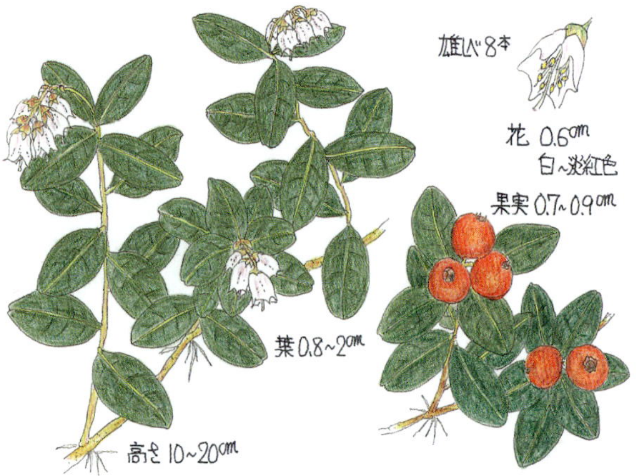

果
樹

雄しべ 8本

花 0.6㎝
白～淡紅色

果実 0.7～0.9㎝

葉 0.8～2㎝

高さ 10～20㎝

ツルコケモモ　蔓苔桃

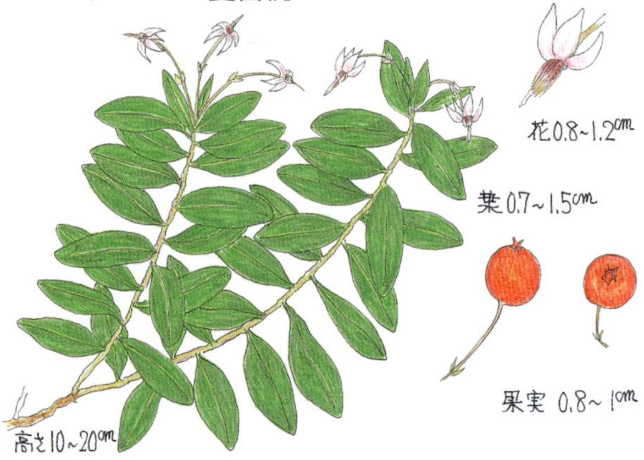

花 0.8～1.2㎝

葉 0.7～1.5㎝

果実 0.8～1㎝

高さ 10～20㎝

つつじ科　つる性で地を這うように拡がり、亜高山帯に分布します。最近は営利栽培している農家もあり、2種ともジャムや果実酒などで人気があります。コケモモは英名カウベリー（Cowberry）で、ツルコケモモはクランベリーです。クラン Crane は鶴のことで、花の形が鶴を連想させることからです。

111

カキ 柿

果樹

● 花期 5〜6月　● 果期 10〜11月　● 落葉　（2種とも）

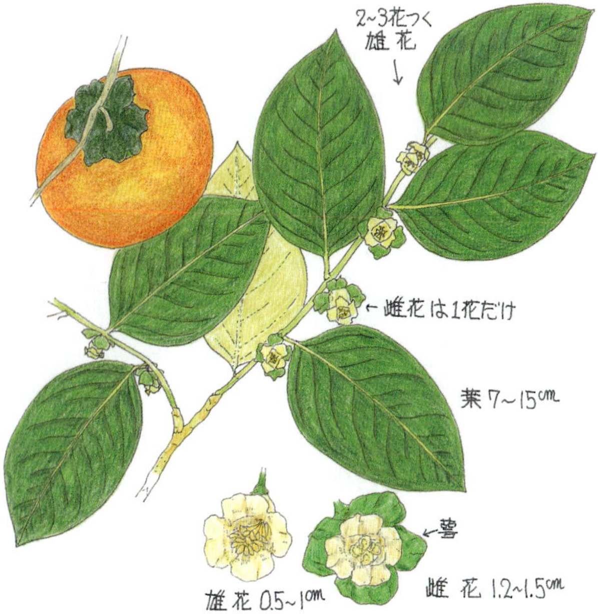

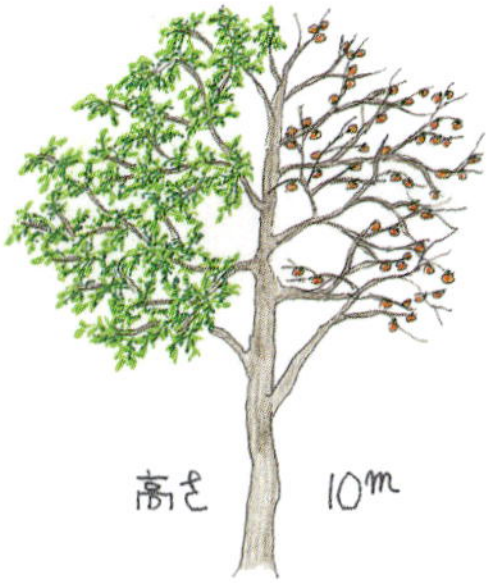

2〜3花つく
雄花
↓

←雌花は1花だけ

葉 7〜15cm

雄花 0.5〜1cm

←萼

雌花 1.2〜1.5cm

マメガキ 豆柿

高さ　10m

葉は6〜14cmと大きい

果実 1〜2cm

熟すと甘く美味

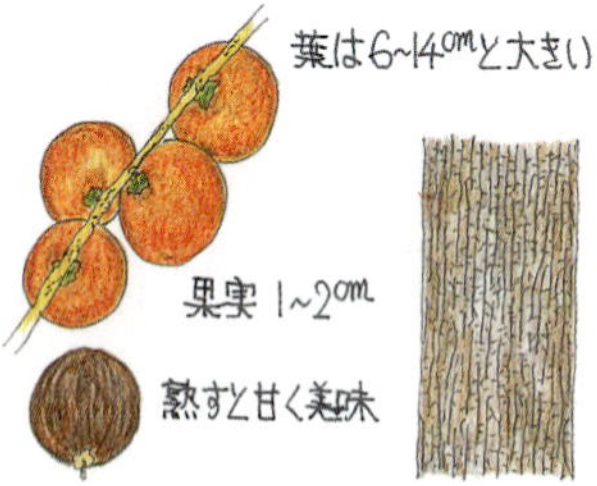

かきのき科　カキは中国原産といわれます。たくさんの品種があり、色・形・大きさ・味も千差万別です。マメガキは中国から渡来し、柿渋（昔は防水・防腐・染料・塗料などに盛んに使用された）を採るために各地で栽培されました。日本在来種のカキはリュウキュウマメガキ・ヤエヤマコクタン・トキワガキなどです。

ブラックベリー

●花期 5〜6月 ●果期 秋 ●落葉

果樹

花1.5〜2.5cm

小葉 7〜15cm

3出複葉

鉢木植えとして良く見掛ける.

果実 2〜3cm

熟すと黒紫色になる

高さ 1〜3m

地を這うこともある

・アメリカ中部,カナダ原産.
・日本には明治初期に渡来

ばら科 別名クロミキイチゴ(黒実木苺) キイチゴ(p. 313)の仲間といった方がわかりやすいでしょう。果実は熟す途中の赤と黒の対比が面白く食欲がそそられます。よく似たラズベリー(ヨーロッパキイチゴ 西洋木苺)は、葉が3〜5出複葉で果実は赤く熟し生食されます。両者ともジャム、果実酒でよく使われます。

113

果樹

ウメ　梅

●花期 2〜3月　●果期 6月頃　●落葉

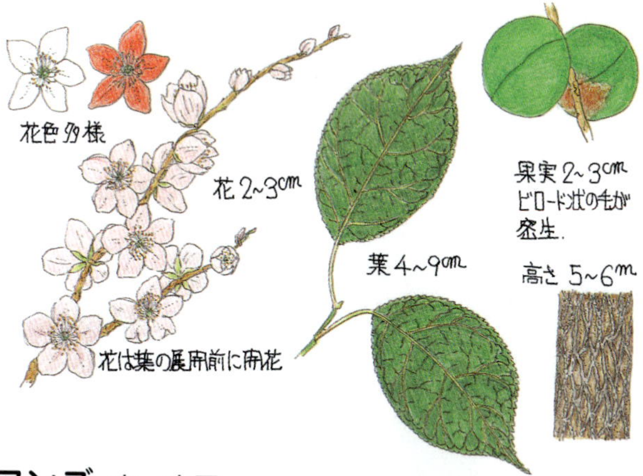

花色多様

花 2〜3㎝

花は葉の展開前に開花

葉 4〜9㎝

果実 2〜3㎝
ビロード状の毛が
密生.

高さ 5〜6ｍ

アンズ 杏・杏子

●花期 3〜4月　●果期 6月　●落葉

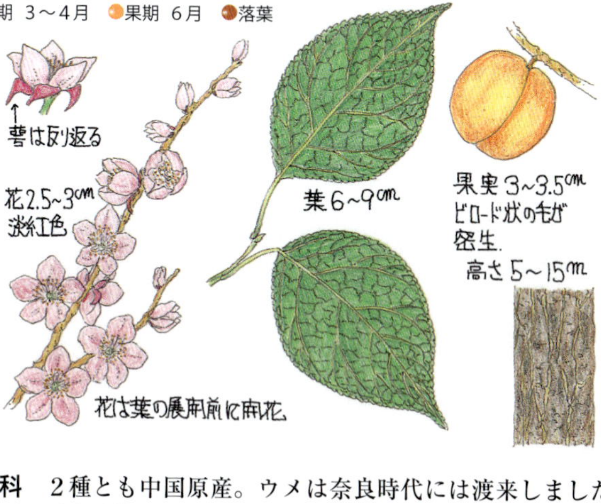

萼は反り返る

花 2.5〜3㎝
淡紅色

葉 6〜9㎝

花は葉の展開前に開花.

果実 3〜3.5㎝
ビロード状の毛が
密生.

高さ 5〜15ｍ

ばら科　2種とも中国原産。ウメは奈良時代には渡来しました。アンズは平安時代にカラモモ（唐桃）としてあったという説があります。両者の見分け方をよく聞かれます。開花時期は普通ウメが早いので混同しませんが、両者が同じ頃に開花する地方では、アンズの大きく反り返る萼（がく）を確認してください。

114

モモ　桃

● 花期　4月　● 果期　7〜8月　● 落葉

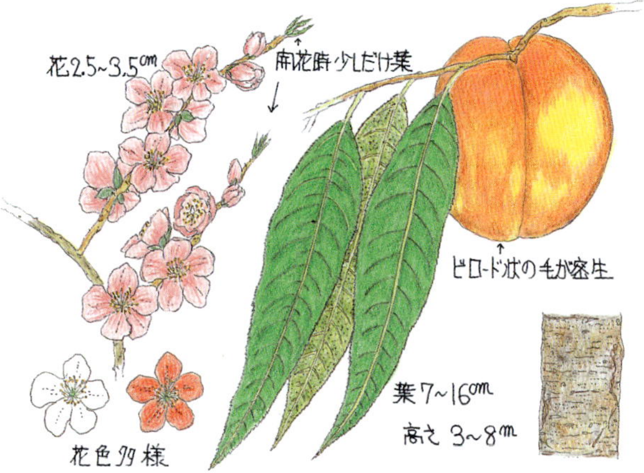

果樹

花2.5~3.5cm

開花時 少しだけ葉

ビロード状の毛が密生

花色多様

葉7~16cm

高さ 3~8m

スモモ　李

● 花期　4〜5月　● 果期　6〜7月　● 落葉

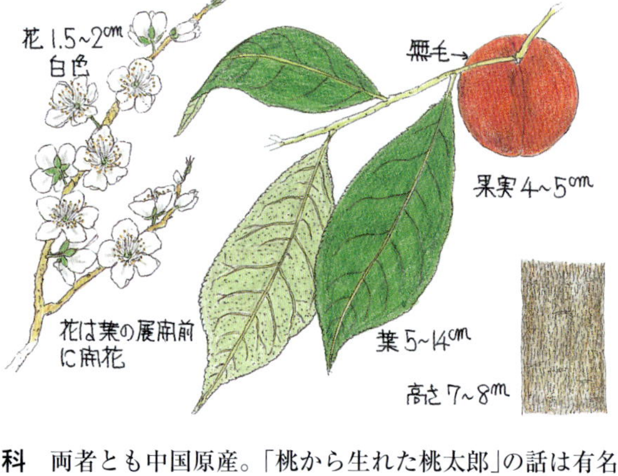

花 1.5~2cm
白色

無毛

果実4~5cm

花は葉の展開前
に開花

葉5~14cm

高さ 7~8m

ばら科　両者とも中国原産。「桃から生れた桃太郎」の話は有名ですが、なぜ桃にしたのでしょうか？それは果実に縦方向の切れ目があるからではないでしょうか。縦線のない梨や柿では産まれ難い感じがします。モモは若さや健康的なイメージがありますが、梅では酸っぱ過ぎ、杏や李では小さ過ぎます。

115

果
樹

リンゴ　林檎

● 花期 4〜5月　● 果期 10〜11月　● 落葉

花 3〜4㎝
白色〜淡紅色

高さ 5〜10m　　　　葉 6〜13㎝

ナシ　梨　● 花期 4〜5月　● 果期 9〜10月　● 落葉

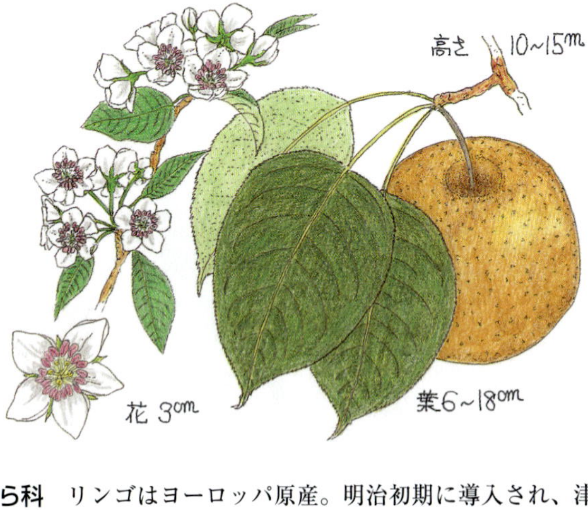

高さ 10〜15m

花 3㎝　　　　　　　　　葉 6〜18㎝

ばら科　リンゴはヨーロッパ原産。明治初期に導入され、津軽や信濃地方で盛んに栽培されました。津軽は日本のリンゴの故郷です。白い花にはロマンがあり、果実とともに多くの歌に唄われています。ナシは本州〜九州に分布しているヤマナシ(山梨)から育成されました。両者ともおいしい品種がたくさんあります。

116

カリン　花梨

● 花期 4〜5月　● 果期 10〜11月　● 落葉

果樹

雄花

花 3cm（淡紅色〜紅色）

両性花

葉 4〜8cm

裂ける

果実 10〜15cm
芳香あり
硬く生食可

マルメロ

マルメロの名はポルトガル語
marmereiroよりきた.

葉 5〜10cm

高さ　5〜10m
マルメロは 3〜6m

花 4〜5cm
白色

ばら科　カリンは中国原産で平安時代に渡来したといわれます。
マルメロは中央アジア原産。1634年に中国から長崎に入りました。両者とも長野県が大きな産地で果実酒やジャムにされます。花の色などが違う特徴があるのに、長野県では、なぜか両方ともマルメロと呼ぶ人が大勢います。

セイヨウナシ　西洋梨

🔴 花期 4〜5月　🟡 果期 10〜11月　🟤 落葉

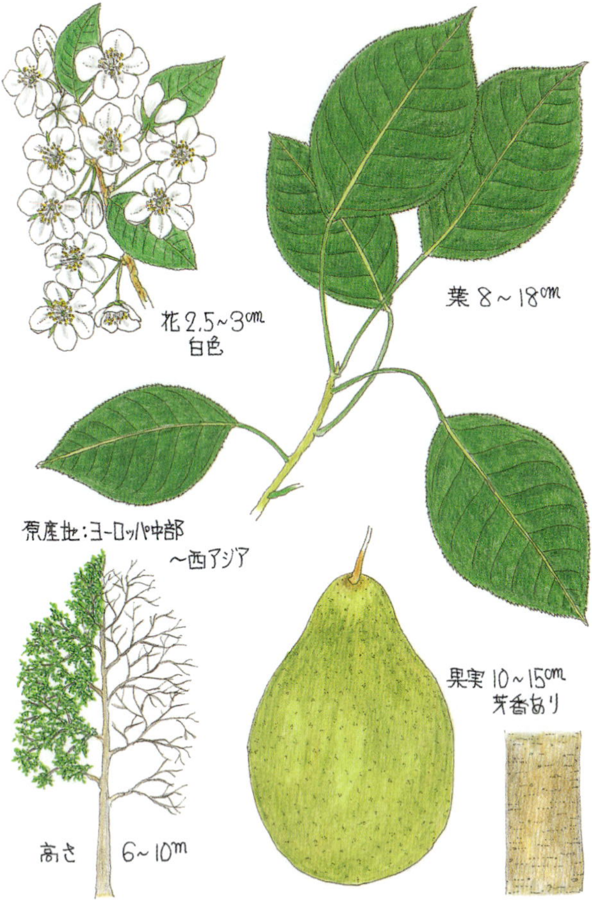

果樹

花 2.5〜3cm
白色

葉 8〜18cm

原産地：ヨーロッパ中部
〜西アジア

高さ 6〜10m

果実 10〜15cm
芳香あり

ばら科　欧州・西アジア原産。明治初年に渡来しました。「ラ・フランス」という名の品種が有名ですが、「ラフランス」を樹木名と思っている人がいます。果実の形にも愛嬌があり、柔らかい香りや、繊細な果肉のおいしさの虜になる人も大勢います。味の決め手は収穫後の追熟です。山形県は全体の60％を占める大産地です。

セイヨウミザクラ　西洋実桜

●花期　4〜5月　●果期　6月　●落葉

果樹

花は葉の展開と同時か
やや早く開花

葉 2.5〜3.5㎝
白色

葉 5〜10㎝

果実 1.5〜2㎝

高さ　10〜20ｍ

ばら科　西アジア原産。別名オウトウ（桜桃）。いわゆるサクランボの木です。サクランボの産地として最も有名なのが山形県で、前頁のセイヨウナシと同じ地帯で栽培されています。サクランボのおいしさは、何といっても直接木から取って食べたときです。口に入れた途端、みんな不思議なほど良い笑顔になります。

119

ミカンの仲間

果樹

果実 10cm

果実3.5

葉 8cm
酸味が強く果汁豊富、芳香強い

スダチ　酢立

葉 10cm
山口県青海島から拡がった

ナツミカン　夏蜜柑

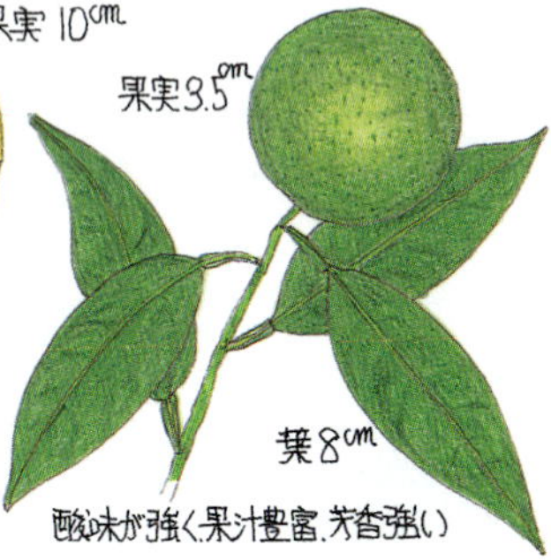

・次頁のカラタチを除き、常緑樹
・花期は春 (3〜6月)

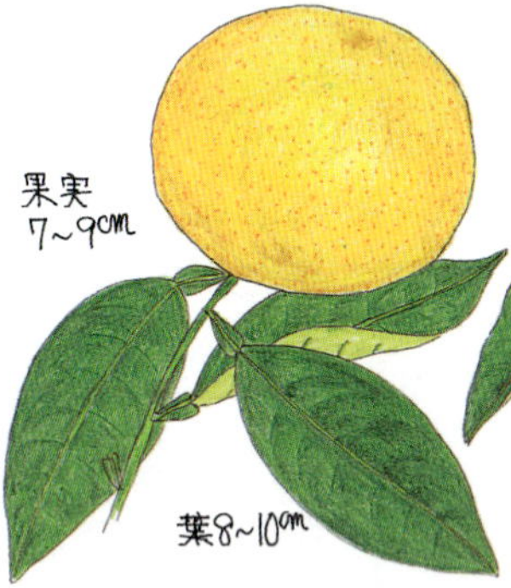

果実
7〜9cm

果実 2〜3cm

葉4〜10cm

葉8〜10cm

ハッサク　八朔

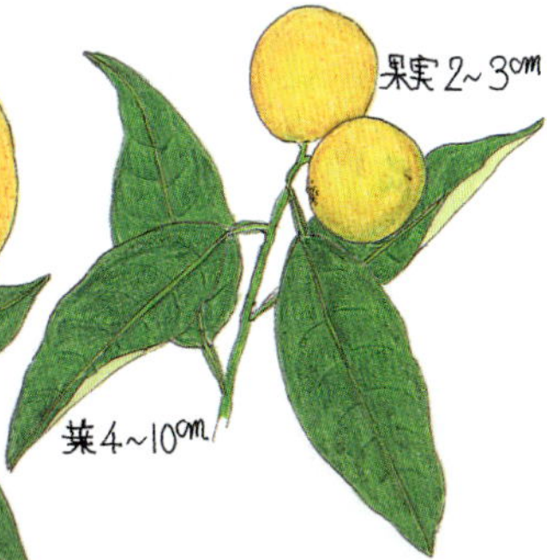

中国原産、江戸時代に渡来

キンカン　金柑

みかん科　次頁を含めどれも常緑で樹高は数 m です。ナツミカンの果実は大形。酸っぱいので、子供のころは砂糖をかけて食べました。スダチはユズ(次頁)の近縁種で青いうちに収穫します。ハッサクは江戸時代に広島でブンタンを片親に育成された品種です。キンカンは皮も美味です。タチバナは御所の「右近の橘」とし

果樹

タチバナ 橘

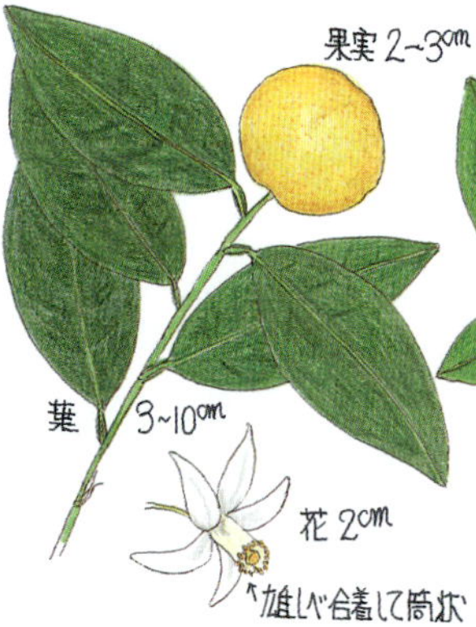

果実 2~3cm

葉 3~10cm

花 2cm

↑雄しべが合着して筒状

カラタチ 唐橘

花 3.5~5cm

刺あり

中国原産

ウンシュウミカン 温州蜜柑

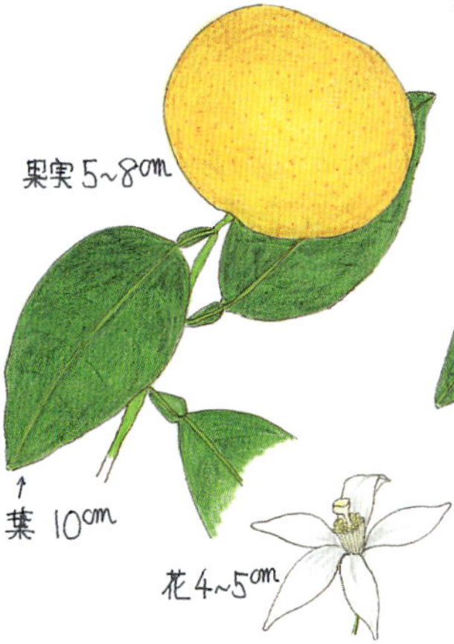

果実 5~8cm

葉 10cm

花 4~5cm

果実 6~8cm

葉 5~7cm

中国原産. 寒さに強い

ユズ 柚子

て知られ、文化勲章のデザインに取り入れられています。カラタチは北原白秋の「カラタチの花」に歌われています。ウンシュウミカンは最も一般的なミカンでおおむね関東以西で栽培され、ユズは芳香が強く料理に使われます。ミカンの仲間は相互の組合せの新品種や海外からの導入などもあり、多くの種類が普及しています。

果樹

イチジク　無花果

- 果期　9〜10月
- 落葉

葉 20〜30cm

葉や枝を切ると
白乳液が出る

花は果実の内部

高さ　4〜8m

果実 5〜7cm

ばら科　西アジア原産。日本へは 1700 年代に渡来。「イチジクの花はどこにある？」はクイズ問題としてよく使われます。花は果実の内部にあります。果実は大好きな人と、嫌う人が極端に分かれるようです。イチジクの葉は、「アダムとイブ」の物語の重要な小道具として登場します。樹液は疣（いぼ）落しになります。

122

キウイフルーツ

● 花期 5〜6月　● 果期 秋　● 落葉

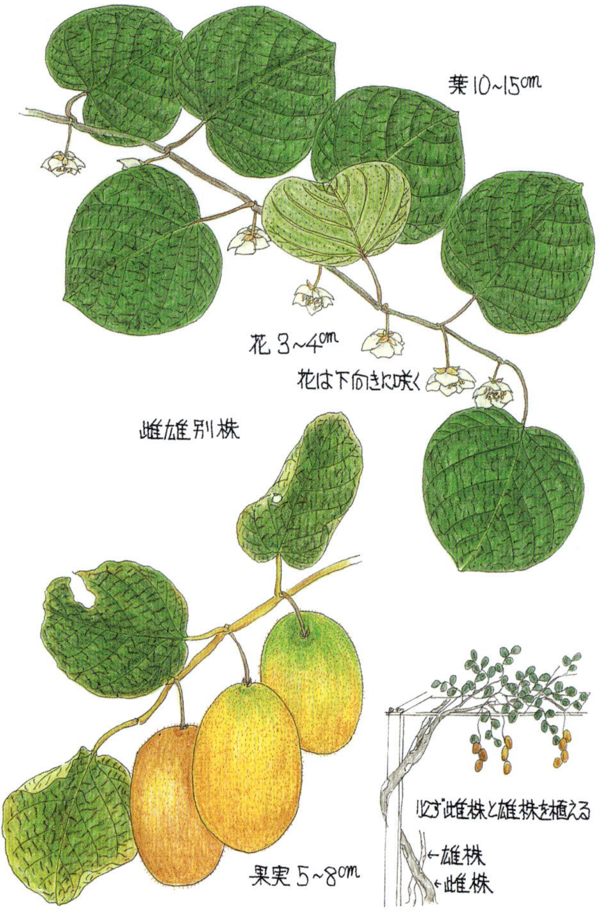

果樹

葉 10〜15cm

花 3〜4cm
花は下向きに咲く

雌雄別株

果実 5〜8cm

必ず雌株と雄株を植える

←雄株
←雌株

またたび科　中国原産のオニマタタビがニュージーランドで品種改良され、世界中に拡がった果物です。日本では東京都小金井市の沢登農園ではじめて実用栽培が行われ、その後急速に全国に普及しました。キウイとはニュージーランドの飛べない鳥の名で、果実の形や色がその鳥に似ていることから名付けられました。

123

ザクロ　石榴

●花期 6月　●果期 8〜9月　●落葉

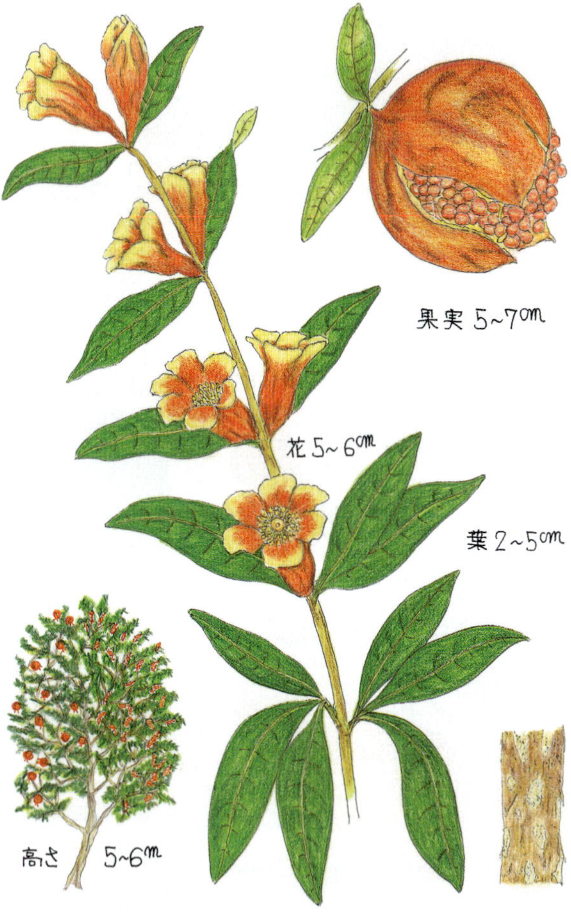

果樹

果実 5〜7㎝

花 5〜6㎝

葉 2〜5㎝

高さ 5〜6㍍

ざくろ科　西南アジア原産で平安時代に渡来したといわれています。たくさんの実がつくことから、子孫繁栄や豊作の象徴とされ、花言葉も「子孫繁栄」です。割れた果実からのぞく、甘酸っぱい赤い外皮に包まれた種子は、とてもおいしそうに見えます。最近は花を観賞する園芸品種や八重(二重弁)の花もあります。

高木

紅紫色花　P. 126
白　色　花　P. 150
黄緑色花　P. 198

この本では、高木は家の軒より高い樹木としました。これを花の色により、紅紫色花・白色花・黄緑色花の3種類に分けました。
紅紫色花はキリやツバキなど約50種、白色花はアセビやヒロツバタゴ・ムシカリなど約80種、黄緑色花はキンモクセイ・ネコヤナギ・サカキなど約110種を載せました。
花が見えないときや花のない時期に、葉だけで名を見つけるのはやや難しく思えますが、ゆっくりと丹念に頁をめくれば必ず見つけだせるでしょう。

キリ　桐

● 花期　5〜6月　● 果期　10〜11月　● 落葉

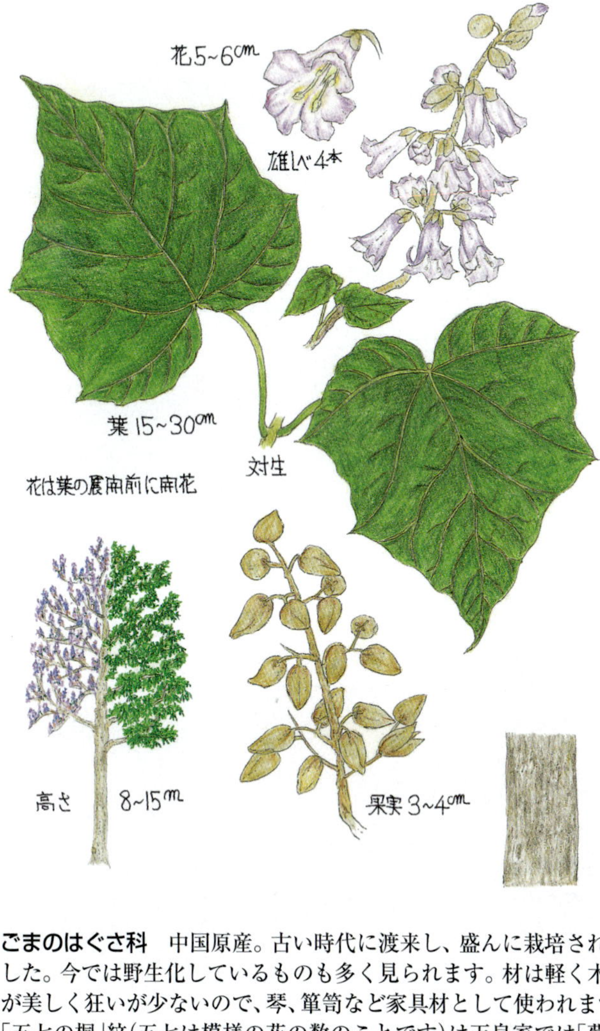

高木

紅紫色花

花5〜6cm

雄しべ4本

葉 15〜30cm

対生

花は葉の展開前に開花

高さ　8〜15m

果実 3〜4cm

ごまのはぐさ科　中国原産。古い時代に渡来し、盛んに栽培されました。今では野生化しているものも多く見られます。材は軽く木目が美しく狂いが少ないので、琴、箪笥など家具材として使われます。「五七の桐」紋（五七は模様の花の数のことです）は天皇家では「菊の御紋」に次ぐものとされ、足利尊氏や豊臣秀吉が賜った紋です。

126

ユズリハ　譲葉

● 花期 5〜6月　● 果期 11〜12月　● 常緑

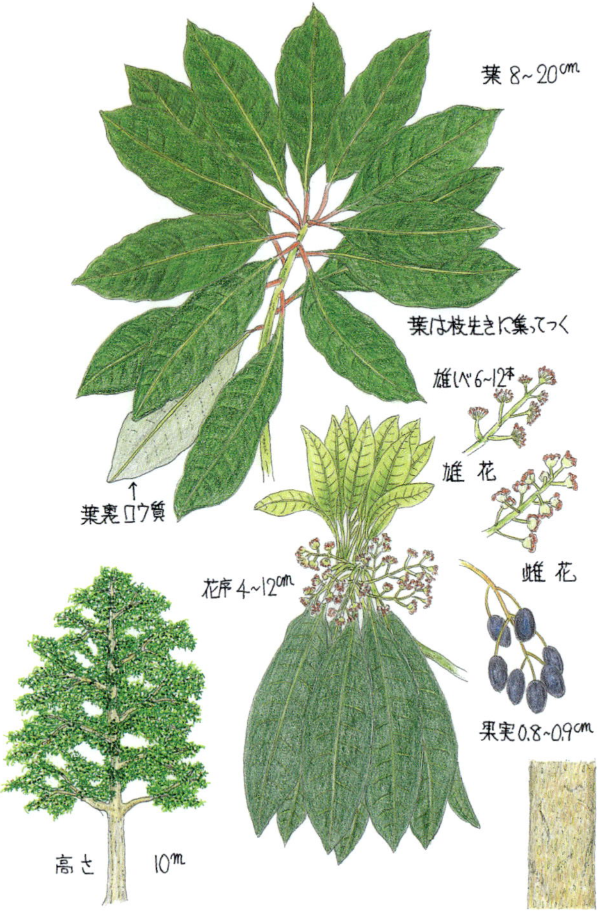

高木

紅紫色花

葉 8〜20cm

葉は枝生きに集ってつく

雄しべ6〜12本

雄花

雌花

花序 4〜12cm

↑
葉裏口7質

高さ 10m

果実 0.8〜0.9cm

とうだいぐさ科　東北南部以南〜沖縄に分布。よく似ているヒメ
ユズリハ（姫譲葉）は、葉がひと回り小さく果実が上向きに付きま
す。名は春先に新葉が出ると前年の葉が落ち、場を譲ることに由
来します。北海道〜本州（中部以北の日本海側）には、高さが1〜
3mのエゾユズリハ（蝦夷譲葉）が分布します。

127

ドロノキ　泥の木

●花期　4〜6月　●果期　7〜8月　●落葉

高木

紅紫色花

雄花

雄しべ30〜40本

雄花序6〜9㎝

雌花

花は葉の展開前に開花

果序12〜14㎝

雌花序6〜9㎝

4裂して白い糸状の柳絮が出る

葉
6〜4㎝

ギンドロは葉裏が銀白色

高さ　15〜20㎝

やなぎ科　別名ドロヤナギ（泥柳）　北海道〜本州中部以北・兵庫北部に分布。次頁のハンノキと同じように水辺を好み、長野県上高地の有名な河童橋付近でも多く見かけます。ドロノキの葉の基部は綺麗なハート型をしています。ヨーロッパ原産のギンドロ（銀泥）は葉の裏が印象的な銀白色で、街路樹として利用されます。

ハンノキ　榛の木

● 花期 11〜4月　● 果期 10月　● 落葉

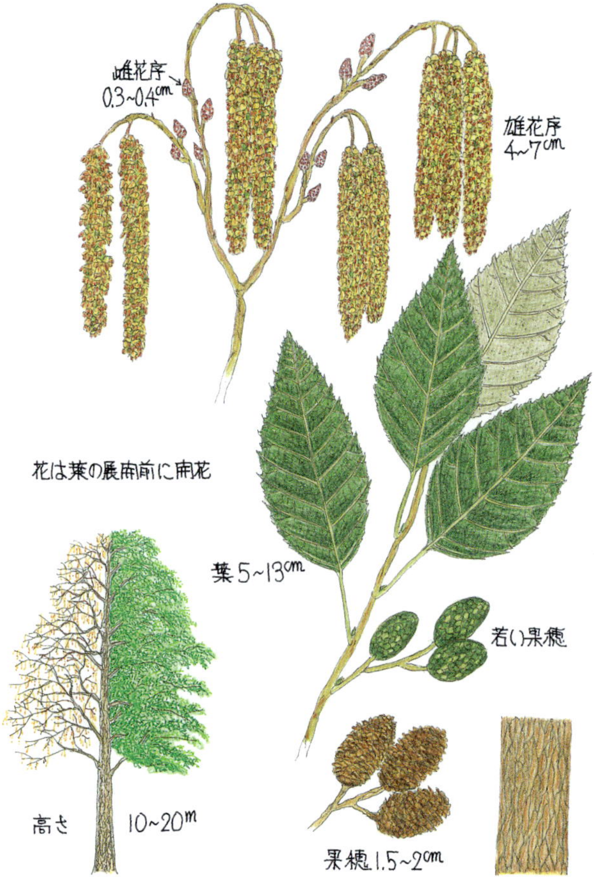

雄花序
0.3〜0.4cm

雄花序
4〜7cm

花は葉の展開前に開花

葉 5〜13cm

若い果穂

高さ　10〜20m

果穂 1.5〜2cm

かばのき科　北海道〜沖縄に分布。低湿地や地下水位の高い所を好みます。山でこの花を一度は見た記憶があると思います。仲間にはサクラバハンノキ(桜葉榛の木)、〈ケ〉ヤマハンノキ(〈毛〉山榛の木)、ヤハズハンノキ(矢筈榛の木)、〈ミヤマ〉カワラハンノキ(〈深山〉河原榛の木)などがあります。

高木

紅紫色花

129

アカシデ　赤四手

🔴花期 4〜5月　🟠果期 8〜9月　🟤落葉　（ほぼ4種とも）

高木

紅紫色花

雄花序2〜3cm

雌花

雄花

雄しべ8本

雄花序4〜5cm

果穂 4〜10cm

葉3〜7cm

堅果1〜1.8cm

種子0.4cm

新葉の葉柄や枝が赤くなる.
これが名の由来.

高さ 15m

かばのき科　本種と次頁のサワシバは北海道〜九州に分布しますが、イヌシデとクマシデは北海道には分布しません。アカシデとイヌシデは別名ソロ（曾呂）と呼ばれ、田舎育ちのお年寄りはソロの名のほうがなじみです。シデの共通の特徴は、葉脈が細かくハッキリしていることです。鮮やかな紅葉が美しく、秋の山の楽し

シデの仲間の見分け方

アカシデ 赤四手

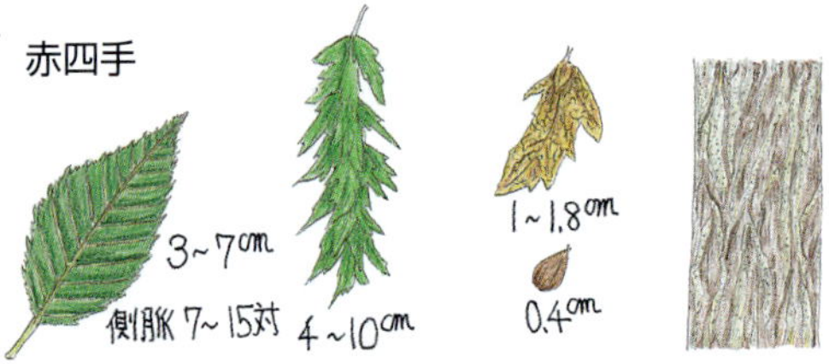

3～7cm
側脈 7～15対　4～10cm
1～1.8cm
0.4cm

イヌシデ 犬四手

4～8cm
側脈 10～15対　4～12cm
1.5～3cm
0.5cm
↑10本の縦の筋

クマシデ 熊四手

5～10cm
側脈 20～24対　5～10cm
1.5～2cm
0.4cm

サワシバ 沢柴

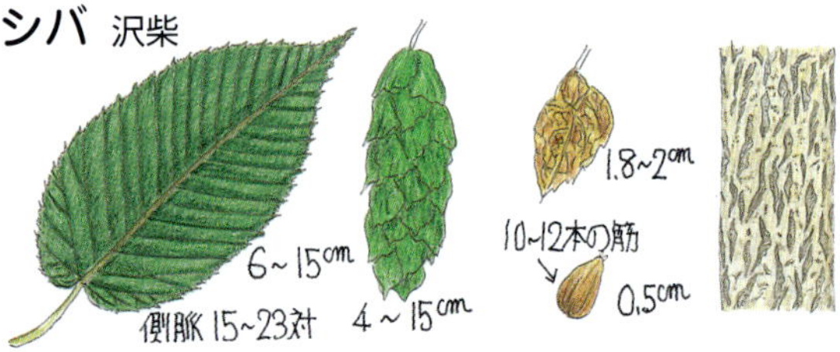

6～15cm
側脈 15～23対　4～15cm
1.8～2cm
10～12本の筋
0.5cm

高木

紅紫色花

みのひとつです。盆栽では、美しい黄葉と枯れた葉が枝に残る特徴を生かします。ここでは、各種シデの簡単な見分け方を示しました。一度実際の見分けに挑戦してみてください。シデを好きな木のひとつにあげる人がいます。折り目正しく繊細な感じの葉と、果実の形の面白さからかもしれません。

イヌガシ　犬樫

●花期 3〜4月　●果期 10〜11月　●常緑

高木

紅紫色花

雄花

0.5〜0.8cm

雌花

葉 5〜12cm

葉裏はロウ質で青白色

↑
葉は革質で光沢あり

雌雄別株

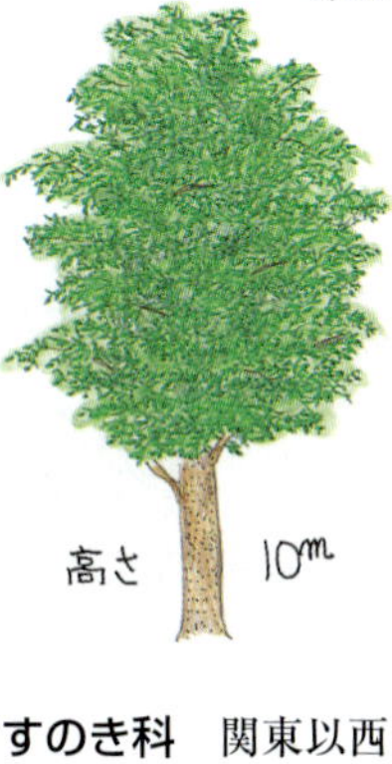

高さ　10m

果実 1cm

くすのき科　関東以西〜沖縄に分布。関東ではやや珍しく感じますが、南西の温かい地方ではごく普通に見られ、赤い花のときはよく目立ちます。葉の特徴はクスノキ（p. 46）・ヤブニッケイ（p. 224）・シロダモ（p. 225）と同様に 3 行脈（p. 46）がはっきりしていることです。違いは、イヌガシの葉先が細く伸びないことです。

フサザクラ　房桜・総桜

● 花期 3月下旬〜4月　● 果期 10月　● 落葉

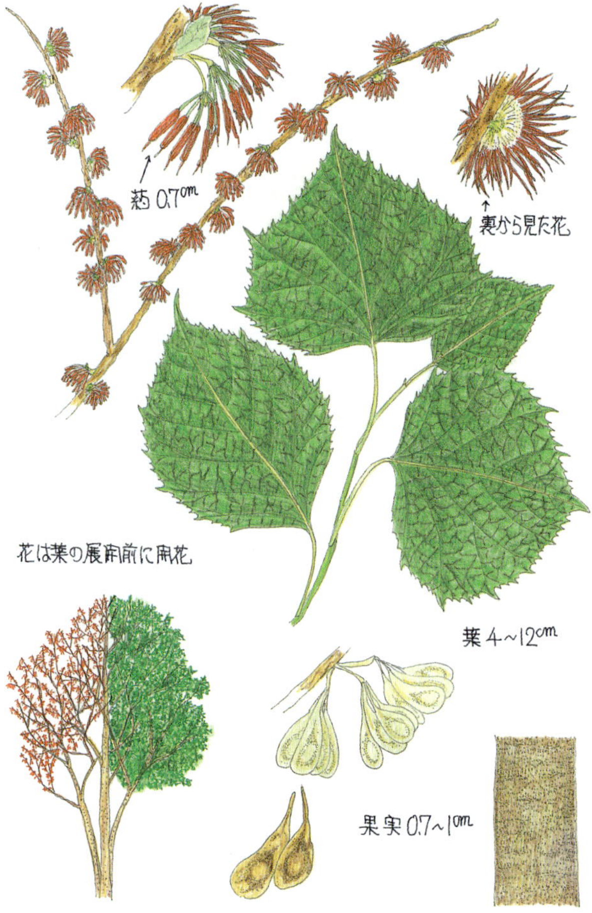

萼 0.7㎝

裏から見た花

花は葉の展開前に開花

葉 4〜12㎝

果実 0.7〜1㎝

ふさざくら科　別名タニグワ（谷桑）　本州〜九州に分布。特徴は春先に枝いっぱいに咲く赤い花です。花には花弁や萼（がく）はなく、垂れた真っ赤な雄しべが目立ち、カツラ（p. 55）の花によく似ています。別名タニグワは、葉の感じがクワ（p. 218）に似ているからです。秋には面白い形の果実（翼果）がたくさん付きます。

高木

紅紫色花

マンサク 満作

● 花期 3〜4月　● 果期 10月　● 落葉

高木

紅紫色花

花弁　←　萼
花 1.5〜2cm

枝いっぱいの花

葉脈の間に毛

葉 5〜10cm

葉は左右非対称 →

花は葉の展開前に開花

美しい黄葉

高さ　2〜5m

2つに裂開
種子 0.7〜0.9cm

まんさく科　関東以北の太平洋側〜九州に分布。春先に咲く枝いっぱいの花もみごとですが、秋には上品な色合いの黄葉を見ることができます。農家の庭先に植えられたマンサクは、四季それぞれの季節感を感じさせ風情があります。名の由来は、春「まず咲く」が転訛してマンサクになった説など多くの説があります。

134

マンサクの仲間の見分け方

高木

紅紫色花

マルバマンサク 丸葉満作

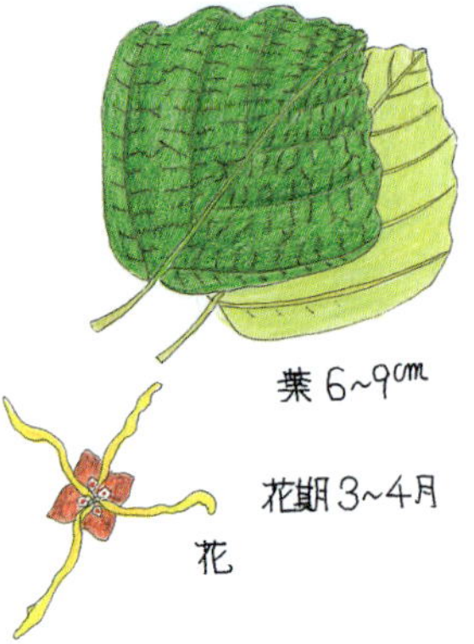

葉 6~9cm

花期 3~4月

花

アテツマンサク 阿哲満作

葉 6~14cm

花期 3~4月

← 黄色

花に芳香あり

シナマンサク 支那満作

葉 8~16cm

花期 1~3月

花に芳香あり

ベニマンサク 紅満作

← 花弁 5枚

別名 マルバノキ
丸葉の木

花期 10~12月

マルバマンサクは北海道・本州(日本海側)に、アテツマンサクは中国地方・愛媛に、ベニマンサクは中部・近畿・広島・四国に分布。シナマンサクは中国原産で、庭木としてよく見かけますが、春花が咲くときにも枯れた葉が残る特徴があります。都市の郊外を歩くと、各種のマンサクを見ることができます。

イスノキ

● 花期 4〜5月　● 果期 10月　● 常緑

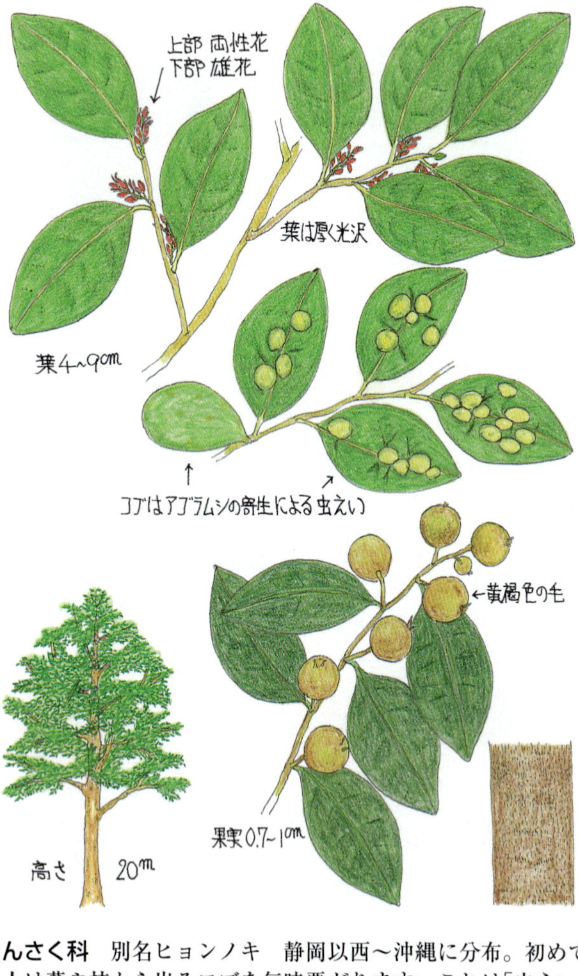

高木

紅紫色花

上部 両性花
下部 雄花

葉は厚く光沢

葉4〜9cm

コブはアブラムシの寄生による虫えい

黄褐色の毛

果実 0.7〜1cm

高さ 20m

まんさく科　別名ヒョンノキ　静岡以西〜沖縄に分布。初めて見る人は葉や枝から出るコブを気味悪がります。これは「虫えい」といい、主にアブラムシなどが産卵や寄生のために入り込み、組織が異常に成長したものです。別名ヒョンノキは「虫えい」を笛にして、ヒューヒューと吹いたことからです。

ハナカイドウ　花海棠

● 花期 4月　● 果期 10〜11月　● 落葉

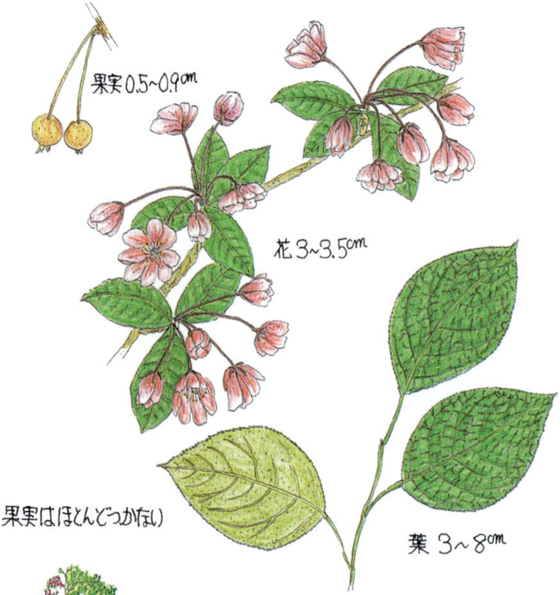

高木

紅紫色花

果実 0.5〜0.9㎝

花 3〜3.5㎝

果実はほとんどつかない)

葉 3〜8㎝

ノカイドウ　野海棠

● 花期 5月
花 赤味を帯びた白色 2〜3㎝

高さ 3〜10ｍ

葉 3〜5㎝

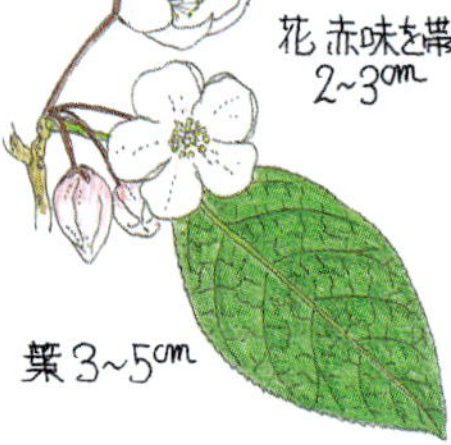

ばら科　ハナカイドウ(中国原産)の果実は雌しべが退化していることが多くほとんど見ることはありません。花はずしりと重く美しいのですが、日本人にはやや厚化粧に感じます。ミカイドウ(中国原産)やノカイドウの花は淡紅色です。九州霧島山やえびの高原に分布するノカイドウは天然記念物に指定されています。

137

ツバキ　椿

🔴花期 11〜2月・2〜3月　🟠果期 秋　🟢常緑

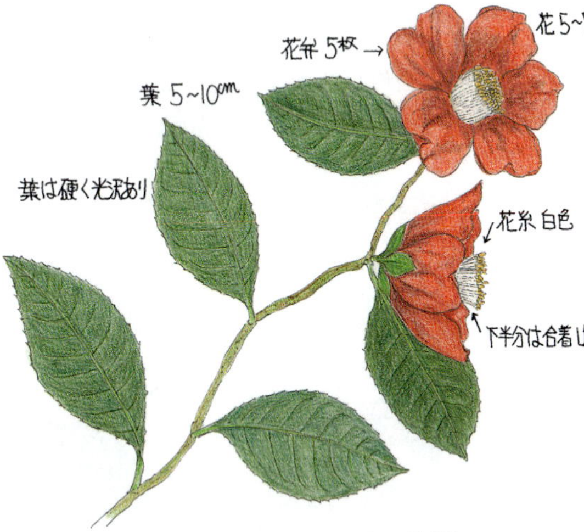

高木

紅紫色花

花弁 5枚 →

花 5〜7cm

葉 5〜10cm

葉は硬く光沢あり

花糸 白色

下半分は合着し筒状

花は散る時、花弁が離れず一花ごと落ちる

花色 淡紅色〜白色

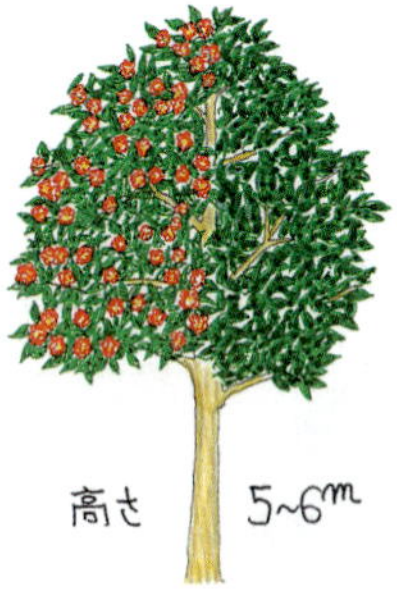

高さ 5〜6m

果実 2〜2.5cm

つばき科　別名ヤブツバキ（藪椿）　本州〜沖縄に分布。ツバキには花の色や形が違うたくさんの園芸品種があります。果実からは椿油が採れ、伊豆大島が有名な産地です。防風林や防潮林としても植えられます。屋久島や沖縄には、果実の大きさが6cmもあるリンゴツバキとも呼ばれるヤクシマツバキ（屋久島椿）があります。

138

ユキツバキ　雪椿

● 花期　4〜6月　● 果期　秋　● 常緑

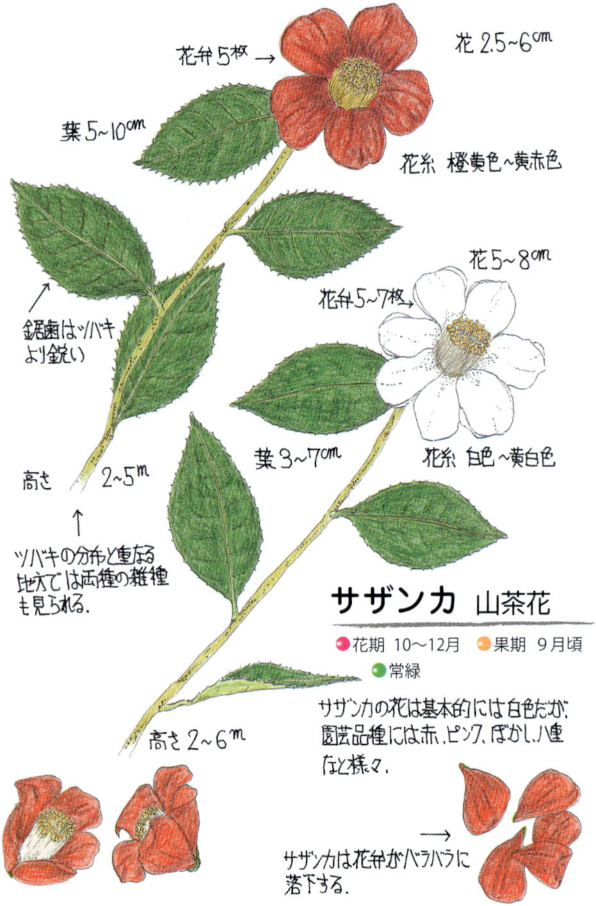

高木

紅紫色花

花弁 5枚 →

花 2.5〜6cm

葉 5〜10cm

花糸 橙黄色〜黄赤色

鋸歯はツバキより鋭い

花 5〜8cm

花弁 5〜7枚

葉 3〜7cm

花糸 白色〜黄白色

高さ 2〜5m

ツバキの分布と重なる地方では両種の雑種も見られる.

サザンカ　山茶花

● 花期　10〜12月　● 果期　9月頃
● 常緑

サザンカの花は基本的には白色だが、園芸品種には赤、ピンク、ぼかし、八重など様々.

高さ 2〜6m

サザンカは花弁がバラバラに落下する.
→

つばき科　ユキツバキは東北〜北陸の日本海側に分布。花糸が白いのは前頁のツバキとサザンカ、黄色はユキツバキです。サザンカは本州〜沖縄に分布。散るときに花弁がバラバラに散るのはサザンカ、花のまま落ちるのがツバキです。黒澤明監督「椿三十郎」の、隣家から赤い椿の花を流す名場面を思い出してください。

139

タカオモミジ　高雄紅葉

🔴花期　4～5月　🟠果期　7～9月　🔴落葉　（他の各カエデとも）

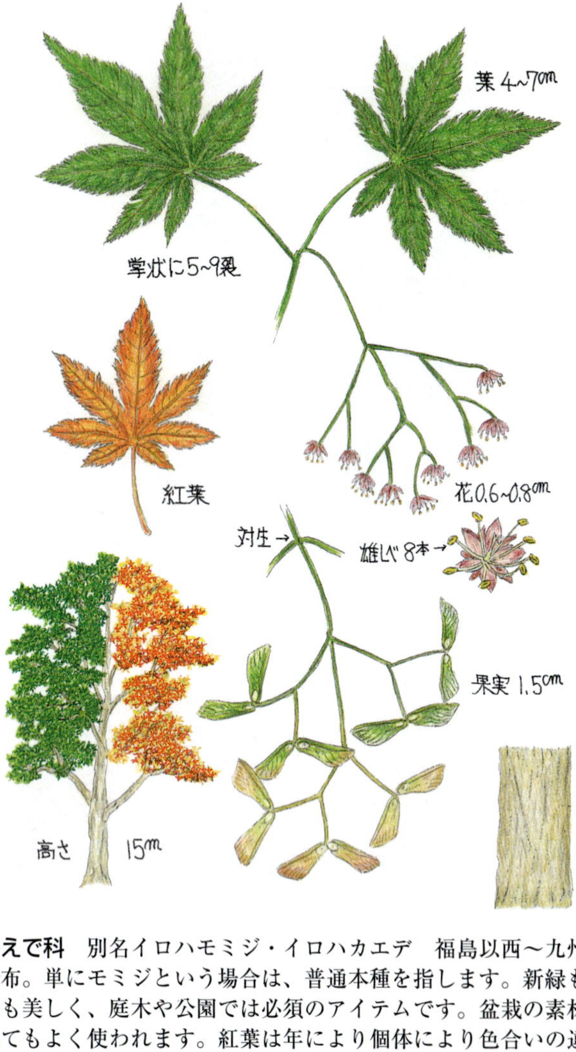

高木

紅紫色花

葉 4～7㎝

掌状に5～9裂

紅葉

花 0.6～0.8㎝

対生 →

雄しべ8本 →

果実 1.5㎝

高さ　15ｍ

かえで科　別名イロハモミジ・イロハカエデ　福島以西～九州に分布。単にモミジという場合は、普通本種を指します。新緑も紅葉も美しく、庭木や公園では必須のアイテムです。盆栽の素材としてもよく使われます。紅葉は年により個体により色合いの違いが大きく、これも楽しみのひとつです。

カエデの仲間

高木

紅紫色花

葉 7〜12cm

オオモミジ 大紅葉

〔分布〕北海道(中部以南),本州(青森
以南の太平洋側と福井以西の
日本海側)〜九州

鋸歯は細かく
揃っている.

花 5〜10cm

ヤマモミジ 山紅葉

〔分布〕北海道,本州(青森〜島根
の日本海側)

カエデの園芸品種

カエデの園芸品種は
数多くある.

タカオモミジとオオモミジやヤマモミジの区別は、オオモミジは
タカオモミジより葉が大きく、鋸歯は細かくそろっています。ヤ
マモミジもやや大きめの葉で、鋸歯はタカオモミジと同じように
重鋸歯(鋸歯に大小がある)です。これらから作られた園芸品種(ノ
ムラカエデなど)は多数あり、庭や公園でよく見かけます。

高木

紅紫色花

葉7~12cm

葉5~8cm　掌状に5~11裂

〔分布〕本州～九州

コハウチワカエデ　小羽団扇楓

掌状に7~11裂

〔分布〕北海道・本州

ハウチワカエデ　羽団扇楓

葉4~7cm　掌状に9~11裂

〔分布〕本州(福島以西)～九州

ヒナウチワカエデ　雛団扇楓

掌状に9~11裂　葉5~9cm

〔分布〕本州(福島以西)・四国

オオイタヤメイゲツ　大板屋名月

小形のカエデは庭園などでよく見かけます。p. 141 ～ 145 に示した各種カエデのほかにも、カラコギカエデ(鹿子木楓)、テツカエデ(鉄楓)、アサノハカエデ(麻の葉楓)、カジカエデ(梶楓)、ホソエカエデ、ミネカエデ、沖縄のクスノハカエデ(楠の葉楓)など多くの種類があります。カエデの種類の多さを楽しんでください。

高木

紅紫色花

イタヤカエデ 板屋楓

葉 6〜14cm

〔分布〕本州〜九州

〔分布〕北海道(日高地方)、本州〜九州

葉 10〜25cm

掌状に5〜7裂

掌状に5〜7裂

オニイタヤ
鬼板屋

葉 8〜19cm

掌状に5〜9深裂

エンコウカエデ 猿猴楓

〔分布〕本州(岩手以南)〜九州

ほとんど分裂しない葉もある

葉 4〜8cm

〔分布〕本州(福島以南)〜九州

ウリカエデ 瓜楓

葉 10〜15cm

3〜5浅裂

〔分布〕本州〜九州

ウリハダカエデ 瓜膚楓

イタヤカエデの仲間はこれ以外にも、アカイタヤ(赤板屋　北海道〜本州)、モトゲイタヤ(元毛板屋　本州中部などと四国)、クロビイタヤ(黒檜板屋　北海道〜本州東部など)があります。ウリカエデ・ウリハダカエデは樹皮がマクワウリに似ていることからの名です。この2種とエンコウカエデの黄紅葉は特に綺麗です。

143

高木

紅紫色花

ミツデカエデ　三手楓
〔分布〕北海道(日高・夕張・渡島)
葉 3~8㎝

メグスリノキ
目薬の木
〔分布〕本州(宮城・山形以南)
～九州
葉 5~12㎝

3出複葉
対生

3出複葉
対生

葉 7~15㎝
きれいに平行する
3葉脈
18~25本

葉 10~20㎝
対生　〔分布〕本州(秋田・岩手・栃木以南)

ヒトツバカエデ　一葉楓

チドリノキ　千鳥の木
〔分布〕本州(岩手以南)～九州
対生
葉は薄く、日にかざすと透き通るように見える

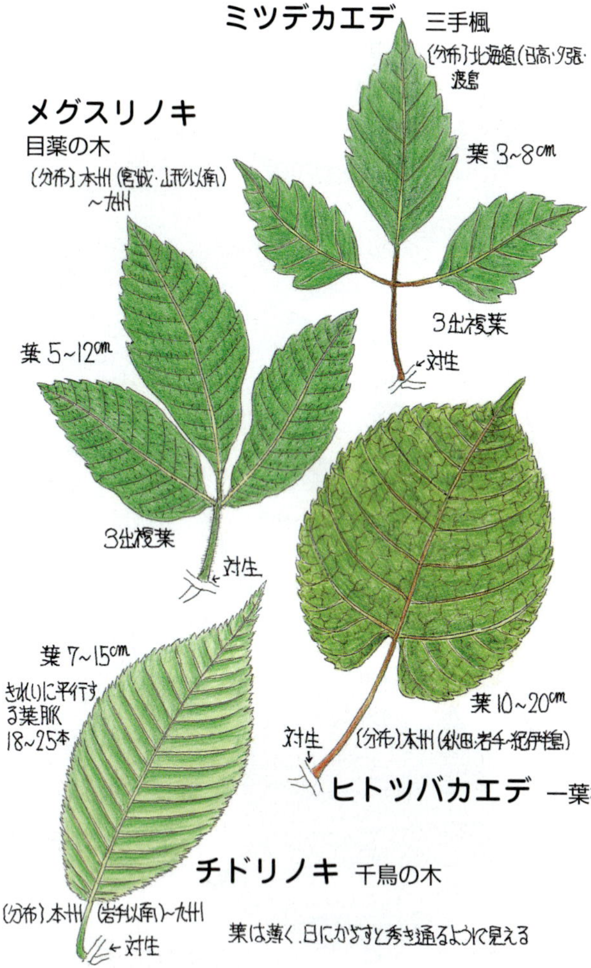

前頁までに示した各種カエデは、葉の形からカエデの仲間と推測
ができる種類でした。この頁で示したものは、一般的にはカエデ
の仲間とは思えない葉の形をしています。カエデの仲間の特徴は
葉が対生に付くことです。まず、葉のつき方を確認してください。
対生なら、カエデの仲間かもしれないと考えてください。

144

ハナノキ　花の木

●花期 4月　●果期 5月上〜中旬　●落葉　（2種とも）

高木

紅紫色花

花は葉の展開前に開花

雌花

雄花

雌雄別株

葉 4〜10cm

紅葉

果実2.5cm

←対生

アメリカハナノキ

葉 8〜10cm

葉3〜5裂

高さ　25〜30m

かえで科　ハナノキは別名ハナカエデ（花楓）　長野・愛知・岐阜に分布。花の時期にこの木を見た人は、花だらけの姿にびっくりして、この名に納得します。そして美しい紅葉にも見とれます。庭木、公園樹、街路樹に使われます。アメリカハナノキ（別名ベニカエデ　紅楓　北米東北部原産）とは葉の形が違います。

イヌビワ 犬枇杷

● 花期 4〜5月　● 果期 10〜11月　● 落葉　（3種とも）

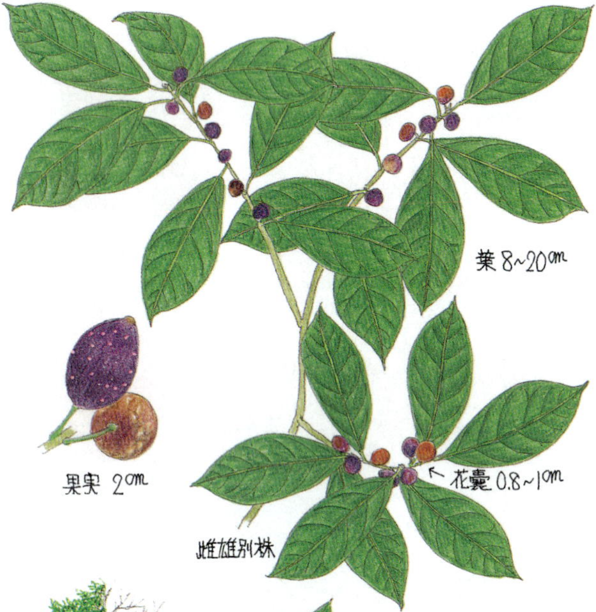

高木

紅紫色花

葉 8〜20㎝

果実 2㎝

← 花嚢 0.8〜1㎝

雌雄別株

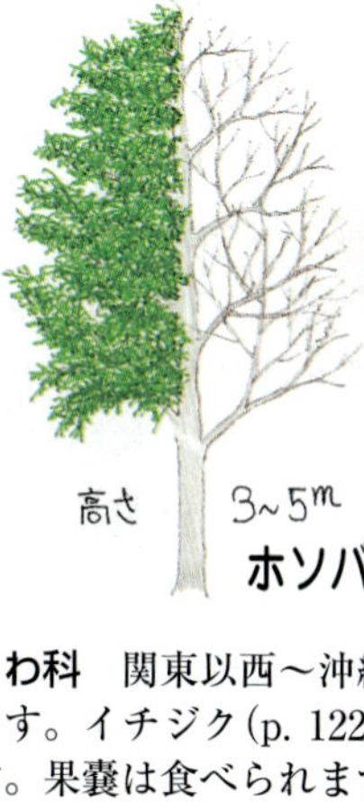

オオバイヌビワ　大葉犬枇杷
（分布）奄美諸島・沖縄
葉 10〜20㎝

葉 8〜20㎝

高さ 3〜5m

ホソバイヌビワ　細葉犬枇杷

くわ科　関東以西〜沖縄に分布。本州は主に暖かい地帯で見かけます。イチジク(p. 122)の仲間ですから、花は花嚢の中にあります。果嚢は食べられますが、かなり硬いので噛むときには注意が必要なほどです。ほかにハマイヌビワ(奄美・沖縄)、ギランイヌビワ(八重山諸島)などがあります。

146

アコウ　赤榕　　ガジュマル　榕樹

●花期 一年中　●果期 一年中　●常緑　（2種とも）

高木

紅紫色花

葉 3~10㎝
葉 8~15㎝

果嚢 10㎝

果嚢 10㎝

← 気根 →

← 高さ10~20m →

くわ科　ガジュマルは屋久島以南の島や沖縄に分布。アコウは紀
伊半島や四国・九州・沖縄に分布。これらの木を見慣れていない
地方の人達は奇妙な形に驚きます。気根を出して生長し、高さは
10～30ｍにも達します。両者の気根の出方の違いに注目してく
ださい。ほかの植物に覆いかぶさり「絞め殺しの木」といわれます。

147

高木

紅紫色花

ナナミノキ　七実の木

● 花期 6月頃　● 果期 10〜11月　● 常緑

雌花 0.4〜0.6cm

雄花 0.4〜0.6cm

雌雄別株

葉 6〜11cm

果実 1cm

高さ 10m

もちのき科　静岡以西〜九州に分布。花は清楚で可愛らしく、また果実の光沢のある赤が好まれ、西日本では庭木や公園樹としてよく使われます。東日本の人は馴染みがないため、葉や果実を見て、感じが似ているモチノキ（p. 48）と間違えます。名は美しい果実に由来するなど諸説があります。

ギョリュウ 御柳

● 花期 5月、9月 ● 果期 11～12月 ● 落葉

高木

紅紫色花

高さ 5~8m

葉 0.1~0.3cm

花 0.3~0.5cm

ぎょりゅう科 中国原産説が有力です。江戸時代には広く各地で栽植されていました。現在は庭木として、また花材として花屋さんの店頭でよく見かけます。独特な葉の形は針葉樹にも似ていて興味を引きます。花の最盛期はものすごい量の花の群れに圧倒されますが、一つひとつの花は可愛いものです。

ネジキ　捩木

🔴花期 5〜7月　🟠果期 9〜10月　🟤落葉

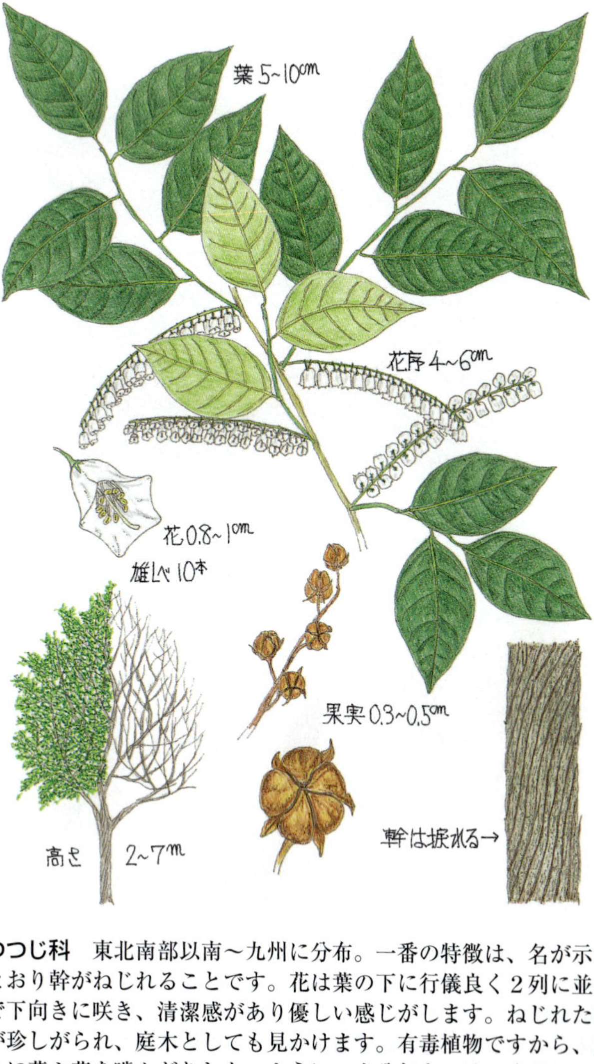

高木

白色花

葉 5〜10㎝

花序 4〜6㎝

花 0.8〜1㎝

雄しべ 10本

高さ　2〜7m

果実 0.3〜0.5㎝

幹は捩れる→

つつじ科　東北南部以南〜九州に分布。一番の特徴は、名が示すとおり幹がねじれることです。花は葉の下に行儀良く2列に並んで下向きに咲き、清潔感があり優しい感じがします。ねじれた幹が珍しがられ、庭木としても見かけます。有毒植物ですから、戯れに葉や花を噛んだりしないように、十分気をつけてください。

150

アセビ　馬酔木

●花期　2月下旬～5月　●果期　9～10月　●落葉　（3種とも）

高木

白色花

新葉は赤味を帯びる

葉 3~10cm
革質で光沢あり

少し捻れる→

花序 10~15cm
花 0.6~0.8cm

果実 0.5~0.6cm

アセビの変種・近縁種

花は紅色

アケボノアセビ
曙馬酔木

ホナガアセビ　穂長馬酔木
花序 10~30cm

高さ　1~8m

つつじ科　別名アシビ・アセボ　山形・宮城以南～九州に分布。新葉の赤も白い花も美しく清楚な感じが漂います。昭和30～40年代、雰囲気の良い喫茶店やスナックの店名に、アセビやアシビがたくさんありました。このアセビも有毒植物です。葉を食べた馬が酔ったようになることが名前の由来です。

151

シャシャンボ　子子ん坊

●花期 5〜7月　●果期 9〜10月　●常緑

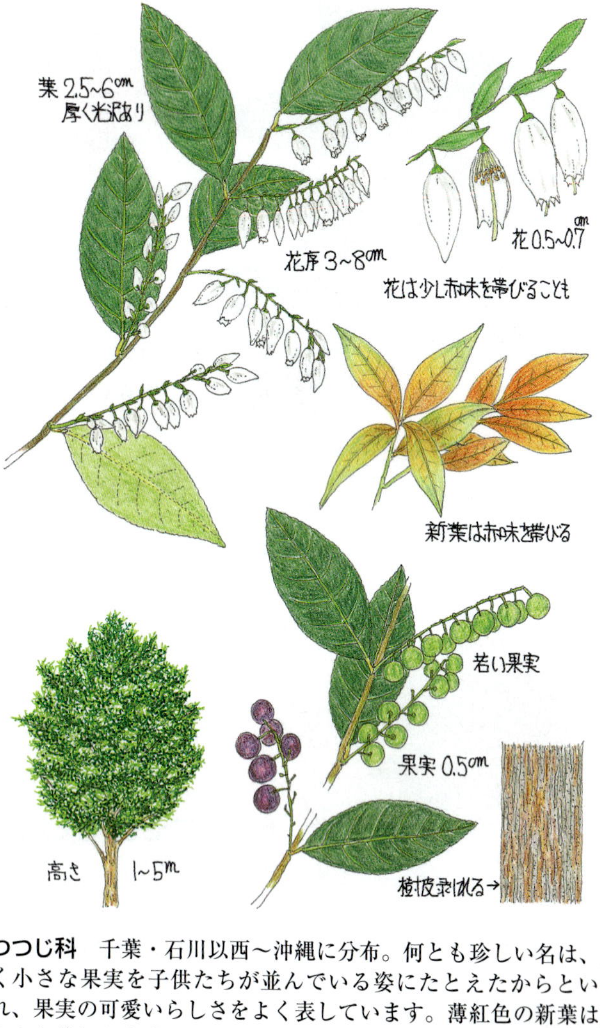

高木

白色花

葉 2.5〜6㎝
厚く光沢あり

花序 3〜8㎝

花 0.5〜0.7㎝

花は少し赤味を帯びることも

新葉は赤味を帯びる

若い果実

果実 0.5㎝

高さ　1〜5m

樹皮剥れる→

つつじ科　千葉・石川以西〜沖縄に分布。何とも珍しい名は、丸く小さな果実を子供たちが並んでいる姿にたとえたからといわれ、果実の可愛いらしさをよく表しています。薄紅色の新葉は爽やかな美しさを感じます。樹皮が剥れ内皮が赤くなる特徴があります。東の人にはなじみが薄く、前頁のアセビと間違えます。

152

リョウブ　令法

● 花期 6〜8月　● 果期 10〜11月　● 落葉

花 0.5〜0.7cm

花序 20〜30cm

新葉

葉 6〜15cm

黄紅葉

高さ　8〜10m

果実 0.3〜0.4cm

樹皮は剥れる →

高木

白色花

りょうぶ科　北海道南部〜九州に分布。新葉は山菜として食されます。野山ではやや乾燥した場所で普通に見かけ、樹皮が剥がれる特徴は見分けるときに役立ちます。開花期は花の少ない夏。黄紅葉も美しく、庭や公園にも多く植えられます。名は昔飢饉対策作物として保存が「令法（法律）」で示されたことに由来します。

153

チシャノキ 萵苣の木

● 花期 6〜7月　● 果期 9〜10月　● 落葉

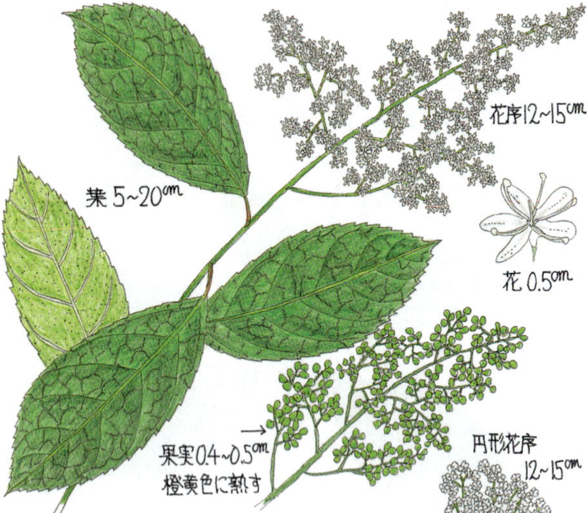

高木

白色花

花序12〜15cm

葉 5〜20cm

花 0.5cm

果実0.4〜0.5cm
橙黄色に熟す

円形花序
12〜15cm

マルバチシャノキ
丸葉萵苣の木

● 花期 3〜7月　● 果期 7〜10月
● 落葉

果実 2cm 食べられる

高さ
マルバチシャノキ

10〜15m
7〜9m

葉 6〜17cm

むらさき科　別名カキノキダマシ　両者とも中国・四国・九州〜沖縄に分布。前者は福岡の大宰府天満宮に天然記念物指定樹があります。若葉はレタスの味がして食べられます。名の由来はレタスやサラダ菜はチシャ(萵苣)とも呼ばれることからです。カキノキダマシの名は葉がカキ(p. 112)の葉に似ていることからです。

ミズキ　水木

● 花期　5〜6月　● 果期　6〜10月　● 落葉

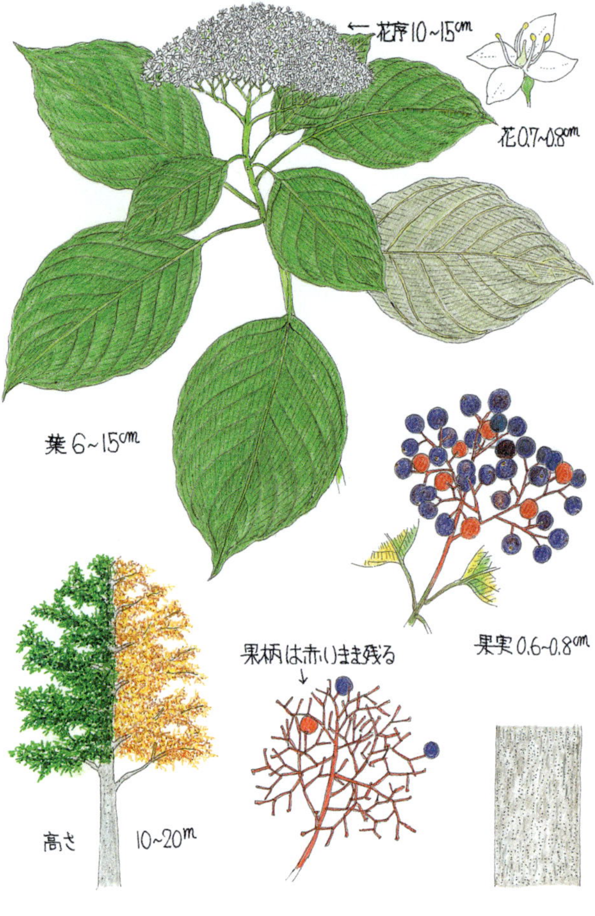

高木

白色花

← 花序 10〜15cm

花 0.7〜0.8cm

葉 6〜15cm

果実 0.6〜0.8cm

果柄は赤いまま残る

高さ　10〜20m

みずき科　北海道〜九州に分布。白く丸い花序、大きく整然とした葉、赤い果実の時期と果実が落下した後の赤い果柄、そしてみごとな黄葉、それぞれに趣を感じます。名は早春に枝を切ると水が滴ることからです。本州〜九州に分布するクマノミズキ（熊野水木）は、葉が対生で花が1カ月ほど遅くなる違いがあります。

155

サワフタギ　沢蓋木

● 花期 5～6月　● 果期 9～10月　● 落葉　（2種とも）

高木

白色花

花序3～6cm

葉4～8cm

花 0.7～0.8cm

枝は蓋のように拡がる

高さ　2～5m

タンナサワフタギ

耽羅沢蓋木　　葉4～9cm

サワフタギより鋸歯が粗く大きい

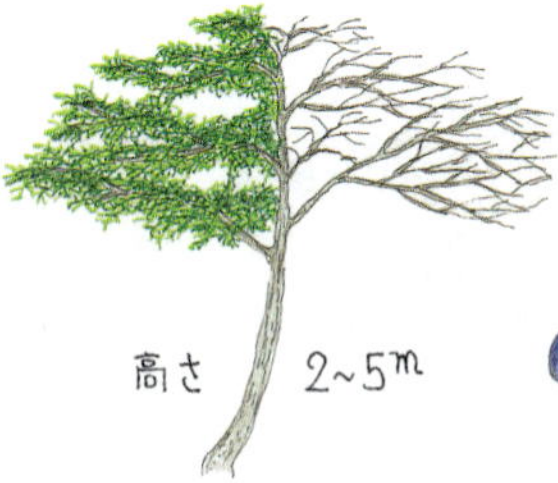

果実0.6～0.9cm

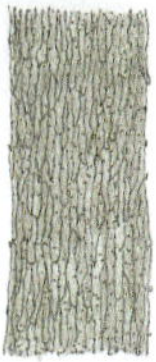

はいのき科　サワフタギは北海道～九州に、タンナサワフタギは関東以西～九州に分布。名は枝葉が沢にふたをするように茂ることに由来します。白く小さな花は円錐状に付き、優しく繊細で、紫色の果実も綺麗です。よく似ているタンナサワフタギは葉の鋸歯が尖って荒くなります。耽羅は韓国の済州島の古名です。

クロキ　黒木

● 花期 3〜4月　● 果期 10〜12月　● 常緑

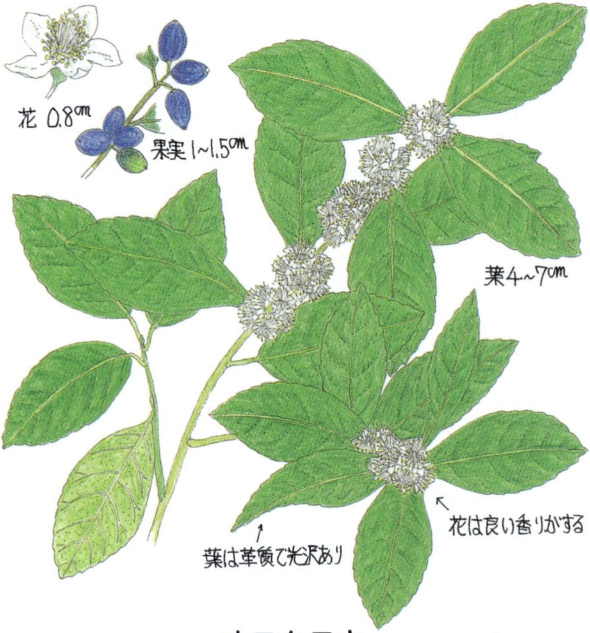

高木

白色花

花 0.8㎝

果実 1〜1.5㎝

葉 4〜7㎝

葉は革質で光沢あり

花は良い香りがする

オニクロキ
鬼黒木

● 花期 11〜12月

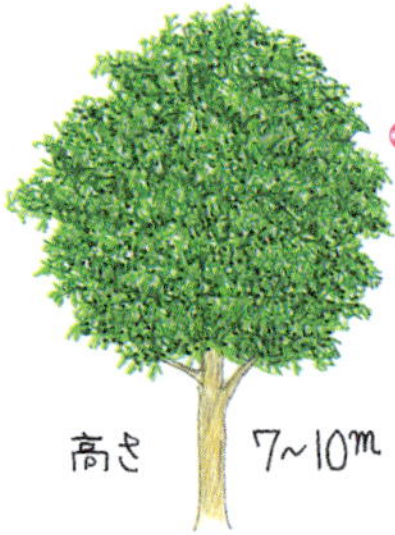

葉 7〜15㎝

高さ 7〜10m

花(1.3㎝)も果実(2〜2.5)㎝
もクロキより大きい.

はいのき科　クロキは中国・四国・九州に、オニクロキ(別名ヒロハノミミズバエ　広葉の蚯蚓灰)は徳島・高知・宮崎・鹿児島・種子島・屋久島・トカラ列島に分布。クロキの材を焼いた灰は媒染剤としました。名は樹皮が黒っぽいことに由来します。オニクロキの花は、冬間近の寒い時期に咲きます。

157

ハイノキ　灰の木

● 花期 4〜5月　● 果期 8〜10月　● 常緑

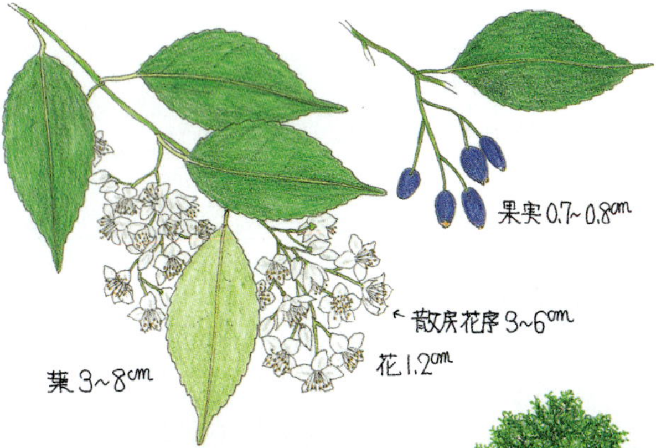

果実 0.7〜0.8㎝

散房花序 3〜6㎝

花 1.2㎝

葉 3〜8㎝

クロバイ　黒灰　● 果期 晩秋〜冬

葉 3〜7㎝

総状花序 4〜7㎝

花 0.8㎝

果実 0.6〜0.8㎝

高さ　5〜10ｍ

はいのき科　ハイノキは東海以西〜九州に、クロバイは関東南部以西〜沖縄に分布。前頁のクロキ同様、材を焼いた木灰を媒染剤として用いていたことに名の由来があります。ハイノキの仲間の多くは同じ用途に用いられます。伊豆半島で見たハイノキの花は、木全体を真っ白い布で覆ったようでした。

ハイノキの仲間

高木

白色花

ミミズバイ
蚯蚓灰

🔴花期 7〜8月

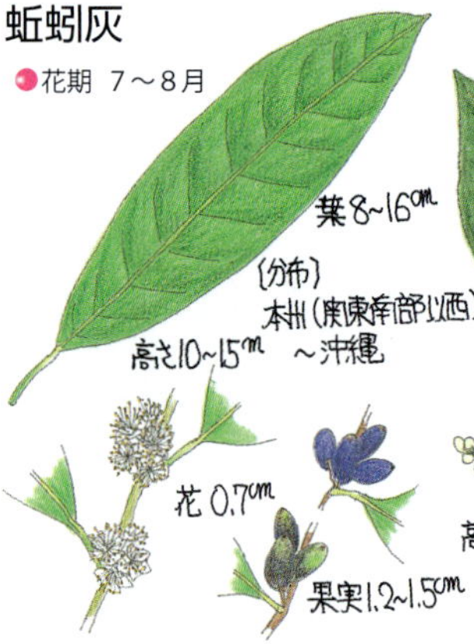

葉8〜16㎝

〔分布〕
本州(東東静部以西)
〜沖縄

高さ10〜15ｍ

花 0.7㎝

果実1.2〜1.5㎝

シロバイ　白灰

🔴花期 8〜10月

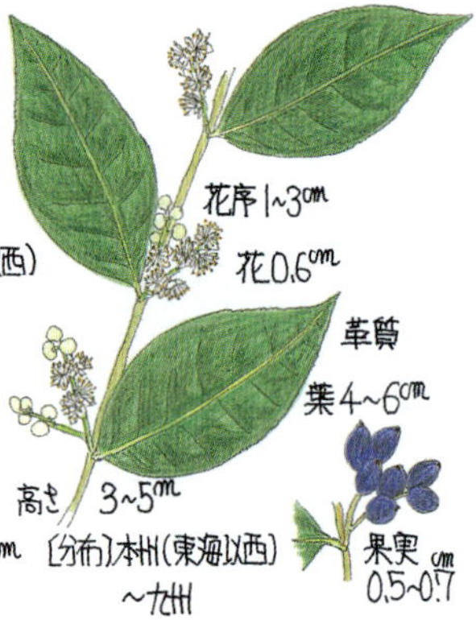

花序1〜3㎝

花 0.6㎝

革質

葉4〜6㎝

高さ 3〜5ｍ

〔分布〕本州(東海以西)
〜九州

果実 ㎝
0.5〜0.7

カンザブロウノキ
勘三郎の木

🔴花期 8〜9月

花序
3〜5㎝

花1㎝

葉10〜16

〔分布〕
本州(静岡以西)
〜沖縄

果実 0.6㎝

高さ
15ｍ

樹皮青

左右両者は良く似るが
葉裏の葉脈が太く異なる

アオバノキ
青葉の木

🔴花期 8〜9月

花序3〜10㎝

花 0.7㎝

高さ
3〜5ｍ

葉10〜20㎝

葉脈が太く隆起

〔分布〕種子島・屋久島・沖縄

はいのき科　ミミズバイの名は果実の形がミミズの頭に似ている
ことからです。名前からの印象はあまり良くありませんが、伊勢
神宮では枝葉を供え物の敷物として使うくらい木に気品がありま
す。この4種も西日本に多く分布する常緑樹で、果実は晩秋〜冬
に熟します。北国の人達にはほとんどなじみがありません。

159

アサガラ　麻殻

●花期 5〜6月　●果期 9〜10月　●落葉　（2種とも）

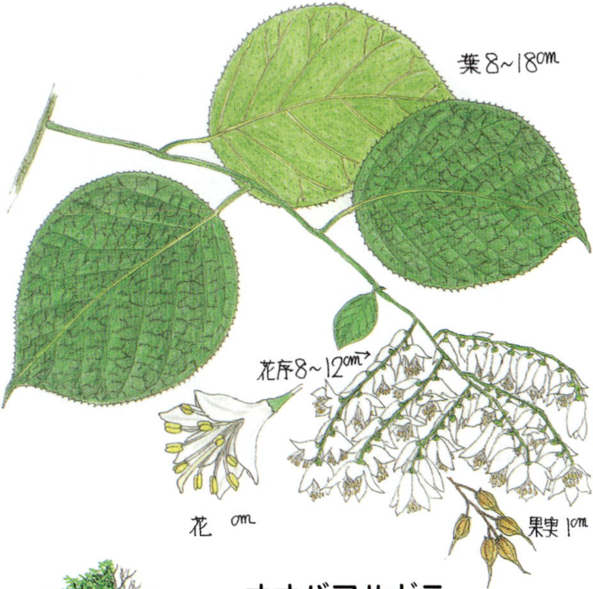

高木

白色花

葉 8〜18cm

花序8〜12cm

花　cm

果実 1cm

オオバアサガラ
大葉麻殻

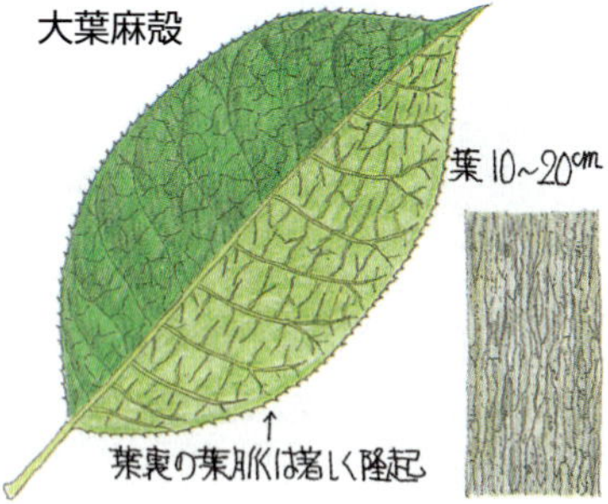

葉 10〜20cm

高さ　6〜10cm

葉裏の葉脈は著しく隆起

えごのき科　近畿以西〜九州、オオバアサガラは本州全域〜九州
に分布。ハクウンボク（p. 2）によく似ています。山の谷間の涼し
い所が好みの棲家です。白い花が美しく見ていて心が和みます。
よく似ているオオバアサガラは葉裏の葉脈が著しく隆起するので
見分けることができます。

ヒトツバタゴ 一つ葉タゴ

● 花期 5月　● 果期 秋　● 落葉

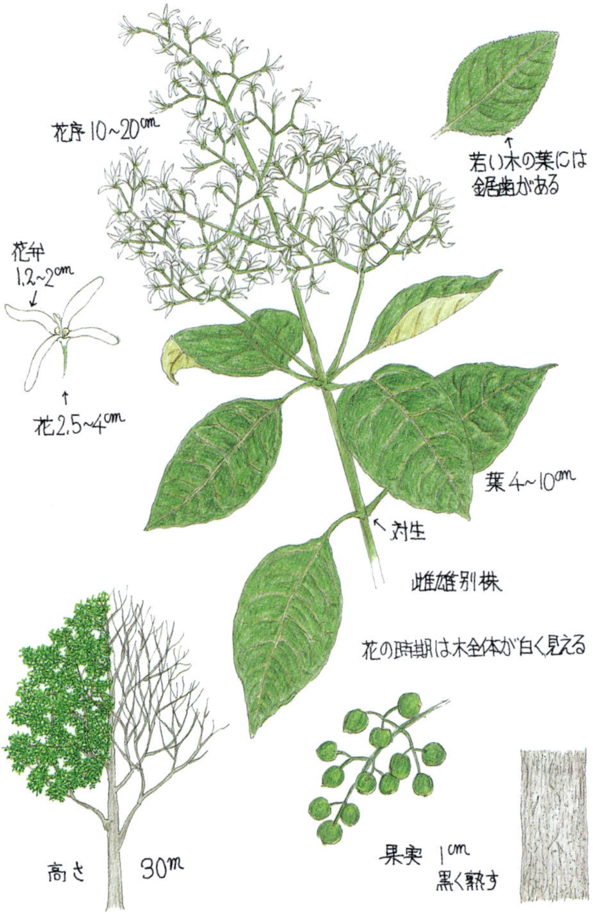

高木

白色花

花序 10～20cm

若い木の葉には
鋸歯がある

花弁
1.2～2cm

花 2.5～4cm

葉 4～10cm

対生

雌雄別株

花の時期は木全体が白く見える

高さ　30m

果実 1cm
黒く熟す

もくせい科　長野・岐阜・愛知、対馬と偏った分布。別名はナンジャモンジャですが、この名のほうが多くの人に親しまれています。白い花は神秘的な優雅さがあり、特に女性に好まれます。最近は各地に植えられています。東京都調布市の古刹深大寺では、花の頃に木の下で「ナンジャモンジャ演奏会」が開かれます。

アオダモ　青ダモ

● 花期 4～5月　● 果期 10月頃　● 落葉

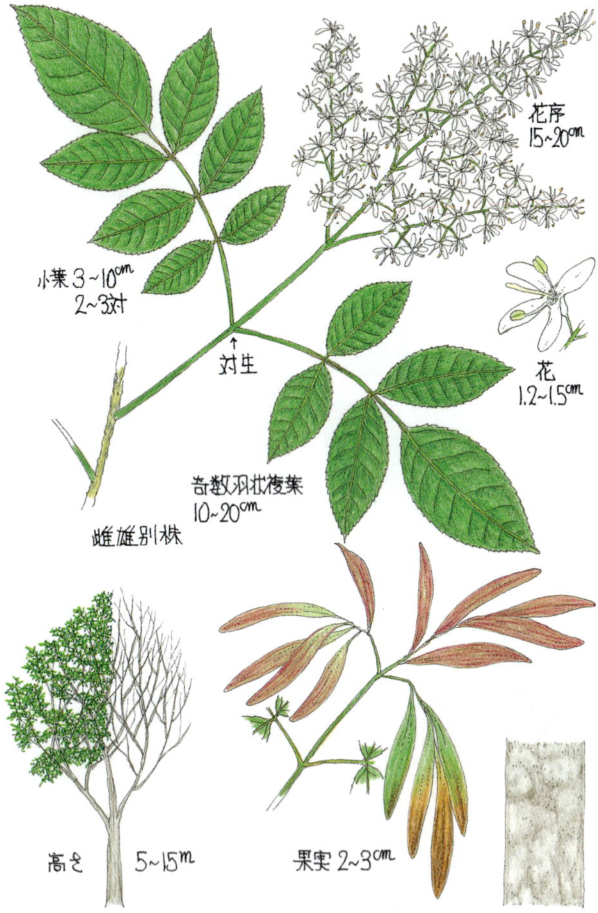

高木

白色花

小葉 3～10㎝
2～3対

対生

花序
15～20㎝

花
1.2～1.5㎝

奇数羽状複葉
10～20㎝

雌雄別株

高さ　5～15m

果実 2～3㎝

もくせい科　別名コバノトネリコ(小葉の戸練子)・アオタゴ　北海道～九州に分布。野球のバットやテニスのラケットなどはこれを材にして作ります。名は枝を切って水に漬けると青くなることに由来します。葉は整った複葉です。花は前頁のヒトツバタゴと似ていますが、単葉(一つ葉)と複葉の違いがあります。

162

アオダモの仲間

高木

白色花

アラゲアオダモ
別名ケアオダモ

マルバアオダモ

小葉4~10cm

小葉5~12cm
1~2対

小葉4~12cm
3~4対

葉裏の薬脈に
荒い毛あり

(分布)北海道~九州.

(分布)北海道~九州.

(分布)本州(廃岐・中部)
~四国.

ミヤマアオダモ

小葉3~10cm
2~4対

全部奇数羽状複葉
対生

~革質

小葉5~15cm
1~3対

シマトネリコ

(分布)沖縄. 半常緑

(分布)九州~沖縄

シマタゴ

このアオダモの仲間はすべて奇数羽状複葉で、葉は対生に付きます。相当見慣れた人でもなかなか見分けがつきません。シマトネリコは沖縄に分布していますが、西日本の暖かい所なら越冬ができるので、街路樹として利用されているのを見たことがあります。アオダモの仲間は、どれも爽やかな気品を感じます。

トネリコ　戸練子

● 花期 4〜5月　● 果期 9〜10月　● 落葉

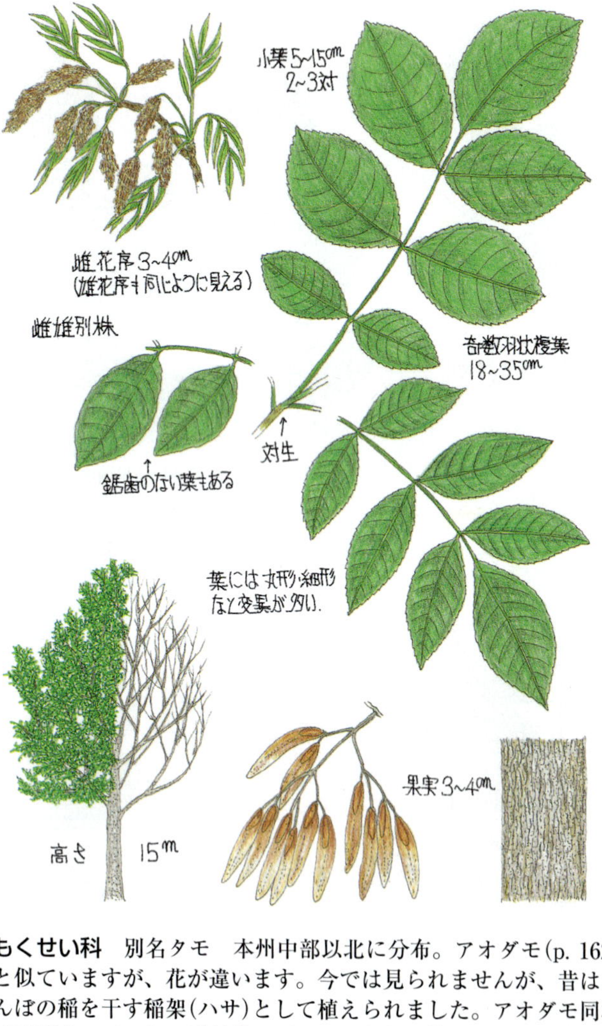

高木

白色花

小葉5〜15cm
2〜3対

雌花序3〜4cm
(雄花序も同じように見える)

雌雄別株

鋸歯のない葉もある

対生

奇数羽状複葉
18〜35cm

葉には広形・細形
など変異が多い。

高さ　15m

果実3〜4cm

もくせい科　別名タモ　本州中部以北に分布。アオダモ(p. 162)と似ていますが、花が違います。今では見られませんが、昔はたんぼの稲を干す稲架(ハサ)として植えられました。アオダモ同様材は硬く、バットや飛行機のプロペラなどに使われます。花言葉は「高潔・荘厳・思慮分別」。確かにそんな印象を受ける木です。

164

トネリコによく似た仲間

高木

白色花

ヤチダモ 谷地ダモ

(分布)北海道·本州(岐阜以北).

小葉6~15cm
3~5対

対生

奇数羽状複葉
30~40cm

毛

ヤマトアオダモ 大和青ダモ

奇数羽状複葉
30~40cm

小葉6~15cm
3~5対

(分布)本州~九州.

小葉5~10cm
2~4対

(分布) 本州(関東以西の太平洋側)~九州.

シオジ 塩地

奇数羽状複葉
15~25cm

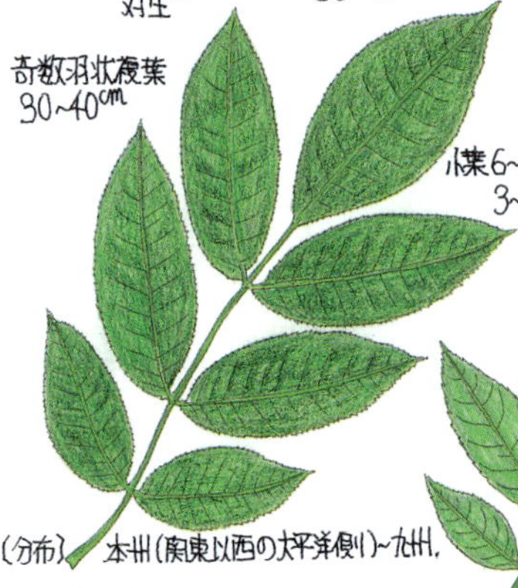

明治以降、北海道では入植者が出身地の氏神様をお迎えして、新しい神社を作りました。神社に木はつきものですが、暖地系のクスノキやカシは育ち難いので、逞しい開拓者達は清楚で神秘的なトネリコやアオダモの仲間を代わりに植えたように思います。近くの神社で各種の葉による見分けを試みてください。

165

イボタノキ　水蠟の木

●花期 5〜6月　●果期 10〜12月　●落葉

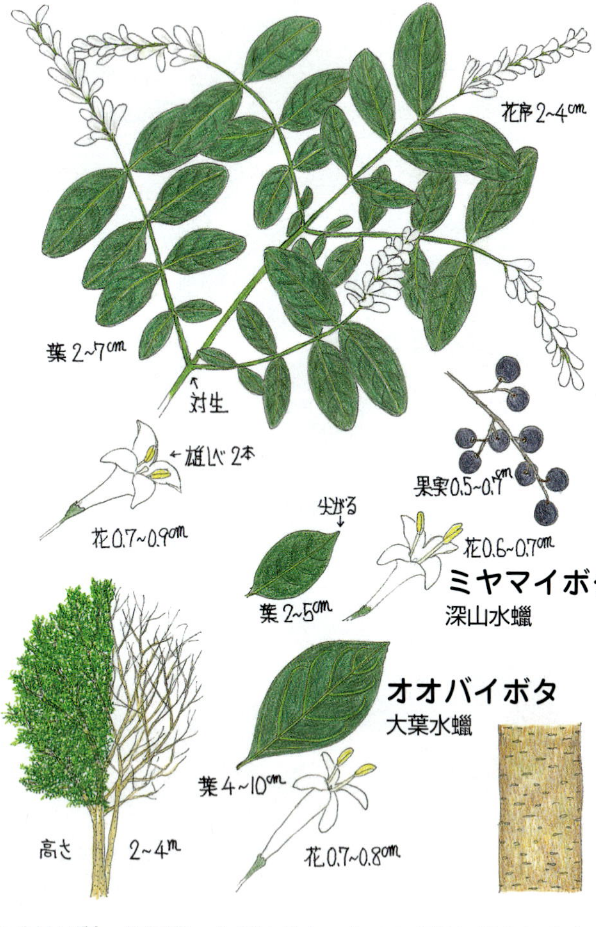

高木

白色花

花序2〜4cm

葉2〜7cm

対生

←雄しべ 2本

花0.7〜0.9cm

尖がる

葉2〜5cm

果実0.5〜0.7cm

花0.6〜0.7cm

ミヤマイボタ
深山水蠟

オオバイボタ
大葉水蠟

葉4〜10cm

高さ　2〜4m

花0.7〜0.8cm

もくせい科　北海道〜九州に分布。山でも普通に見られますが、街中では生垣としてよく見かけます。落葉樹ですが暖かい冬は葉が落ちないことがあり常緑樹と錯覚します。ひと回り大きいオオバイボタは本州〜九州に分布する半常緑樹。ミヤマイボタは標高の高い所に分布。オオバもミヤマも花期は遅く6〜7月です。

166

ネズミモチ　鼠黐

● 花期 6月　● 果期 10〜12月　● 常緑

花序 5〜12cm

果実 0.5〜0.7cm

花 0.5〜0.6cm

対生

葉 5〜12cm

葉は革質で光沢あり

高さ　5〜7m

高木

白色花

もくせい科　関東以西〜沖縄に分布。果実の大きさや色・形が鼠の糞に似ていることが名の由来です。中国原産で明治初期に渡来したトウネズミモチ(唐鼠黐)は葉や果実がひと回り大きいのですが、見分けるのは難しいです。両者は関東以西ではよく見かける木です。前頁のオバイボタと間違えることもあります。

167

ヒイラギモクセイ　柊木犀

● 花期 10月頃　● 常緑

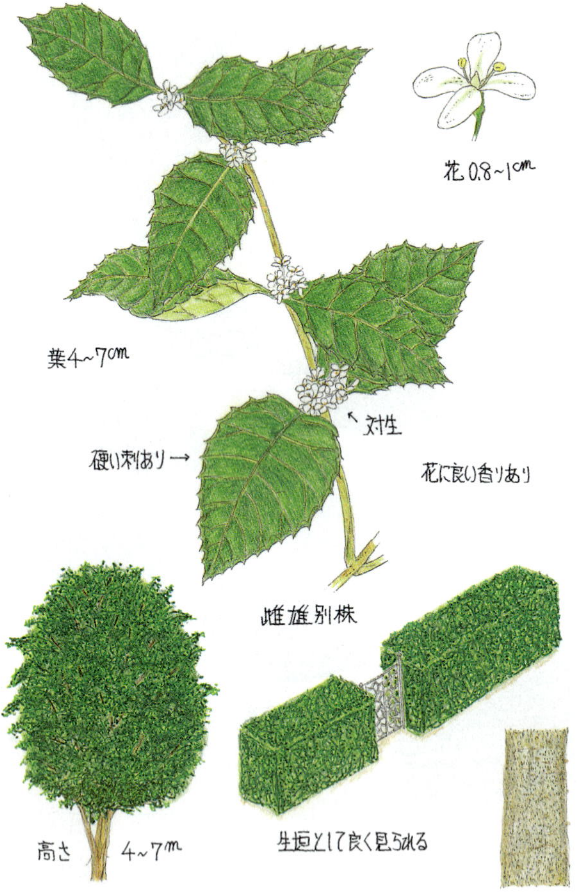

高木

白色花

花 0.8〜1cm

葉 4〜7cm

硬い刺あり →

対生

花に良い香りあり

雌雄別株

高さ　4〜7m

生垣として良く見られる

もくせい科　ギンモクセイ (p. 199) とヒイラギ (p. 168) の雑種からできたといわれます。花は目立ちませんが良い香りがします。名を知らない人が多いのですが、実は生垣としてよく目にしています。日本では雄株ばかりですから、残念ながら果実は見られません。葉の刺は刺さると痛いので注意してください。

ヒイラギ　柊

● 花期 11〜12月　● 果期 6〜7月　● 常緑

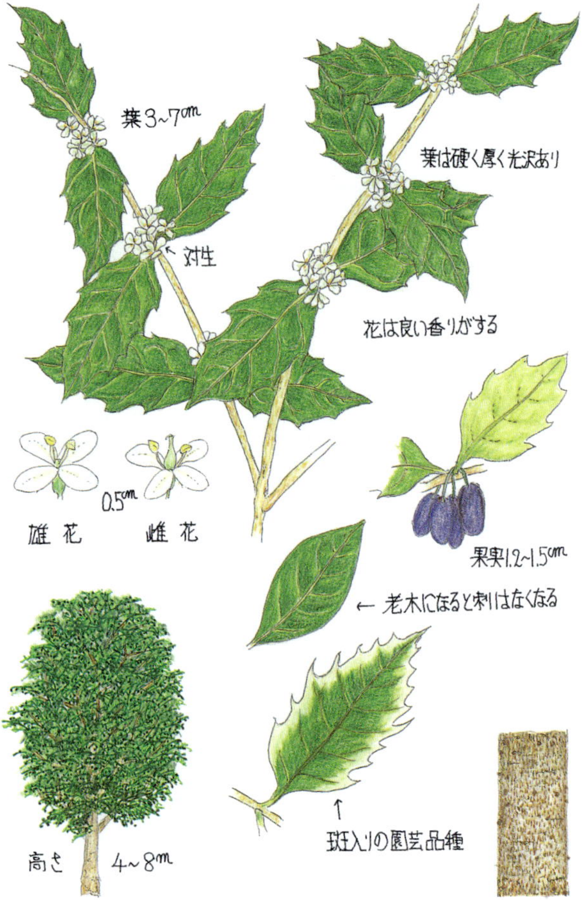

高木

白色花

葉3〜7cm

対生

葉は硬く厚く光沢あり

花は良い香りがする

雄花　　雌花

0.5cm

果実1.2〜1.5cm

← 老木になると刺はなくなる

高さ　4〜8m

斑入りの園芸品種

もくせい科　関東以西〜沖縄に分布。節分のときに家の戸口にヒイラギの葉を飾り、鬼の侵入を防ぐ風習はよく知られています。西洋でも魔除けの風習があります。西洋の魔除けに用いる木は、葉が互生で、もちのき科のセイヨウヒイラギ(p. 242)です。くれぐれも間違いがないようにお願いします。

169

ガマズミ　莢蒾

●花期 5〜6月　●果期 9〜10月　●落葉

高木

白色花

花序 6〜10cm

花 0.5〜0.8cm

葉 6〜14cm

花も果実も美しく、庭木として人気があるが、花にはいやな臭いがある。

果実 0.6〜0.8cm

高さ　5m

果実は甘酸っぱい

すいかずら科　北海道西南部〜九州に分布。丸く整った花序は近づくとわずかにいやな臭いがします。透明感のある赤い果実は美しく、庭木として人気があるのでどなたも一度は見た覚えがあるでしょう。酸味の強い果実は野鳥の好物で、啄ばんでいる姿をよく見かけます。名の由来の定説はありません。

170

ガマズミの仲間（ガマズミ属）

● 花期 3〜5月　● 果期 9〜10月　（ほぼ5種とも）

高木

白色花

ミヤマガマズミ　深山ガマズミ

葉6〜14cm

コバノガマズミ　小葉のガマズミ

葉4〜9cm→

花0.5cm

（分布）本州(福島以西)〜九州.

花0.5〜0.7cm

（分布）北海道〜九州.

オトコヨウゾメ　男ヨウゾメ

葉4〜9cm

花0.6〜0.9cm

（分布）本州(北陸を除く)〜九州.

シマガマズミ　島ガマズミ

葉6〜15cm→

（分布）伊豆諸島

花0.6〜0.8cm

ハクサンボク　白山木

常緑

花0.5〜0.8cm

葉5〜20cm

（分布）本州(伊豆諸島,山口),九州〜沖縄.

すいかずら科　ガマズミの仲間は遠目にはどれも同じように見えますが、種類を違えながら北海道から沖縄まで分布します。オトコヨウゾメのヨウゾメはガマズミの地方名ですが男の由来は不明です。秋には綺麗に紅葉しますが、その後真っ黒になります。ハクサンボクはこの仲間には珍しく常緑樹ですが、他の種は落葉樹です。

ムシカリ

●花期 4〜6月　●果期 8〜10月　●落葉

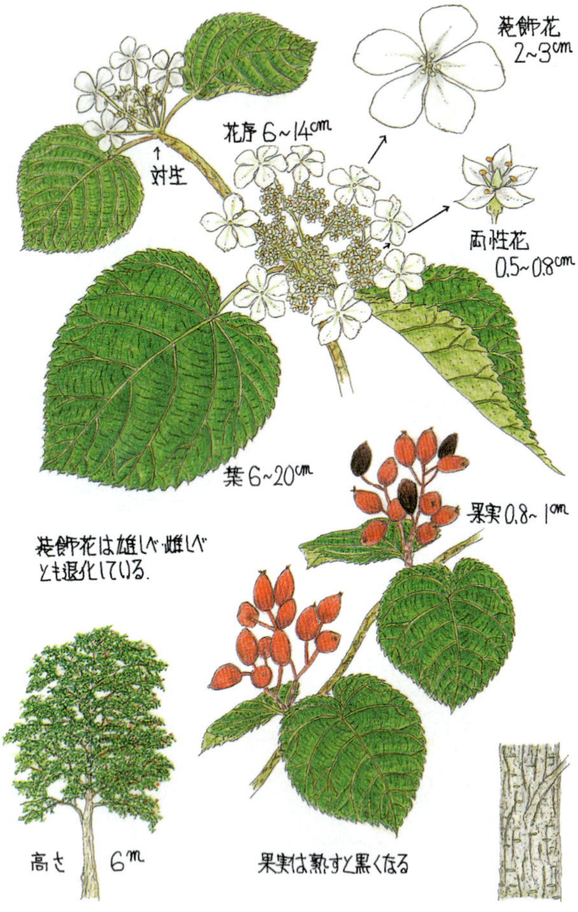

高木

白色花

花飾花
2〜3cm

花序 6〜14cm

↑対生

両性花
0.5〜0.8cm

葉 6〜20cm

果実 0.8〜1cm

花飾花は雄しべ雌しべ
とも退化している.

高さ 6m

果実は熟すと黒くなる

すいかずら科　別名オオカメノキ　北海道〜九州に分布。名の由来は不明です。オオカメノキは葉が亀の甲羅に似ているからでしょうか。花も果実も美しく、世界遺産の秋田・青森の白神山系で出会ったムシカリはひときわ美しく見えました。花はヤブデマリやカンボクと似ていますが、装飾花の違いに注意してください。

ヤブデマリ　藪手毬

● 花期 5～6月　● 果期 8～10月　● 落葉　（ほぼ2種とも）

装飾花 2～4cm
小さい

両性花 0.3～0.5cm

葉 5～12cm

花序 5～10cm

果実 0.5～0.70cm 黒熟する

カンボク　肝木

高さ 6m

葉 4～12cm

すいかずら科　ヤブデマリは本州太平洋側～九州に、カンボクは北海道～本州中部以北に分布。この両者も前頁のムシカリも、同じような谷間や湿った林中に生えるのでよく混同します。花や葉の違いをしっかり確認してください。カンボクは赤く熟しますが、ヤブデマリは赤熟後、完熟すると黒くなります。

高木

白色花

173

オオデマリ　大手毬

● 花期　4〜5月　● 落葉

高木

白色花

花序10〜15cm

装飾花2.5〜3cm

← 対生

葉10〜16cm

高さ 1〜4m

木全体が真っ白に見えるほど花がつく

すいかずら科　別名テマリバナ（手毬花）　ケナシヤブデマリの花序が丸くなり、花は装飾花だけになりました。古くから栽培、観賞されていた記録が残っています。庭木としても切花としても人気があります。オオデマリや別名のテマリバナもみごとな命名です。季節になると必ず見たくなる花の一つです。

サンゴジュ　珊瑚樹

●花期 6月　●果期 8〜10月　●常緑

花
0.6〜0.8㎝

対生

花序 5〜16㎝

葉 7〜20㎝

←葉縁波打つ

果実 0.7〜0.9㎝
黒熟する

高さ　20ｍ

高木

白色花

すいかずら科　関東南部以西〜沖縄に分布。厚い葉も幹も水分が多く、防火機能が高いので生垣としての利用が一般的ですが、街路樹や公園樹としてもよく見かけます。白い花の時期よりも、8〜10月に果実も果柄も真っ赤に染まり、海の珊瑚のように見えるときに人目を引き付けます。名はこのことに由来します。

175

ゴマギ　胡麻木

🔴花期　4〜6月　🟠果期　8〜10月　🟤落葉　（ほぼ2種とも）

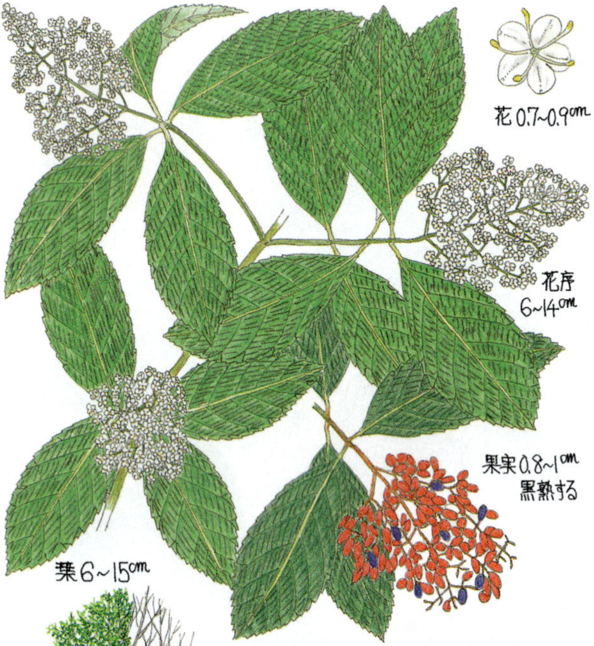

高木

白色花

花 0.7〜0.9cm

花序
6〜14cm

果実 0.8〜1cm
黒熟する

葉 6〜15cm

高さ　7m

ヒロハゴマギ
広葉胡麻木

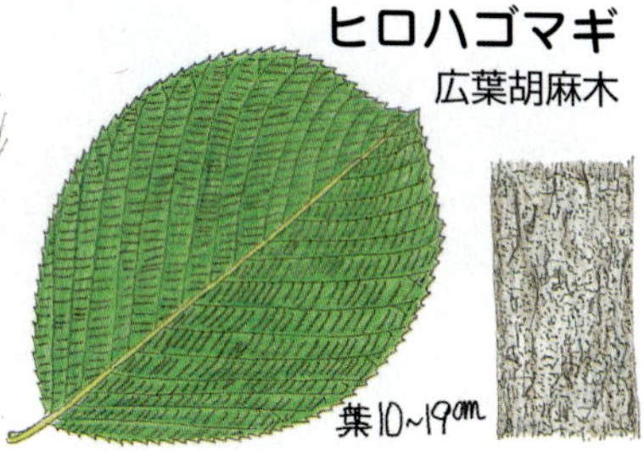

葉 10〜19cm

すいかずら科　ゴマギは関東以西の太平洋側〜沖縄に分布。ゴマ
ギの変種のヒロハゴマギは東北地方と日本海側に分布し、花期が
5月下旬〜6月、高さは1〜2mです。花や果実は前頁のサン
ゴジュによく似ていますが、この2種は落葉樹です。名は枝や葉
を傷つけると胡麻の香りがすることからです。

ヌルデ　白膠木

● 花期　8〜9月　● 果期　10〜11月　● 落葉

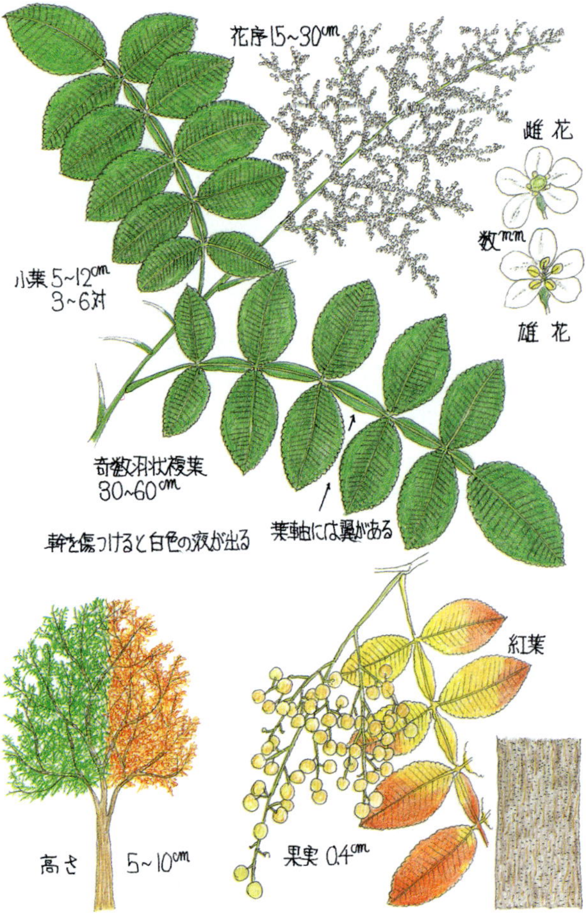

高木

白色花

花序15〜30cm

雌花

数mm

雄花

小葉5〜12cm
3〜6対

奇数羽状複葉
30〜60cm

幹を傷つけると白色の液が出る

葉軸には翼がある

高さ　5〜10cm

紅葉

果実 0.4cm

うるし科　北海道〜沖縄に分布。美しい紅葉は知る人ぞ知る山の風物詩です。うるし科の仲間ですが、ウルシ(p. 240)のようにかぶれることはないので公園にも植えられています。複葉の葉軸に翼があるのが大きな特徴です。幹などを傷つけると白い液が出ます。この液を家具などに塗ったことがヌルデの名の由来です。

ソヨゴ　冬青

●花期 6〜7月　●果期 10〜11月　●常緑

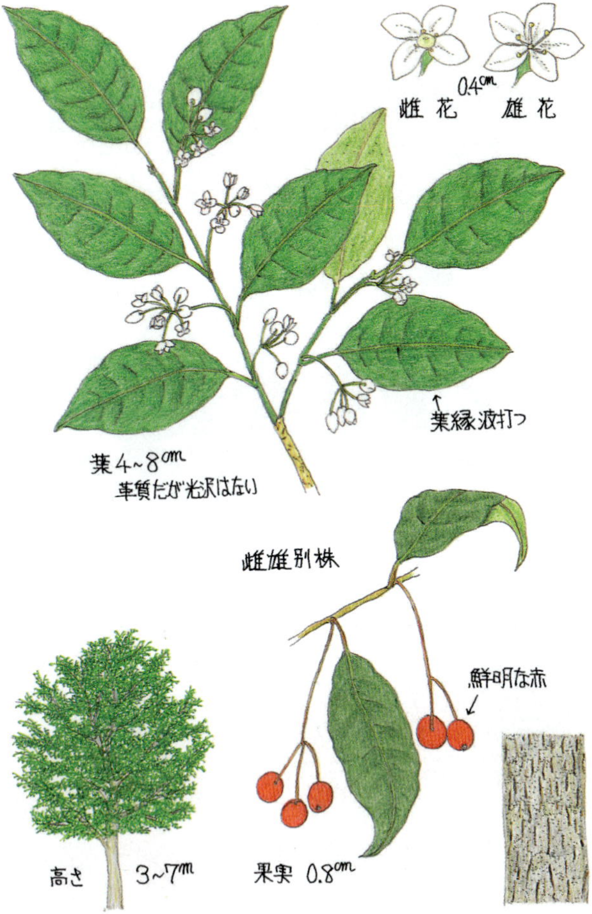

高木

白色花

雌花　雄花
0.4cm

葉縁波打つ

葉 4〜8cm
革質だが光沢はない

雌雄別株

鮮明な赤

高さ　3〜7m　果実 0.8cm

もちのき科　別名フクラシバ　茨城・新潟以西〜九州に分布。神事のときにこの葉をサカキの替わりに使う地方もあります。西日本ではごく普通に見られますが、東の人はモチノキやクロガネモチ（p. 48・49）と間違えます。風で揺れる赤い果実や葉のそよぎに風情があり、今でも旧家の庭などでよく見かけます。

トベラ　扉・海桐花

● 花期 4〜6月　● 果期 11〜12月　● 常緑

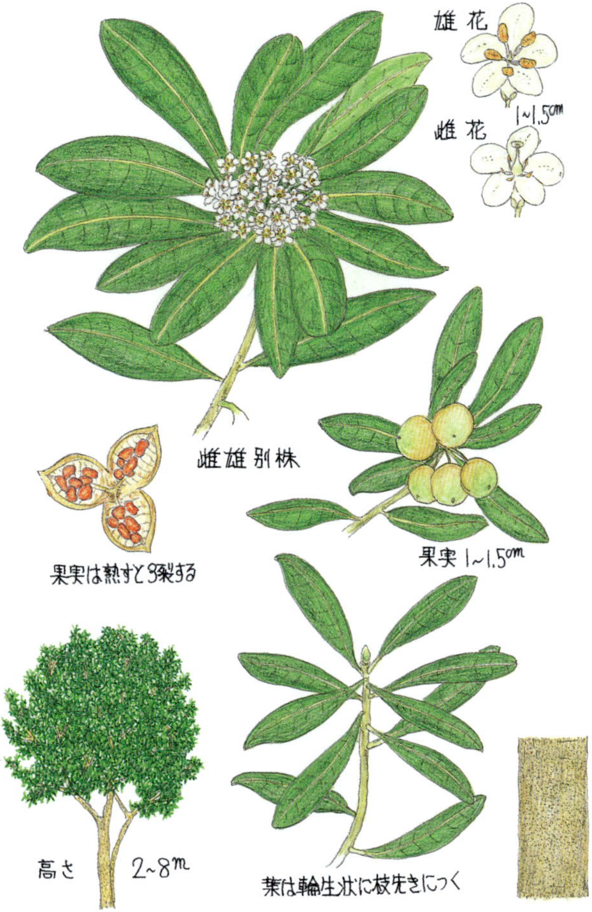

高木

白色花

雄花

雌花　1〜1.5㎝

雌雄別株

果実は熟すと3裂する

果実 1〜1.5㎝

高さ　2〜8m

葉は輪生状に枝先きにつく

とべら科　別名トビラ　岩手南部以南〜沖縄に分布。沿岸地帯を好み、防風林・防砂林・防潮林として使われます。街の中でもよく見かけます。葉や花に特有の臭気があり節分には鬼除けとして扉に刺します。この風習がトベラの名の由来です。ヤマモモ(p. 13)やモッコク(p. 197)とよく間違えられます。

179

オオヤマレンゲ　大山蓮華

●花期 5〜7月　●果期 9〜10月　●落葉　（2種とも）

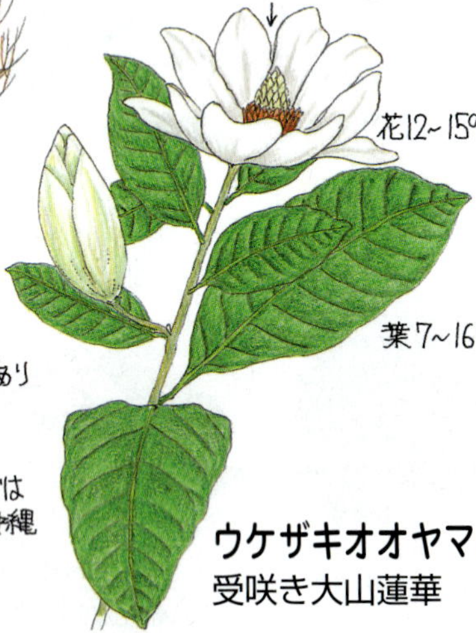

高木

白色花

花 5〜10㎝

葉 6〜20㎝

花と蕾は横向き
かやや下向き

花と蕾は上向き

花12〜15㎝

高さ　5ｍ

葉7〜16㎝

両者とも花に芳香あり

ウケザキオオヤマレンゲは
東北北又南部から沖縄
まで栽培可能.

ウケザキオオヤマレンゲ
受咲き大山蓮華

もくれん科　関東以西〜九州に分布。品の良い香りがあり、天女と評されるくらい人気が高い花です。オオヤマレンゲはやや下向きに花が咲きますが、ウケザキオオヤマレンゲは上向きに咲き、これが名の由来です。ホオノキ（p. 183）とオオバオオヤマレンゲ（朝鮮・中国原産）の雑種からできたといわれます。

オガタマノキ　招霊の木・小賀玉の木

●花期 3～4月　●果期 9～10月　●常緑

高木

白色花

葉 5～12cm

花被片は普通12枚

花 3cm

両者とも花に強い香り(バナナ香)がある.

果序 5～10cm

カラタネオガタマ
唐種招霊

●花期 5～6月

←紅紫色の縁どり

花 3cm

高さ 10～15m
カラタネオガタマは3～5m

葉 4～8cm

もくれん科　関東以西～沖縄に分布。名は神事に使われたことからで、神社でよく見かけます。花はバナナに似た良い香りを放ちます。樹高が低いカラタネオガタマは別名トウオガタマ(唐招霊)とも呼ばれ、花弁の紅色の縁どりが可愛らしい感じです。中国原産で江戸時代に渡来し、これも神社に植えられました。

181

タイサンボク　泰山木

●花期　5〜6月　●果期　9〜10月　●常緑

高木

白色花

花被片は9枚

花15〜25㎝

葉 15〜25㎝

葉裏
褐色の毛が密生

花には芳香がある

高さ　20㎝

果序8〜12㎝

種子0.5〜0.8㎝

もくれん科　北アメリカ原産。街路樹のほかに寺社や公園でもよく見かけます。葉から揮発性物質が出るので、樹下には草が生えにくくなるといわれます。花は木の上部に咲くので近くには寄れませんが、次頁のホオノキと同じくらい強い芳香を発します。ほかのもくれん科の仲間(p. 10 〜 11)とも比較してみてください。

182

ホオノキ　朴の木

● 花期 5～6月　● 果期 9～10月　● 落葉

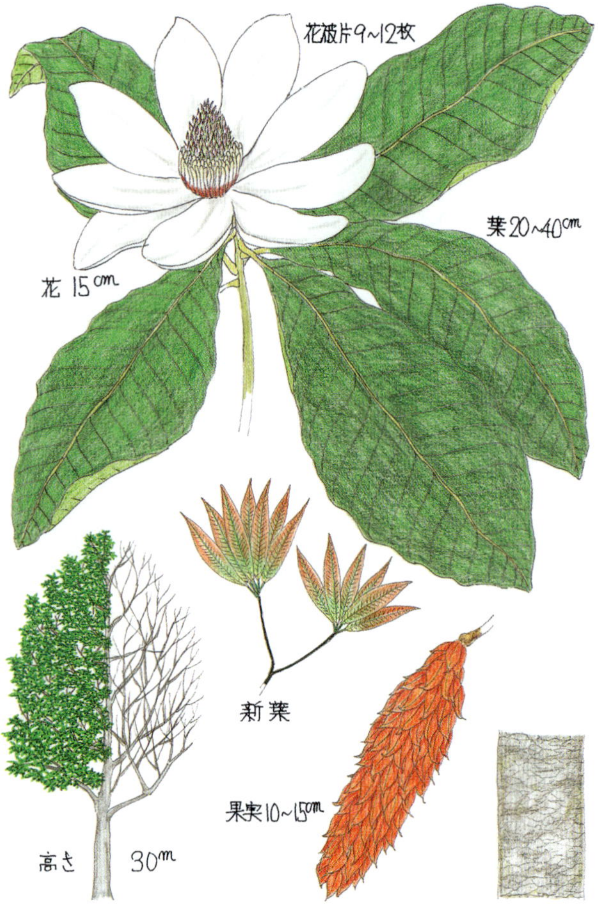

高木

白色花

花被片9～12枚

花 15cm

葉20～40cm

新葉

果実10～15cm

高さ　30m

もくれん科　北海道～九州に分布。山の中でも大きな花が目立ちます。葉も花も日本の樹木のなかでは最大の部類に入るでしょう。枝先きに集まって付く新葉は可愛らしく綺麗です。花には甘い感じの強い芳香があり、公園樹や街路樹としてもよく見かけます。岐阜県高山の葉で味噌を包み焼く「朴葉味噌」は有名です。

183

ウワミズザクラ　上溝桜

● 花期 4〜5月　● 果期 8〜9月　● 落葉

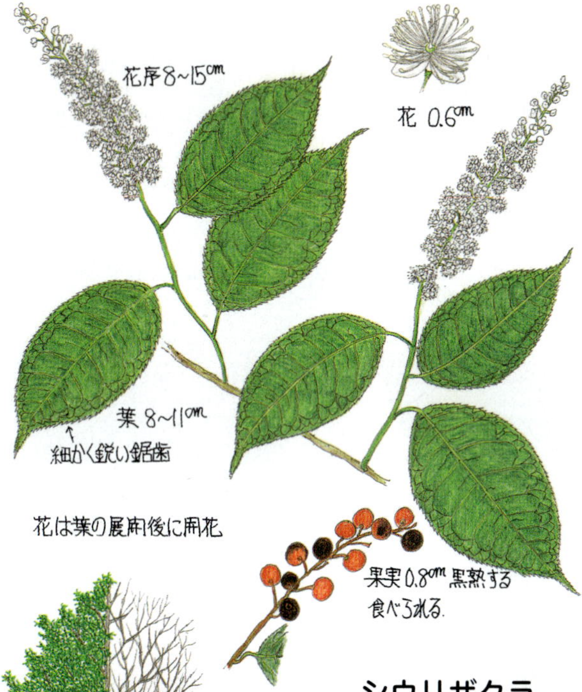

花序 8〜15cm

花 0.6cm

葉 8〜11cm

細かく鋭い鋸歯

花は葉の展開後に開花

果実 0.8cm 黒熟する
食べられる.

高さ 15〜20m

シウリザクラ

● 花期 5〜6月

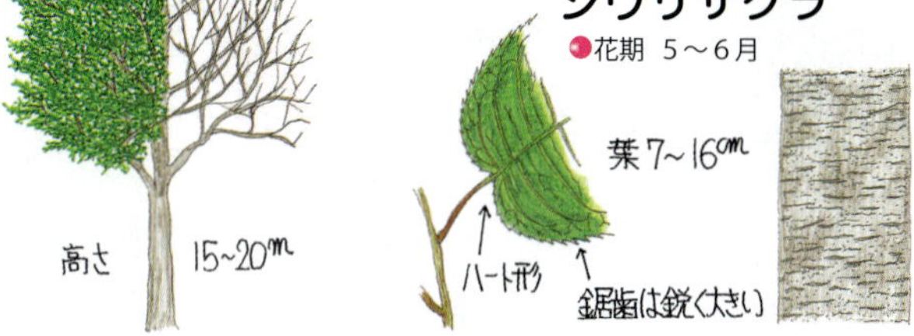

葉 7〜16cm

ハート形

鋸歯は鋭く大きい

ばら科　北海道石狩以南〜熊本県南部に分布。白いブラシ形の花は人気があります。果実は生食され、色合いの美しい果実酒やジャムにもなります。北海道には花が倍くらい大きくなるエゾワミズザクラ（蝦夷上溝桜）があり、シウリザクラ（別名ミヤマイヌザクラ　深山犬桜）は北海道〜本州中部以北に分布します。

イヌザクラ　犬桜

●花期 4〜5月　●果期 7〜9月　●落葉

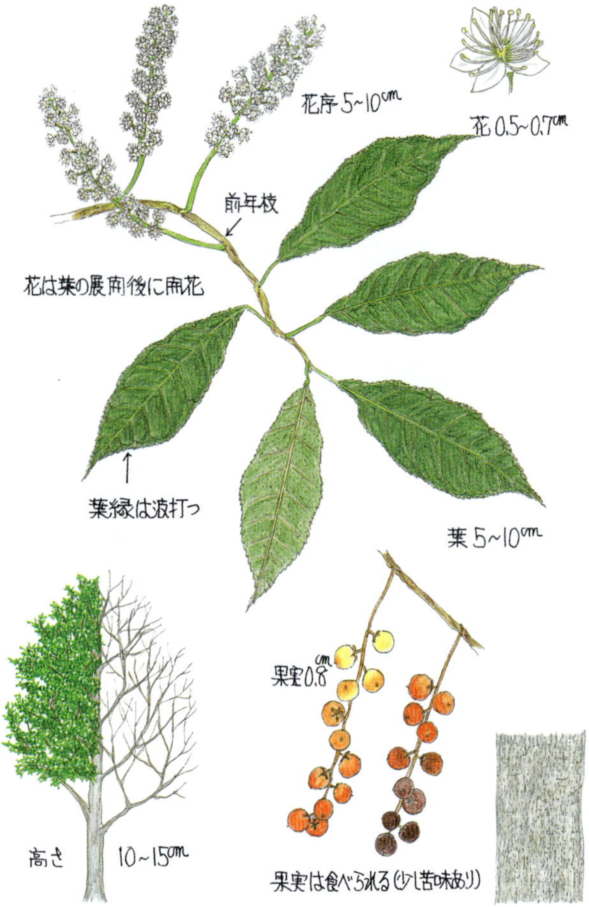

高木

白色花

花序5〜10cm

花 0.5〜0.7cm

前年枝

花は葉の展開後に開花

葉縁は波打つ

葉 5〜10cm

高さ 10〜15cm

果実 0.8cm

果実は食べられる(少し苦味あり)

ばら科　本州〜九州に分布。白い花の形が前頁のウワミズザクラと似ているので間違う人が大勢います。ウワミズザクラは葉の先に花序が付きますが、このイヌザクラは葉の下に付きます。前頁下のシウリザクラも葉の下に付きますから、このイヌザクラの近縁種です。おいしそうに見える果実には、少し苦味があります。

バクチノキ　博打の木

●花期 9月頃　●果期 5月頃　●常緑

高木

白色花

花0.6~0.7cm

花序3~4cm

葉10~20cm

鋭い鋸歯

葉は革質で厚いが光沢はない

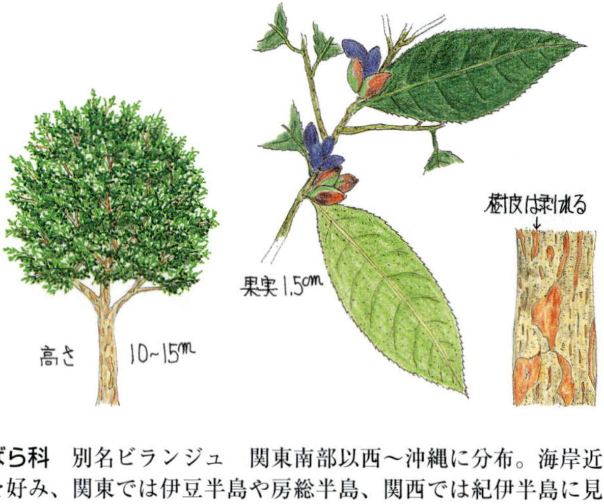

樹皮は剥れる

果実1.5cm

高さ 10~15m

ばら科　別名ビランジュ　関東南部以西～沖縄に分布。海岸近く
を好み、関東では伊豆半島や房総半島、関西では紀伊半島に見ら
れます。特徴は樹皮が剥がれた後、内皮が紅黄色になることです。
名は樹皮が剥がれた姿を、博打に負けて身ぐるみ剥がれることに
たとえたものです。果実の色の変化も面白く感じます。

186

リンボク　樮木

● 花期　9〜10月　● 果期　5〜6月　● 常緑

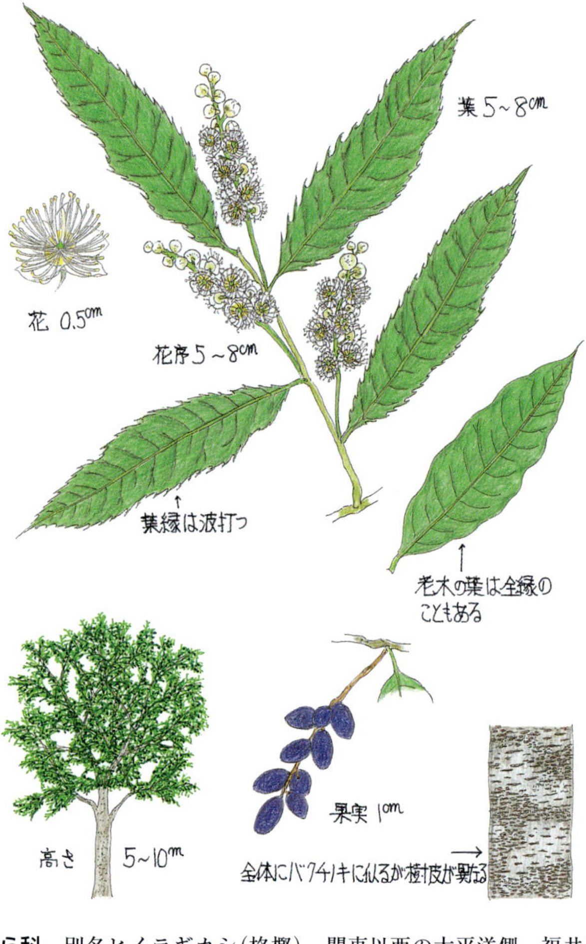

高木

白色花

葉 5〜8cm

花 0.5cm

花序 5〜8cm

葉縁は波打つ

老木の葉は全縁の
こともある

高さ　5〜10m

果実 1cm

全体にバクチノキに似るが樹皮が異なる

ばら科　別名ヒイラギカシ(柊樫)　関東以西の太平洋側、福井以西の日本海側〜沖縄に分布。花や葉は前頁のバクチノキに似ていますが樹皮は剥がれません。ホルトノキ(p. 50)と同じように4〜6月頃に古い葉は紅葉して落葉します。四国には比較的多く見られ、東から来たお遍路さんたちは珍しそうに眺めます。

187

カマツカ　鎌柄

●花期 4〜6月　●果期 10〜11月　●落葉

高木

白色花

花序4〜6cm

雄しべ20本

花 1cm

葉4〜7cm

黄葉・紅葉は美しい

高さ 5〜7m

果実 0.8〜1cm
食べられる

ばら科　別名ウシコロシ(牛殺し)　北海道〜九州に分布。各地で普通に見られます。材が硬く丈夫なので鍬や鎌の柄に使ったことが名の由来です。清楚で引き締まった感じの白い花は、名からの印象とは違和感があります。黄紅葉も綺麗です。鎌の柄として使われる以前には、花にふさわしい優しい名だったことでしょう。

ザイフリボク　采振木

●花期 4〜5月　●果期 9〜10月　●落葉

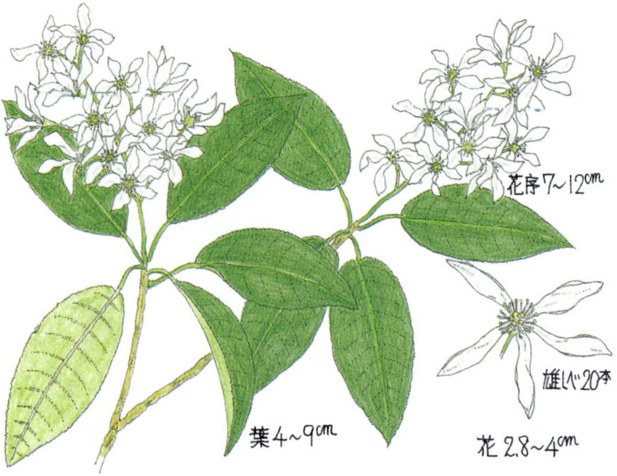

高木

白色花

花序7〜12cm

雄しべ20本

葉4〜9cm

花 2.8〜4cm

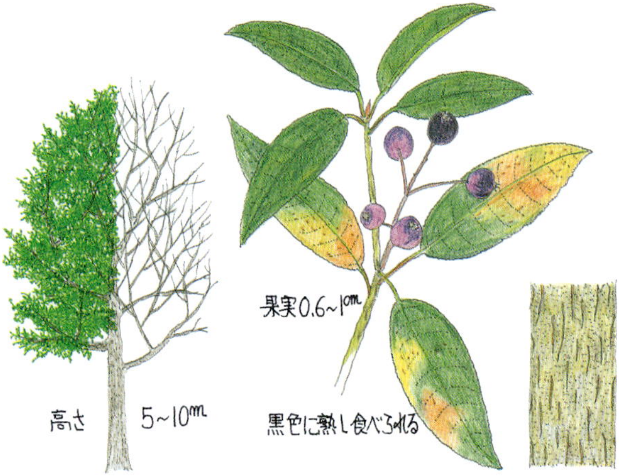

果実0.6〜1cm

黒色に熟し食べられる

高さ　5〜10m

ばら科　別名シデザクラ（四手桜）　岩手以南〜九州に分布。名は長い花弁の花序を侍大将の采配に見立てたことからで、別名シデザクラは花序が玉串につける四手（紙垂）に似ているからです。公園樹や庭木、盆栽でもよく見られます。花が気に入る人も多いですが、枯葉にも風情がありおいしい果実も魅力です。

ズミ　酸実

●花期 5〜6月　●果期 9〜10月　●落葉

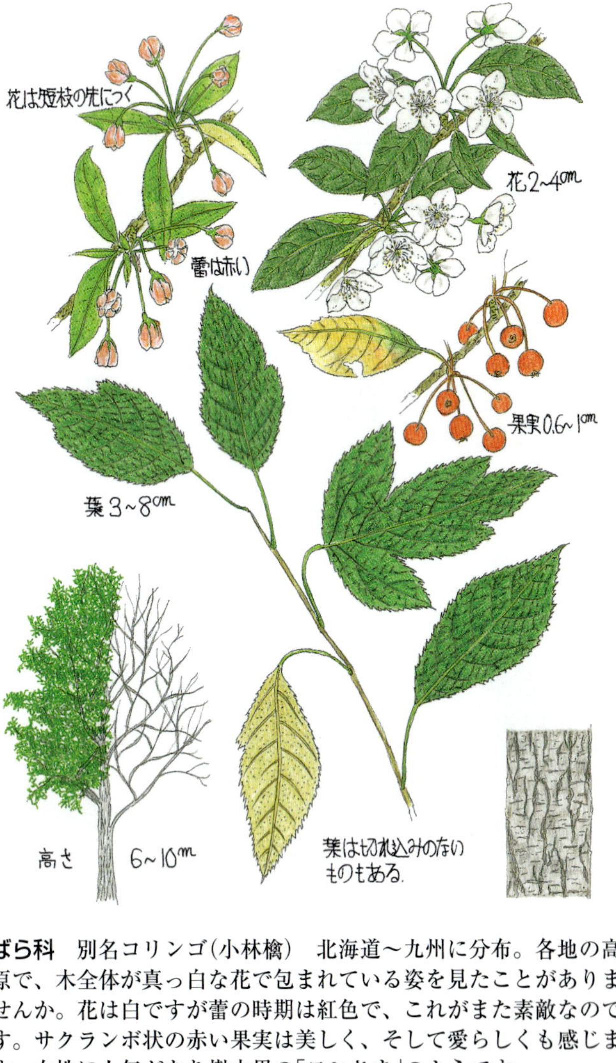

高木

白色花

花は短枝の先につく

蕾は赤い

花2〜4cm

果実0.6〜1cm

葉3〜8cm

高さ　6〜10m

葉は切れ込みのないものもある.

ばら科　別名コリンゴ（小林檎）　北海道〜九州に分布。各地の高原で、木全体が真っ白な花で包まれている姿を見たことがありませんか。花は白ですが蕾の時期は紅色で、これがまた素敵なのです。サクランボ状の赤い果実は美しく、そして愛らしくも感じます。女性に人気があり樹木界の「ヨンさま」のようです。

190

エゾノコリンゴ　蝦夷の小林檎

● 花期 5〜6月　● 果期 9〜10月　● 落葉

高木

白色花

花は短枝の先につく

花 3〜4cm

葉 4〜12cm

前頁のズミと良く似るので注意のこと

高さ 5〜10m

果実 0.8〜0.9cm

ばら科　別名ヒメリンゴ（姫林檎）・ヒロハオオズミ（広葉大酸実）
北海道〜本州中部以北に分布。花は前頁のズミよりひと回り大き
く果柄が長く、葉に切れ込みがありません。名は前頁のコリンゴ
（ズミ）によく似ていて北海道に多いことからです。南からの旅行
者には、旅の想い出に残る木になることでしょう。

191

高木

白色花

ピラカンサ

●花期 5～6月　●果期 10～1月　●常緑　（ほぼ2種とも）

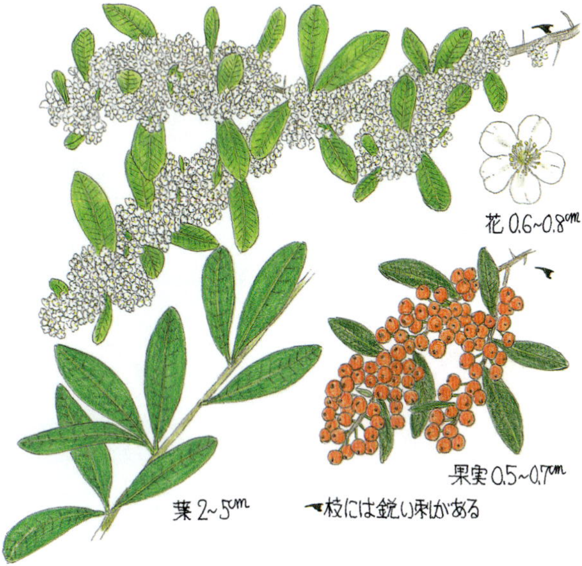

花 0.6～0.8㎝

葉 2～5㎝

果実 0.5～0.7㎝

枝には鋭い刺がある

タチバナモドキ　橘擬

高さ 2～5㎝

果実の形と色がタチバナ
(P.121)とそっくりなので
この名がある。

ばら科　塀越しのこぼれるような花と果実は、どこの街でも必ず
見かけます。紅や橙色の果実の西アジア原産のトキワサンザシ（常
磐山樝子）、ヒマラヤ原産のヒマラヤトキワサンザシ（ヒマラヤ常
磐山樝子）、中国原産で黄色の果実のタチバナモドキ（橘擬）など
を総称して、一般的には「ピラカンサ」と呼んでいます。

サンザシ　山樝子・山査子

● 花期 4〜5月　● 果期 9〜10月　● 落葉

花1.5〜2cm

果実1.5〜2cm

長枝には托葉がつく.

中裂する葉もある

托葉

宋lあり→

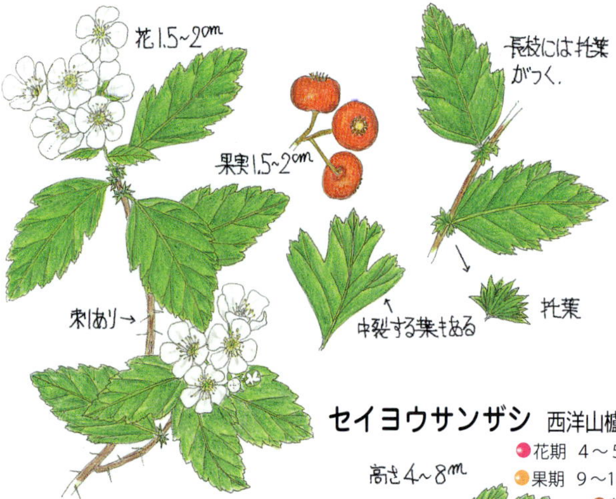

セイヨウサンザシ　西洋山樝子

● 花期 4〜5月
● 果期 9〜10月
● 落葉

高さ4〜8m

葉3〜8cm

果実1.5cm

托葉

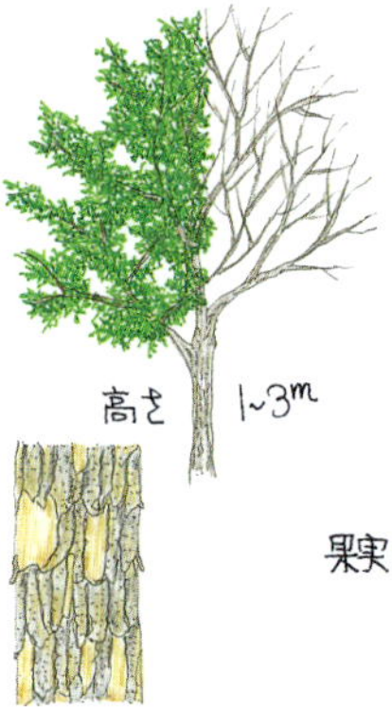

クロミサンザシ　黒実山樝子

● 花期 5〜6月
● 果期 8〜9月
● 落葉

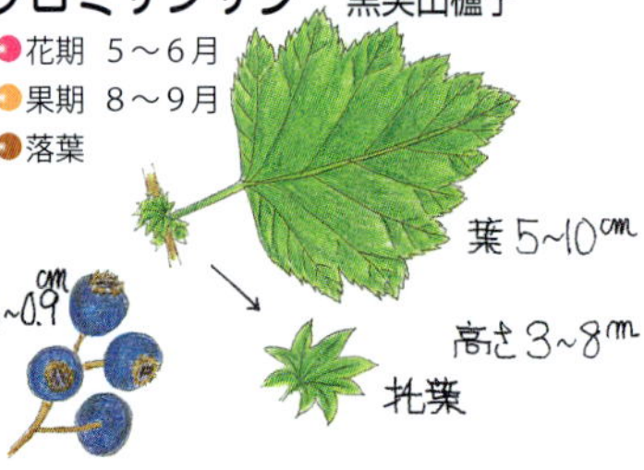

高さ 1〜3m

葉5〜10cm

高さ3〜8m

果実0.6〜0.9cm

托葉

ばら科　サンザシは中国原産で江戸時代の享保年間に渡来しました。セイヨウサンザシはヨーロッパ・西アジア原産。両者は全国で栽培可能です。果実は健胃・消化などの漢方薬として用いられます。名のとおり果実が黒く熟すクロミサンザシは別名エゾサンザシ(蝦夷山樝子)といい、北海道と長野に分布します。

高木

白色花

アカメモチ　赤芽黐

●花期 5〜6月　●果期 12月頃　●常緑

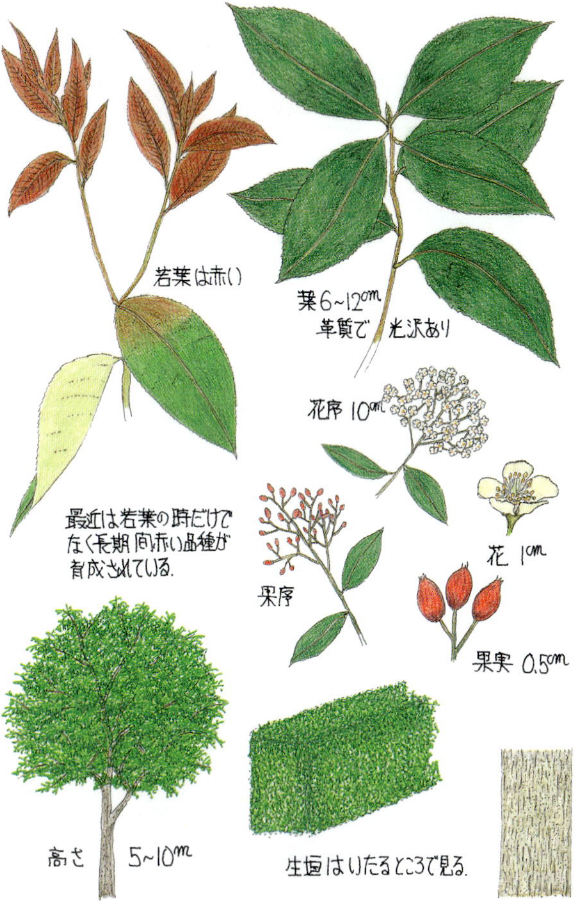

高木

白色花

若葉は赤い

葉 6〜12cm
革質で 光沢あり

花序 10cm

最近は若葉の時だけでなく長期間赤い品種が育成されている。

果序

花 1cm

果実 0.5cm

高さ 5〜10m

生垣はいたるとこ3で見る。

ばら科　別名カナメモチ（要黐）　東海以西〜九州に分布。最近の新築住宅の多くは、この生垣が使われています。特に芽の赤いレッドロビン系品種は人気の中心です。刈り込みにも強く葉も美しいのですが、伸びが速く頻繁な刈り込みが必要です。自然樹形は大きく堂々としていて、日頃見慣れた生垣とは印象が違います。

194

フジキ　藤木

● 花期　6〜7月　● 果期　9〜10月　● 落葉　（ほぼ2種とも）

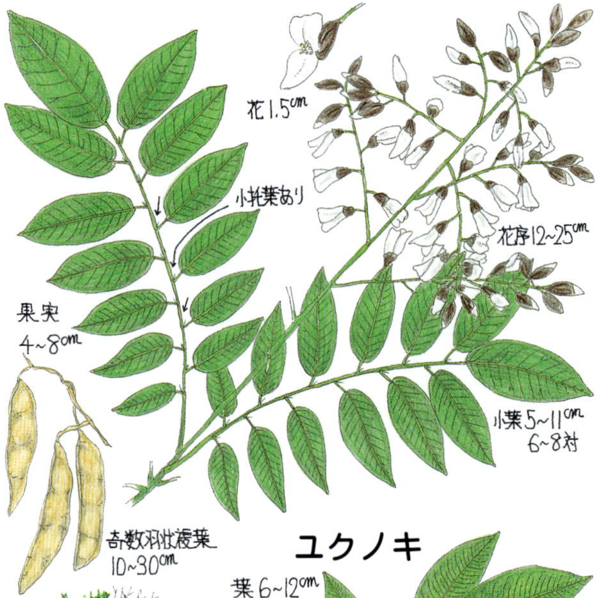

高木

白色花

花1.5cm

小托葉あり

花序12〜25cm

果実
4〜8cm

小葉5〜11cm
6〜8対

奇数羽状複葉
10〜30cm

ユクノキ

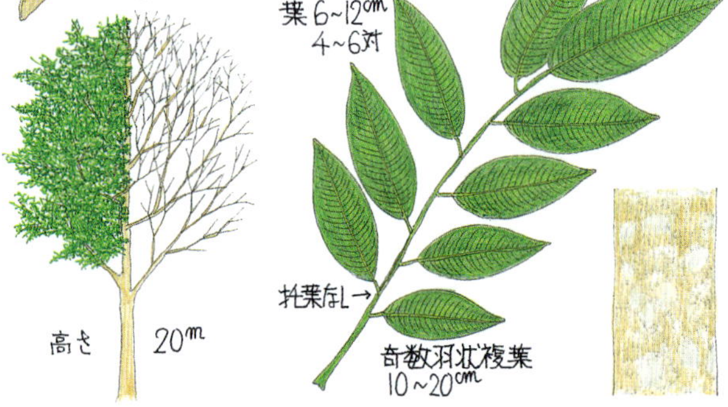

葉 6〜12cm
4〜6対

托葉なし→

奇数羽状複葉
10〜20cm

高さ　20m

まめ科　フジキ（別名ヤマエンジュ）は福島以南〜九州に、ユクノキは関東西部以西〜九州に分布。ユクノキの花期は6〜8月と長く、別名はミヤマフジキ（深山藤木）です。両者の花はよく似ています。違いはフジキの複葉は小葉数が多く、小さな托葉（たくよう）があることです。エンジュ（p. 24）とも比べてみてください。

195

高木

白色花

ナツツバキ　夏椿

●花期 6〜7月　●果期 9〜10月　●落葉

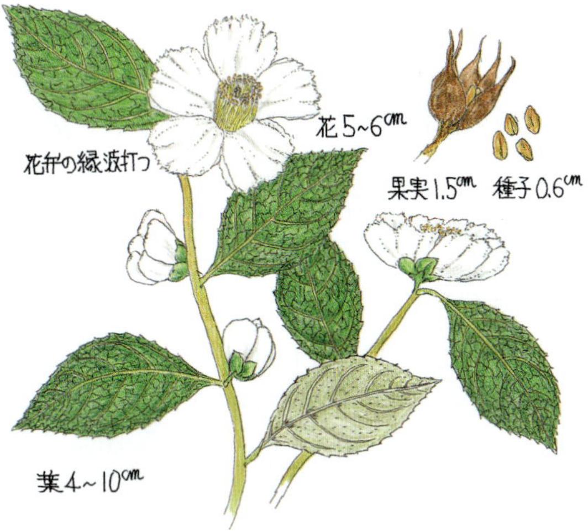

花弁の緑波打つ

花5〜6cm

果実1.5cm　種子0.6cm

葉4〜10cm

ヒメシャラ　姫沙羅

●花期 5月

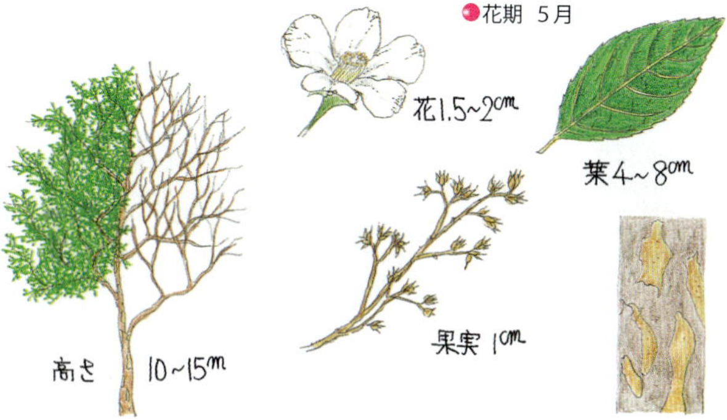

花1.5〜2cm

葉4〜8cm

果実 1cm

高さ 10〜15m

つばき科　ナツツバキの別名はシャラノキ(沙羅の木)で、福島・新潟以南〜九州に、ヒメシャラは神奈川から近畿〜九州に分布。両者とも剥げる樹皮が特徴です。寺社や庭木としてよく見かけるでしょう。両者の大きな違いは、ナツツバキの花はヒメシャラの倍ほど大きく、ヒメシャラの花は1カ月以上早い5月に咲きます。

モッコク　木斛

● 花期 6〜7月　● 果期 10〜11月　● 常緑

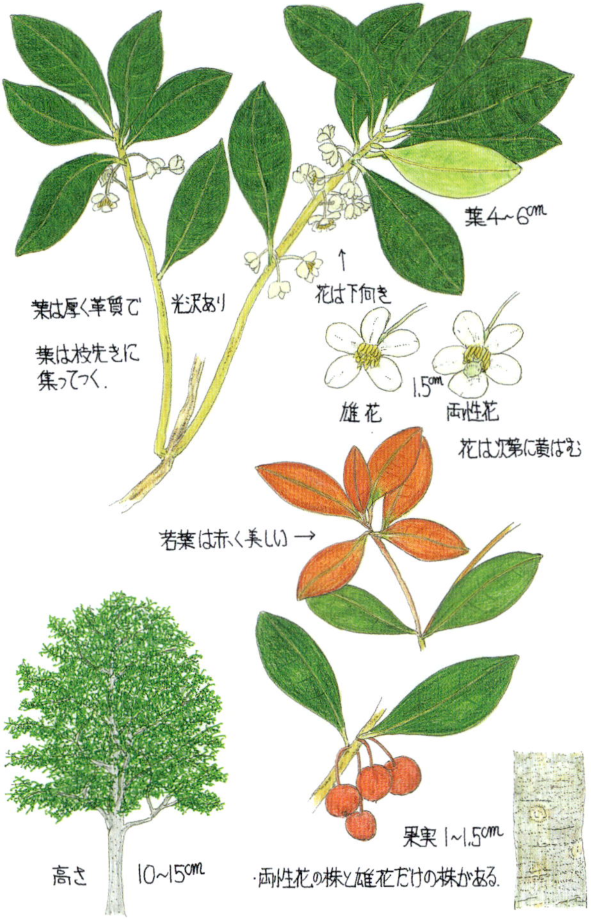

高木

白色花

葉は厚く革質で　光沢あり

葉は枝先きに集ってつく.

葉 4〜6㎝

↑
花は下向き

雄花　　両性花

1.5㎝

花は次第に黄ばむ

若葉は赤く美しい →

高さ 10〜15㎝

果実 1〜1.5㎝

・両性花の株と雄花だけの株がある.

つばき科　関東南部以西〜沖縄に分布。寺社でよく見かけます。新葉の紅葉はひときわ綺麗です。花ははじめは白色ですが次第に黄色くなります。葉が枝先に集まって付きますが、この特徴や葉の形も似ているトベラ (p. 179) やヤマモモ (p. 13) に間違われます。材は緻密で硬く沖縄の首里城の正殿に使われました。

オリーブ

● 花期 5〜7月　● 果期 10〜12月　● 常緑

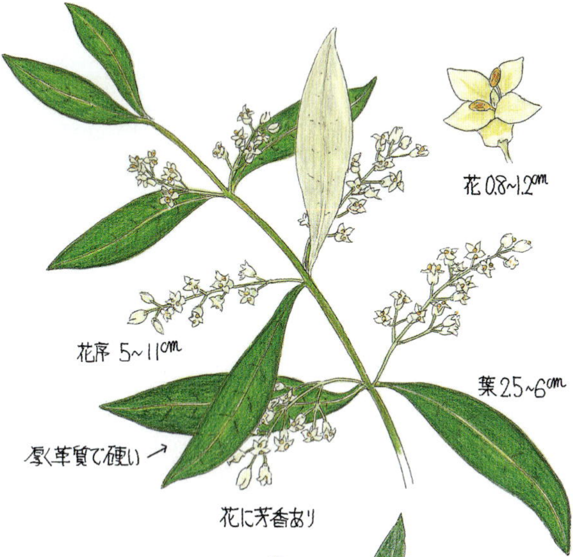

高木

黄緑色花

花 0.8〜1.2cm

花序 5〜11cm

葉 2.5〜6cm

厚く革質で硬い →

花に芳香あり

高さ　2〜7m

果実 1.2〜4cm

・多くの品種があり果実の
大きさや形は様々。
・黒紫色に熟す。

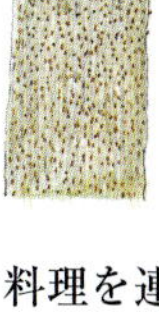

もくせい科　原産地不明。オリーブといえばイタリア料理を連想しますが、紀元前から地中海沿岸で栽培されていました。江戸時代末期に渡来し小豆島で栽培されました。東北地方南部でも庭木などとして見ることがあります。果実を見れば間違えませんが、葉の感じが似ているユーカリノキ (p. 253) と混同します。

198

キンモクセイ　金木犀

● 花期　9～10月　● 常緑　（2種とも）

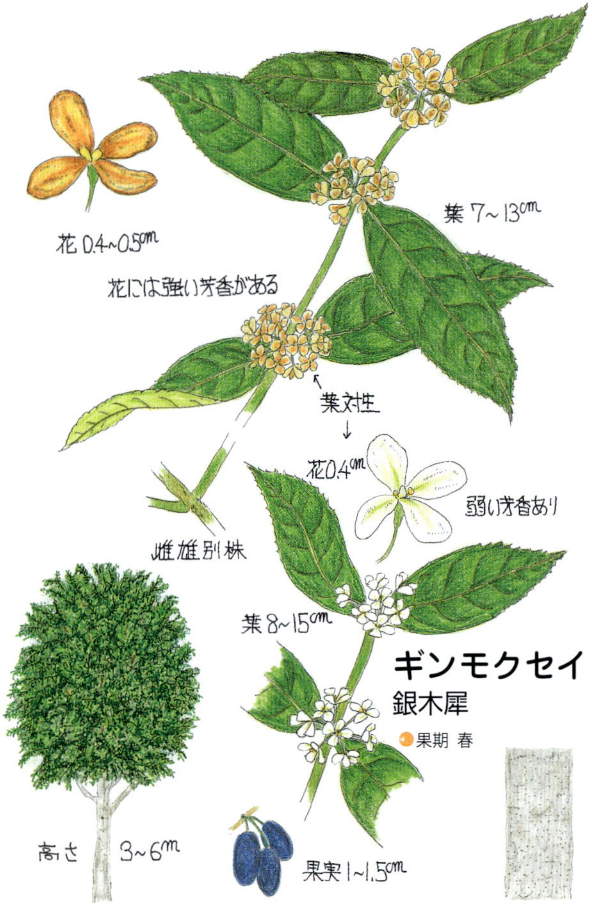

花 0.4～0.5cm

花には強い芳香がある

葉 7～13cm

葉対生

花 0.4cm

弱い芳香あり

雌雄別株

葉 8～15cm

ギンモクセイ
銀木犀

● 果期　春

高さ　3～6m

果実 1～1.5cm

もくせい科　両者とも中国原産説のほか、キンモクセイ（ギンモクセイの変種）は日本での育成説もあります。花には強い芳香があり、昔、水洗トイレが一般的ではなかった頃、庭のトイレ傍には匂い消しとしてキンモクセイが植えられました。キンモクセイは雄株のみ栽培されているため果実は見られません。

高木

黄緑色花

キササゲ　木豇豆

●花期 6〜7月　●果期 10月頃　●落葉

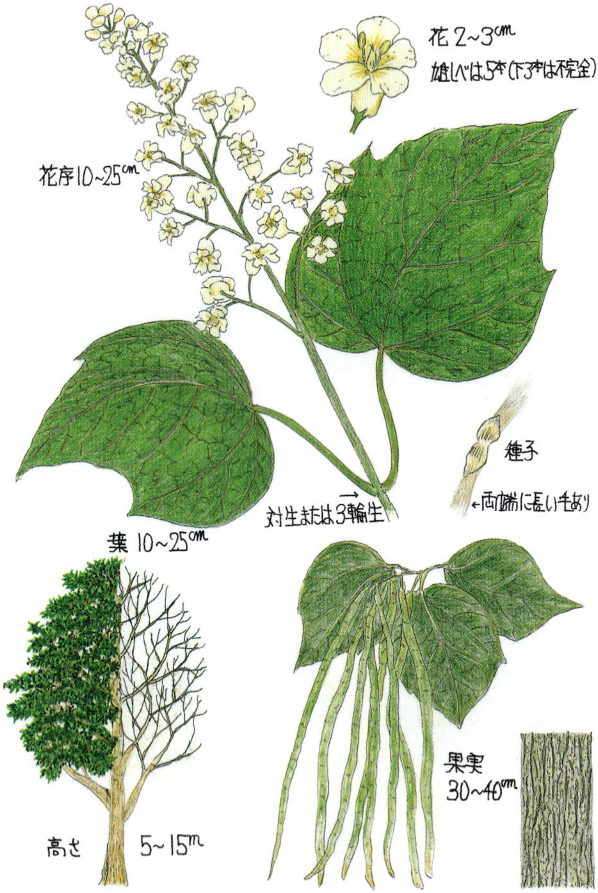

高木

黄緑色花

花 2〜3㎝
雄しべは5本(下3本は完全)

花序10〜25㎝

種子
←両端に長い毛あり

葉 10〜25㎝
対生または3輪生

高さ　5〜15ｍ

果実
30〜40㎝

のうぜんかずら科　中国原産で古い時代に渡来。名の由来は果実が野菜のササゲに似ていることからです。野菜からの名とは思えない堂々とした大きな木です。明治時代に渡来したアメリカキササゲ(北アメリカ原産)はキササゲとそっくりです。花序がひと回り大きく花は白色ですが、簡単に見分けがつきません。

200

ニワトコ　接骨木

● 花期 3〜5月　● 果期 6〜8月　● 落葉

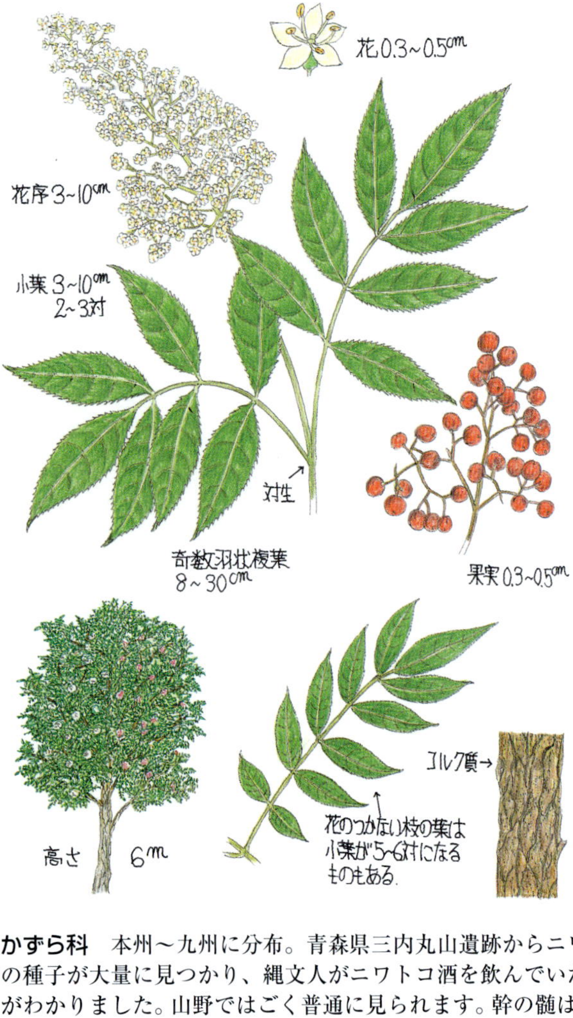

高木

黄緑色花

花 0.3〜0.5cm

花序 3〜10cm

小葉 3〜10cm
2〜3対

奇数羽状複葉
8〜30cm

対生

果実 0.3〜0.5cm

高さ　6m

コルク質→

花のつかない枝の葉は
小葉が5〜6対になる
ものもある.

すいかずら科　本州〜九州に分布。青森県三内丸山遺跡からニワトコの種子が大量に見つかり、縄文人がニワトコ酒を飲んでいたことがわかりました。山野ではごく普通に見られます。幹の髄は、これに組織をはさみ、薄い切片を作る生物の実験で使われます。本州北部と北海道にはよく似たエゾニワトコが分布します。

シナサワグルミ　支那沢胡桃

● 花期 5〜6月　● 果期 7〜8月　● 落葉　（ほぼ2種とも）

高木

黄緑色花

葉軸に翼あり

小葉4〜10cm
5〜10対

偶数羽状複葉
20〜30cm

雄花序
5〜8cm

雌花序
5〜7cm

↑
サワグルミ
10〜12cm

↑
サワグルミ
10〜12cm

奇数羽状複葉
20〜30cm

小葉5〜12cm・5〜10対

サワグルミ
沢胡桃

高さ　10〜20m

くるみ科　シナサワグルミは中国原産で明治初期に渡来。サワグ
ルミは北海道〜九州に分布。両者はよく似ていますが、シナサワ
グルミは偶数羽状複葉で葉軸に翼があります。サワグルミは奇数
羽状複葉で葉軸に翼がなく、これが見分けのポイントです。両者
とも街路樹としても使われています。

202

オニグルミ　鬼胡桃

● 花期 5〜6月　● 果期 9〜10月　● 落葉　（ほぼ3種とも）

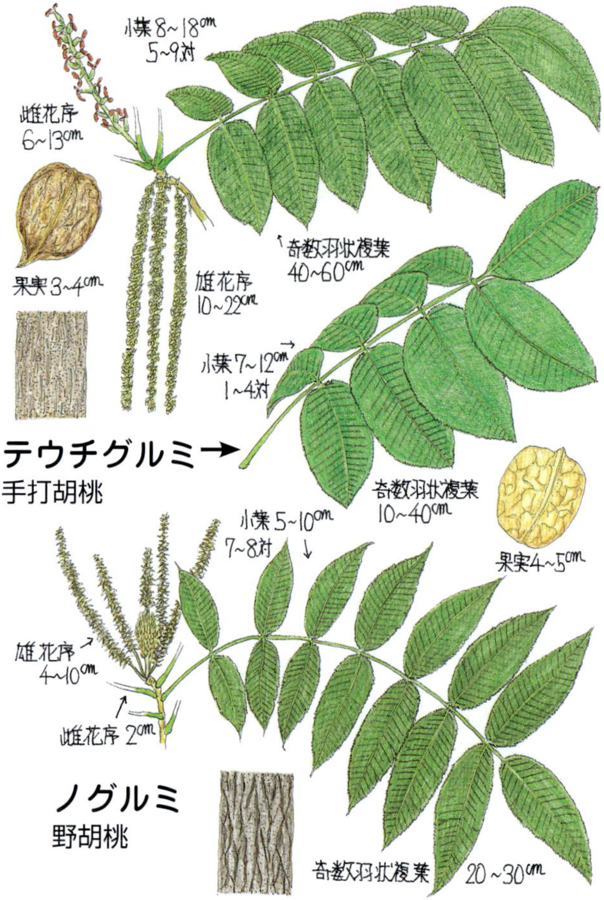

高木

黄緑色花

雌花序
6〜13cm

果実3〜4cm

小葉8〜18cm
5〜9対

雄花序
10〜22cm

奇数羽状複葉
40〜60cm

テウチグルミ →
手打胡桃

小葉7〜12cm
1〜4対

奇数羽状複葉
10〜40cm

果実4〜5cm

小葉5〜10cm
7〜8対

雄花序
4〜10cm

雌花序2cm

ノグルミ
野胡桃

奇数羽状複葉　20〜30cm

くるみ科　縄文人は在来種のオニグルミ（北海道〜九州に分布）を食べましたが、現代人は東北地方や長野県で栽培される果実の大きなテウチグルミ（ヨーロッパ・アジア西部原産）を食べています。ノグルミ（東海以西〜九州）の堅果は翼のある小さなものです。雌雄両花序は直立するので、他2者と見分けられます。

シロヤナギ　白柳

●花期 3〜4月　●果期 6月　●落葉　（ほぼ3種とも）

高木

黄緑色花

雄花

雄花序
2〜3cm

雌花序
1〜1.2cm

雌花

葉5〜11cm

葉裏 粉白色

葉4〜8cm

葉裏

コゴメヤナギ
小米柳

ヨシノヤナギ
吉野柳

雌雄別株

高さ 15〜20m

葉3〜7cm

やなぎ科　シロヤナギは北海道〜関東・北陸以北に、コゴメヤナギは東北〜近畿に、ヨシノヤナギは近畿以西〜四国に分布。野山の渓流沿いを歩くと、葉の裏が白く風に揺れるいろいろの種類のヤナギの仲間に会うことができます。日本にはヤナギの種類が多く、本書はその一部を紹介しました。

ヤナギの仲間数種

高木

黄緑色花

オノエヤナギ
尾上柳

〔分布〕北海道〜四国.
高さ 8〜15m
別名:カラフトヤナギ
　　　ナガバヤナギ

葉 10〜15cm
川辺に多い.

別名:ヤマネコヤナギ

カワヤナギ 川柳

〔分布〕北海道・本州.
高さ 3〜6m

葉 10〜15cm

葉 7〜16cm
川沿いに多く生える

バッコヤナギ

〔分布〕北海道(南西部)・本州(近畿以北)・
四国.
高さ 3〜10m

葉緑 内側に巻く

葉 10〜18cm →

エゾヤナギ
蝦夷柳

〔分布〕北海道・
本州(上高地)
高さ 10m

← 葉 8〜12cm

←細かい鋸歯

托葉

← 托葉 0.5〜0.7cm

葉裏
銀色の軟毛
高さ 3〜6m 朝鮮半島産

キヌヤナギ 絹柳

著者が若い頃チェコへ行ったとき、プラハ郊外では盛んに別荘を作っていました。別荘にはそれぞれ井戸を掘りますが、水脈探査のために皮を剥いだヤナギの若い枝を水平に持ち、水脈の上に来ると枝が震えるという方法を見ました。驚いたことに、井戸からはちゃんと水が出ました。そんな神秘的な力がヤナギにはあるようです。

205

アカメヤナギ　赤芽柳

●花期 5〜6月　●果期 6月　●落葉

高木

黄緑色花

托葉 1〜1.8cm

雄花序 7〜8cm

雌花序は 2〜4cm。
形は雄花序に似る。

葉裏 粉白色

高さ 10〜20m

雌雄別株

やなぎ科　別名マルバヤナギ（丸葉柳）　東北中部以南〜九州に分布。新芽がほのかに赤いことが名の由来です。水辺を好み、葉の色も穏やかな色合いなので、見る人の心を和ませます。葉には丸い托葉あり、何ともいえない愛らしさを感じます。花は葉が展開したあとに開花し、ヤナギのなかでは最も遅い時期の開花です。

シキミ　樒

● 花期 3〜4月　● 果期 9月　● 常緑

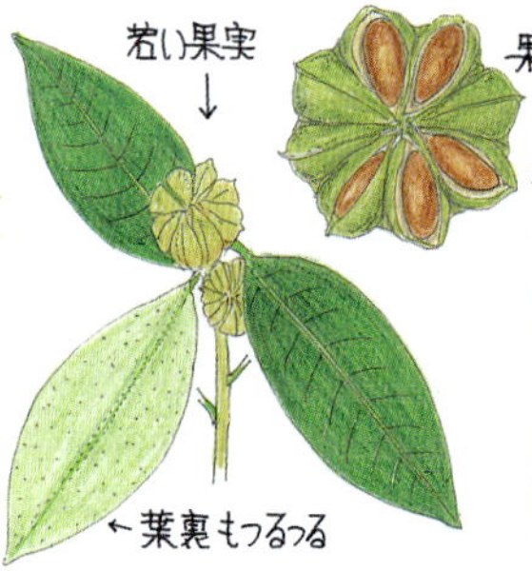

高木

黄緑色花

葉 4〜10cm

花 2〜3cm
花弁6枚,萼片6枚

葉は厚く革質で光沢あり

若い果実

果実 0.6〜0.8cm
種子8個

高さ 2〜5m

← 葉裏もつるつる

しきみ科　東北南部以南〜沖縄に分布。葉を傷つけると抹香の匂いがします。お寺やお墓に多く植えられシキミ並木の参道も見られます。全身に毒性があり、名はそのことを表す「悪しき実」に由来します。葉は光沢があり美しく、花は透明感がある淡い黄緑色で、木全体に落着いた雰囲気を感じます。

シラカバ　白樺

●花期 4月　●果期 9〜10月　●落葉

高木

黄緑色花

雌花序 2〜3cm
上向き

葉 5〜8cm

雄花序 3〜5cm
下向き

果実 3〜4cm

高さ 10〜25m

ダケカンバ
岳樺
●花期 5〜6月

白色斑状に剝げる

かばのき科　シラカバ(別名シラカンバ)は北海道〜福井・岐阜以北に、ダケカンバはこれに加えて四国にも分布し花期は5〜6月、果穂は上向きに付きます。シラカバの樹皮は白色ですが、ダケカンバは茶褐色。シラカバを高地だけの木と思っている人がいますが、東京付近の標高30〜40m地帯でも白く美しい樹皮になります。

ヤシャブシ　夜叉五倍子

● 花期 3〜4月　● 果期 10〜11月　● 落葉

高木

黄緑色花

雌花序 1㎝→

花は葉の展開前に開花

雄花序 4〜6㎝

よく似た ヒメヤシャブシ は
側脈が 20〜26対と多い.

葉 4〜10㎝

若い果実

側脈は13〜17対

高さ 8〜15m

果実 1.5〜2㎝

若い木→

老木→

かばのき科　福島〜関西と四国〜九州(屋久島まで)に分布。崖崩れなどを起こした場所に真っ先に生えます。山麓から標高1000mまで分布し、ごく普通に見られます。よく似ているヒメヤシャブシは、葉の側脈が 20 〜 26 対と多いので見分けてください。葉がひと回り大きいオオバヤシャブシもあります。

ブナ　橅

● 花期 5月　● 果期 10月頃　● 落葉

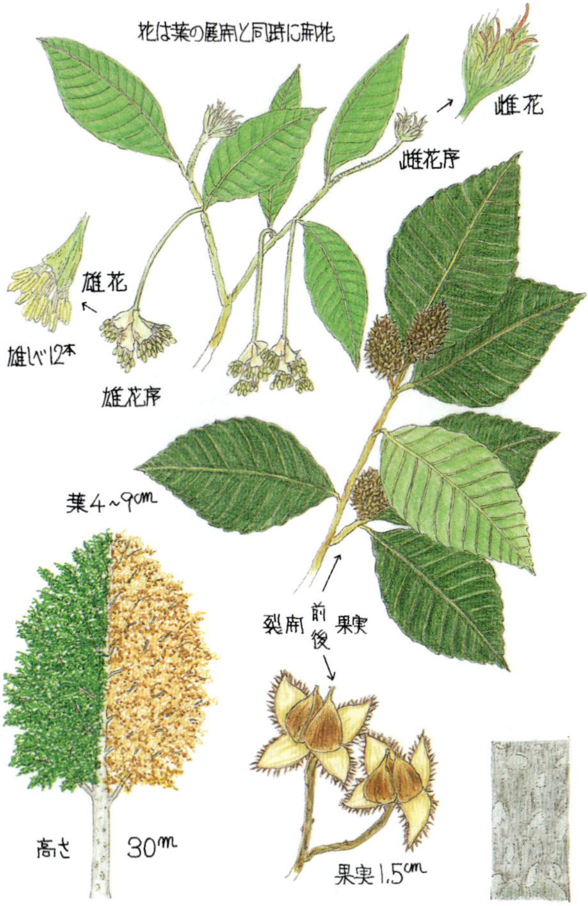

花は葉の展開と同時に開花

雌花

雌花序

雄花

雄しべ12本

雄花序

葉4～9cm

裂開前後　果実

高さ　30m

果実1.5cm

ぶな科　別名シロブナ・ホンブナ　北海道～九州に分布。各地の山で見られますが、寒い地帯では平地でも見られます。世界遺産に指定された青森・秋田の白神山地はブナ林で有名です。黄葉の頃の素晴らしさはもちろんですが、新緑の美しさもまた格別です。ブナの柔らかい新葉は山菜としておいしく食べられます。

高木

黄緑色花

イヌブナ　犬橅

● 花期 4〜5月　　● 果期 10月頃　　● 落葉

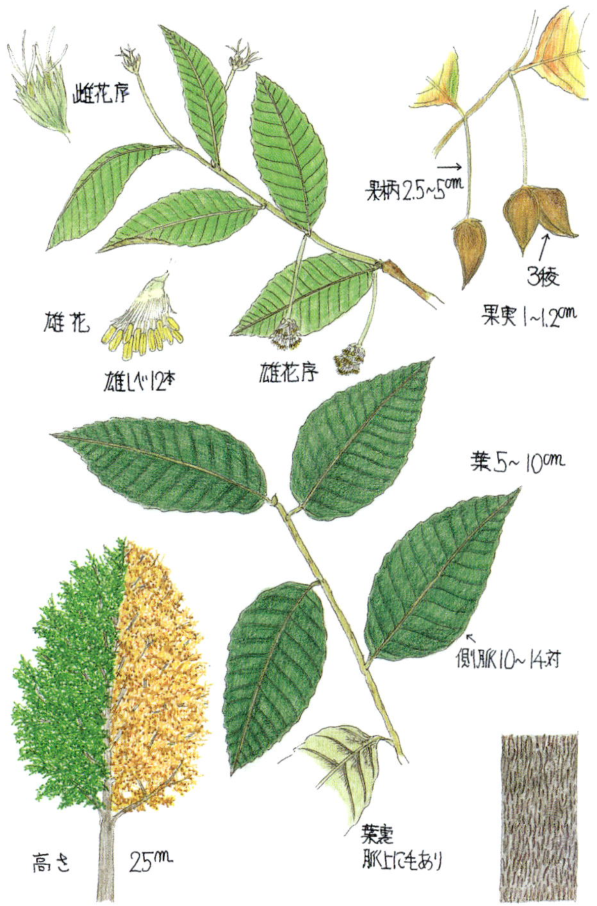

高木

黄緑色花

雌花序

雄花

雄しべ12本

雄花序

果柄2.5〜5cm

3稜

果実 1〜1.2cm

葉 5〜10cm

側脈10〜14対

高さ　25m

葉裏
脈上に毛あり

ぶな科　別名クロブナ　岩手以南〜九州に分布。前頁のブナのような純林は作らず、日本海側の積雪地帯には分布しません。葉の感じがブナに似ていますが、果実は長い果柄の先に付き、樹皮も違うので見分けられます。イヌブナは萌芽力が強く、太い幹が枯れても新しい枝が出て世代を維持します。

211

コナラ　小楢

● 花期 4〜5月　● 果期 秋　● 落葉

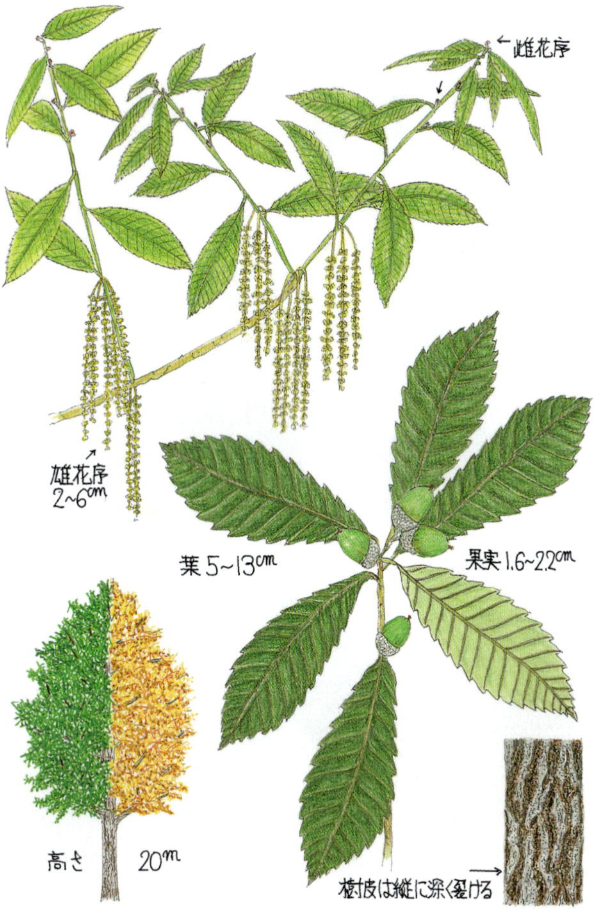

高木

黄緑色花

← 雌花序

雄花序
2〜6cm

葉 5〜13cm

果実 1.6〜2.2cm

高さ　20m

樹皮は縦に深く裂ける

ぶな科　別名ハハソ・ホウソ・ナラ　　北海道〜九州に分布。山でも雑木林でも必ず見かけます。縦に大きく裂ける樹皮が特徴です。新緑も素敵ですが黄紅葉も綺麗です。風が強くない地帯では、枯れた葉は冬になっても残ります。このコナラを確実に判別できるようになると、ほかのぶな科の木の見分けが簡単になります。

ミズナラ 水楢

●花期 5〜6月 ●果期 10〜11月 ●落葉

粗い鋸歯

果実
2〜3cm

葉 7〜15cm

葉も果実もコナラより一周り大きい.

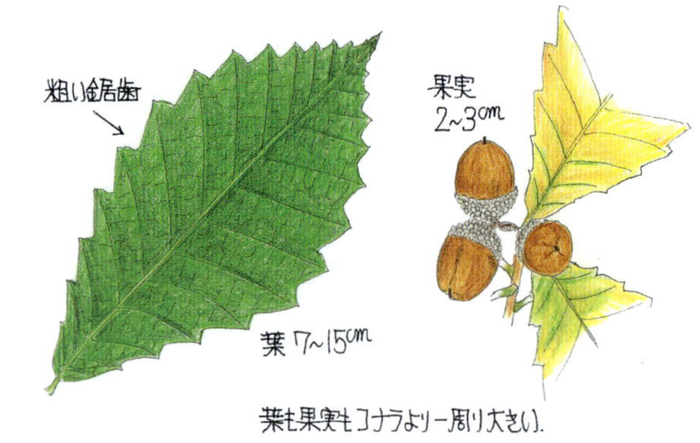

ナラガシワ 楢柏

●花期 4月 ●果期 10〜11月 ●落葉

粗い鋸歯

果実 2cm

葉 10〜30cm

← 葉は次頁のカシワに似るが,葉柄(1〜3cm)が明らかに長い.

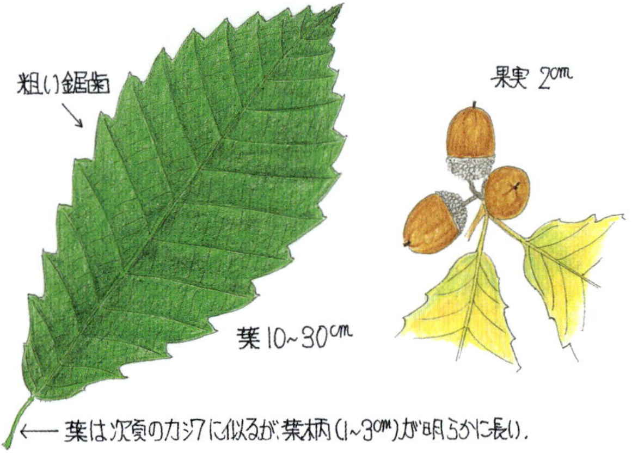

ぶな科 ミズナラはオオナラ(大楢)ともいわれ、北海道〜九州に分布。ナラガシワは逆にカシワナラ(柏楢)とも呼ばれ岩手・秋田以南〜九州に分布します。この2種と次頁のカシワの葉はよく似ていますが、ナラガシワの葉柄はミズナラ・カシワに比べ長くなります。ぶな科のドングリはリスや熊の大好物です。

高木

黄緑色花

213

カシワ　柏

●花期 5〜6月　●果期 秋　●落葉

雌花序

雌花序には雌花が5〜6個つく

雄花序10〜15cm→

雄花

花は葉の展開と同時に開花

高さ　15m

葉 12〜32cm

果実 1.5〜2cm

ぶな科　別名カシワギ（柏木）・モチガシワ（餅柏）　北海道〜九州に分布。葉を柏餅に使うので誰でもなじみがある葉です。菓子店用の名残なのか街中でもよく見かけます。前頁のナラガシワと似ていますが、カシワには葉柄がほとんどありません。ドングリと先の尖った鱗片を持つ殻斗の形は、次頁のクヌギと同じです。

高木

黄緑色花

クヌギ　椽・椚・橡

● 花期 4〜5月　● 果期 秋　● 落葉　（ほぼ2種とも）

高木

黄緑色花

雌花序

雄花序 8〜10cm

花は葉の展開と同時に開花

果実 2〜2.3cm

葉 8〜15cm

鋸歯の先は針状

アベマキの樹皮はコルク質

高さ 8〜15m

葉裏

よく似る アベマキ（橡）の葉

灰白色で星状毛が密生

葉 12〜13cm

ぶな科　岩手・山形以南〜沖縄に分布。葉の針状鋸歯が特徴です。アベマキ（山形以南〜九州に分布）も同じ針状鋸歯ですが、葉の裏に灰白色の星状毛（p. 352）が密生し、樹皮はコルク質です。クヌギもコナラと同じように雑木林の主役です。クヌギ・コナラ・カシワなどは、果実や樹皮を煮出して染料にします。

215

クリ　栗

●花期 6月　●果期 秋　●落葉

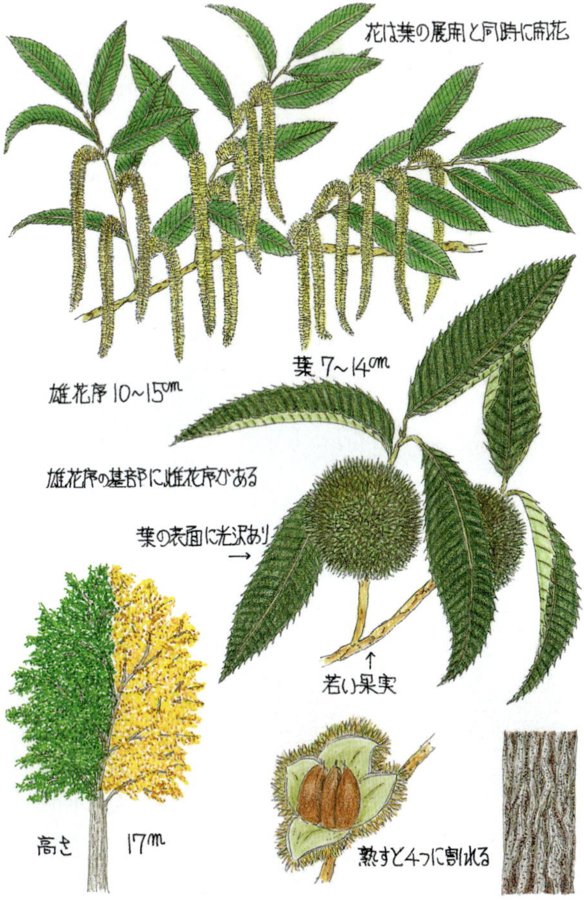

高木

黄緑色花

花は葉の展開と同時に開花

雄花序 10〜15cm

葉 7〜14cm

雄花序の基部に雌花序がある

葉の表面に光沢あり
→

若い果実

高さ　17m

熟すと4つに割れる

ぶな科　北海道石狩・日高以南〜九州に分布。縄文時代から栽培されていて、重要な食料のひとつです。青森県の三内丸山縄文遺跡の大きな建物跡の太い柱はクリ材でした。今の日本には、あのような太いクリは存在しないことでしょう。イガイガの殻斗は、熟すと4つに割れることをご存知ですか。

216

エノキ　榎

● 花期 4〜5月　● 果期 9月頃　● 落葉

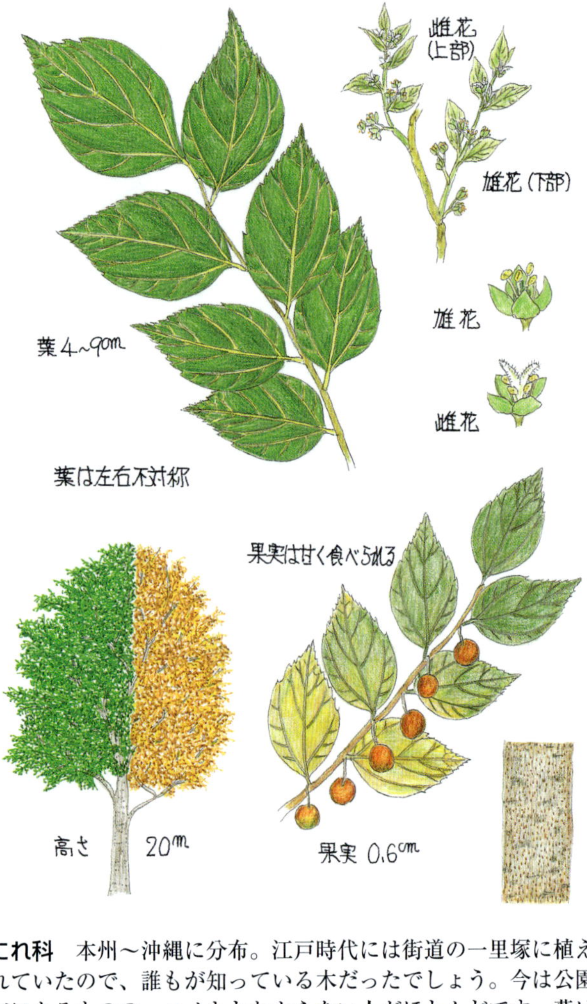

雌花
(上部)

雄花 (下部)

雄花

雌花

葉 4〜9cm

葉は左右不対称

果実は甘く食べられる

高さ　20m

果実 0.6cm

高木

黄緑色花

にれ科　本州〜沖縄に分布。江戸時代には街道の一里塚に植えられていたので、誰もが知っている木だったでしょう。今は公園などにあるものの、エノキとわからない人がほとんどです。葉はわずかに左右非対称になります。枝には小さな果実が付き、昔の子供は上まで登って食べました。干し柿のような味がしました。

217

クワ　桑

● 花期 4～5月　● 果期 6～7月　● 落葉　（2種とも）

高木

黄緑色花

雄花序
4～7cm

雌花序
0.5～1cm

雄花　3mm　雌花

葉 8～15cm　葉の形は いろいろある

果実 1.5～2cm

熟すと黒紫色

ヤマグワの雌花の花柱
は 2～2.5cmと長い.

高さ 6～15m

ヤマグワ　山桑

くわ科　ヤマグワ（別名クワ）は北海道～九州に分布。クワ（別名マグワ）は中国原産で、昔は養蚕のため各地で盛んに栽培されました。童謡「赤とんぼ」には桑の実が出てきます。今の子供たちは残念なことに、よく熟した桑の実のおいしさを知りません。ヤマグワとクワの見分けは花柱の長さの違いです。

カジノキ　梶の木・楮の木

● 花期 5〜6月　● 果期 7〜8月　● 落葉

高木

黄緑色花

高さ4〜10m

雌花序 1cm

↑雌花

雄花

雄花序→ 3〜9cm

雌雄別株

花の形はいろいろある

果実 2〜3cm

ヒメコウゾ　姫楮

● 花期 4〜5月

高さ 2〜5m

雌花序 1cm

果実 1〜1.5cm

葉 10〜20cm

葉 4〜10cm

雄花序 1〜2cm

雌雄同株

コウゾ　楮

葉 10〜20cm

くわ科　本州中部以西〜沖縄に分布。この3種は古くから和紙の原料として栽培されてきました。主に西日本で栽培されていたコウゾは、カジノキとヒメコウゾ（本州〜九州に分布）の雑種です。3種の果実は色合いが美しく、しかも美味です。つる性で、主に四国・九州に分布するツルコウゾ（蔓楮）もあります。

219

高木

黄緑色花

アブラチャン　油瀝青

●花期 3〜4月　　●果期 9〜10月　　●落葉　（2種とも）

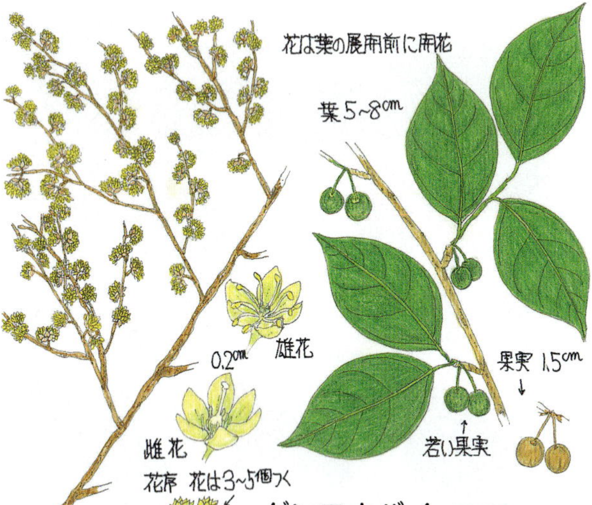

花は葉の展開前に開花

葉 5〜8cm

0.2cm　　雄花

雌花
花序　　花は3〜5個つく

果実 1.5cm

若い果実

雌雄別株
アブラチャンには柄ある　→　←ダンコウバイには柄がない

ダンコウバイ　檀香梅

葉 5〜15cm

↑
切れ込みのない葉もある

高さ　　5m

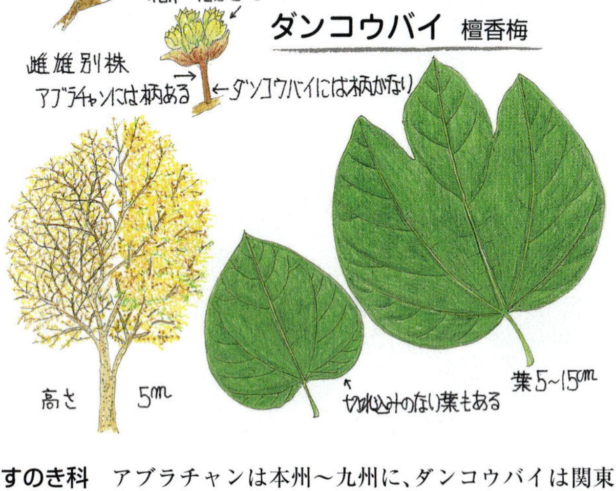

くすのき科　アブラチャンは本州〜九州に、ダンコウバイは関東・新潟以西〜九州に分布。両者とも一面の黄色い花と綺麗な黄葉が売り物です。葉や枝を折るとクスノキ（p. 46）と同じ香りがします。アブラチャンのチャンは瀝青（ピッチやタールの総称）のことで、種子や樹皮に油分が多いことからの名です。

モジ(文字)が名につく仲間(くすのき科)

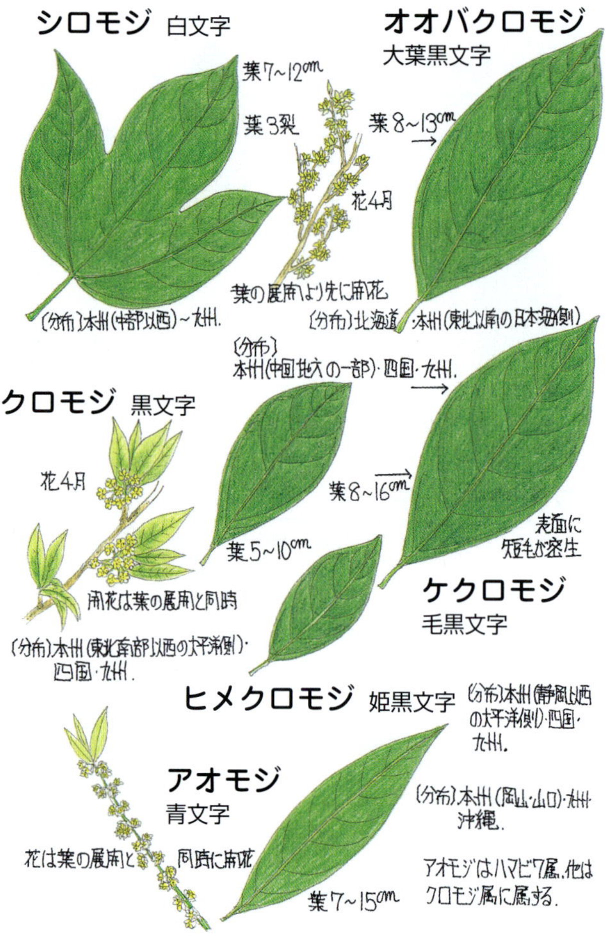

高木

黄緑色花

シロモジ 白文字

葉7~12cm
葉3裂
花4月

(分布)本州(中部以西)~九州.

オオバクロモジ 大葉黒文字

葉8~13cm →
葉の展用より先に開花

(分布)北海道・本州(東北以南の日本海側)

クロモジ 黒文字

花4月

開花は葉の展用と同時

(分布)本州(東北南部以西の太平洋側)・四国・九州.

葉5~10cm

葉8~16cm →

(分布)
本州(中国地方の一部)・四国・九州.

表面に短毛が密生

ケクロモジ 毛黒文字

(分布)本州(静岡以西の太平洋側)・四国・九州.

ヒメクロモジ 姫黒文字

(分布)本州(岡山・山口)・本州沖縄.

アオモジ 青文字

花は葉の展用と同時に開花

葉7~15cm

アオモジはハマビワ属、他はクロモジ属に属する.

クロモジの名は樹皮に見える黒い斑点を文字に見立てたことに由来します。前頁の2種やこれらの数種は、みな同じようなところに混生していますから、葉や花の特徴から見分けてください。いずれの花も、ほんのりとした温かみを感じさせ、黄葉も綺麗です。アオモジだけがハマビワ属、ほかはクロモジ属です。

221

高木

黄緑色花

ヤマコウバシ　山香ばし

● 花期　4月　● 果期　10〜11月　● 落葉

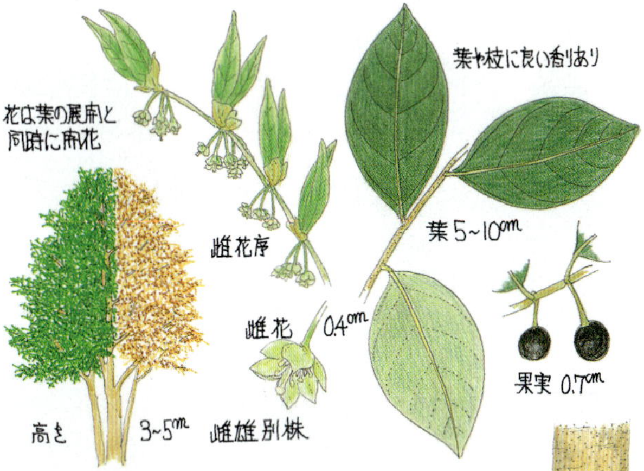

花は葉の展開と
同時に両花

雌花序

雌花　0.4cm

葉や枝に良い香りあり

葉 5〜10cm

果実 0.7cm

高さ　3〜5m　雌雄別株

カナクギノキ

● 花期　4〜5月　● 果期　9〜10月　● 落葉

葉 6〜15cm

果実 0.6〜0.7cm

高さ　6〜15m

花は葉の展開と同時に両花
雌雄別株

くすのき科　両者とも関東以西〜九州に分布。ヤマコウバシは庭
木としてもよく見かけます。枝を折ると良い香りがあり、名はこ
のことに由来します。黄葉が終わって枯れても葉は長く枝に残り
ます。カナクギノキは金釘ではなく、老木の樹皮が鹿の子模様に
なり、このカノコから転訛したからといわれます。

テンダイウヤク　天台烏薬

● 花期 4月　● 果期 10〜11月　● 常緑

高木

黄緑色花

葉 4〜8cm

葉は3行脈が目立つ

雌雄別株

葉裏は青味がある粉白色

数mm

雄花　　雌花

果実 0.7〜0.8cm

高さ　5m

くすのき科　別名ウヤク　中国原産で江戸時代に渡来し、各地で漢方薬（根が頭痛・腹痛薬）として栽培されました。見たことがない人も多いと思いますが、今でも郊外などでその生き残りらしきものに出会います。生垣や庭木としても使われました。厚く光沢がある皮質の葉が隙間なく付く姿は、独特な感じを与えます。

223

ヤブニッケイ　藪肉桂

●花期 6月　　●果期 10〜12月　　●常緑

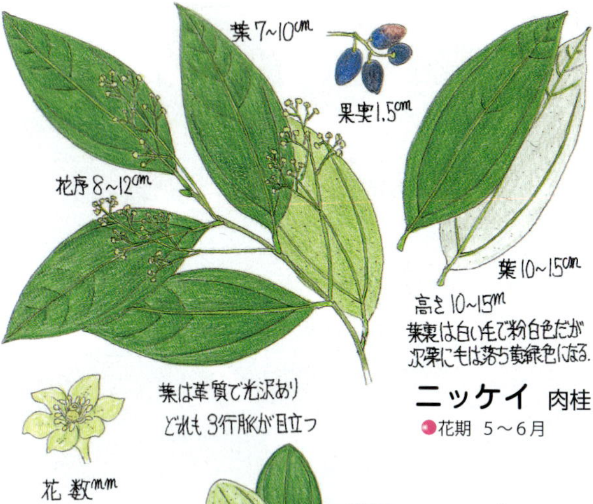

高木

黄緑色花

葉 7〜10cm

果実 1.5cm

花序 8〜12cm

葉は革質で光沢あり
どれも 3行脈が目立つ

花 数mm

葉 10〜15cm

高さ 10〜15m
葉裏は白い毛で粉白色だが
沢葉にもは落ち黄緑色になる.

ニッケイ　肉桂
●花期 5〜6月

マルバニッケイ
丸葉肉桂
●花期 6月と12月
高さ 10m

葉 2.5〜4.5cm

葉縁は内側にまるまる

シバニッケイ
●花期 5〜6月
高さ 6〜10m

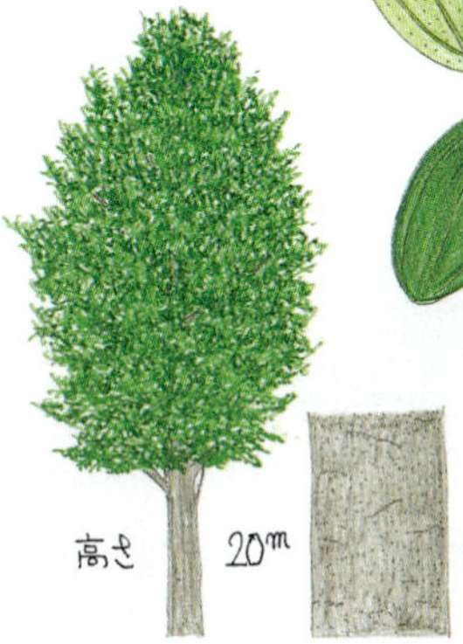

高さ　20m

本頁4種の樹皮·枝·葉には芳香あり

くすのき科　ヤブニッケイは福島以南〜沖縄に、マルバニッケイは九州〜沖縄に、ほかの2種は主に沖縄に分布します。ニッケイは根や樹皮に芳香があり、ニッケイ由来の「ニッキ飴」のようなお菓子の香料や、薬用としての利用も盛んでした。どの種類も芳香があり、いずれの葉も3行脈(p.46参照)が特徴です。

224

シロダモ

● 花期 10〜11月　● 果期 10〜11月　● 常緑

高木

黄緑色花

葉 8〜18cm
革質で光沢あり

果実 1.2〜1.5cm

裏白色

細い

太い

イヌガシの葉先

葉垂れる

数mm

雌花　雄花

雌雄別株

若葉と新梢は黄褐色の毛密生

イヌガシ　犬樫

● 花期 3〜4月

裏白色
無毛

雌花序 (雄花序も赤く同じよう)

果実 1cm

高さ　10〜15m
イヌガシは10m

くすのき科　シロダモ（別名シロタブ）は宮城・山形以南〜沖縄に
分布します。この2種と前頁の4種とはよく似ていますが、シロ
ダモの開花は秋です。イヌガシの花色は赤で果実は黒紫色。シロ
ダモの名は葉の裏が白いことに由来。本頁のイヌガシは前頁のニ
ッケイ類とシロダモとの比較のため載せました。詳細は p. 132。

タブノキ　椨の木

●花期 4～5月　●果期 7～9月　●常緑　（2種とも）

花序
8～15cm

葉は革質で光沢あり

花 0.8～1cm

果実 1cm

葉 8～15cm

新葉は赤味を帯びる

葉 8～15cm

高さ 20m

ホソバタブ 細葉椨

くすのき科　タブノキ（別名イヌグス　犬楠）は本州～沖縄に、ホ
ソバタブは関東以西～九州に分布。タブノキは常緑広葉樹として
は珍しく青森県まで見ることができ、各地に大木があります。果
柄が赤い果実は、黒紫色に熟する前に大半が落果してしまいます。
寺社や公園でよく見られますが、街路樹としても時々見かけます。

カゴノキ　鹿子の木

●花期 8〜9月　●果期 秋　●常緑

高木

黄緑色花

葉は革質で光沢あり

雄花 数mm

雌花 数mm

葉 5〜9cm

雌雄別株

果実 0.7cm

樹皮は鹿の子模様に剥れる →

高さ　20m

くすのき科　関東・福井以西〜九州に分布。樹皮が剥がれ落ち、鹿の子模様になるのが名の由来です。山林の中でも、この剥がれる樹皮が異彩を放ちすぐにわかります。一般的にはあまり知名度が高くありませんが、贅沢な作りの和風建築や保存旧家の床の間で、この鹿の子模様の床柱を見ることがあります。

ハマビワ　浜枇杷

●花期 10〜11月　●果期 初夏　●常緑

高木

黄緑色花

雄しべ9〜12本
雄花

雌花

雄花序

葉7〜15cm

葉裏

黄褐色の毛が密生

雌雄別株

葉縁はやや内側に巻き気味になる.

葉は厚く革質

果実 1.5cm

高さ 7m

くすのき科　別名イソビワ（磯枇杷）　島根・山口、四国〜沖縄に分布。葉が茂ると暑苦しく、全体を重く感じてしまう木です。熟した黒紫色の果実は綺麗です。葉がビワに似て、海岸地帯に多いことが名の由来。公園樹や庭木でも見かけますが、西日本の海岸地帯では防風・防潮・防砂林として活躍しています。

キブシ　木五倍子

● 花期 3〜4月　● 果期 7〜10月　● 落葉

高木

黄緑色花

雄花
0.6〜0.9cm

雌花

雌雄別株

雄花序4〜10cm

雌花序は3〜6cm

葉 6〜12cm

葉柄 1〜3cm

果実 0.7〜1.2cm

高さ　2〜4m

美しい黄紅葉

きぶし科　別名マメブシ（豆五倍子）　北海道南西部〜九州に分布。連なって下がる花はよく目立ち、山でも探すのにそれほど苦労はいりません。秋の果実も愛嬌を感じます。黄紅葉も美しいので庭木としても植えられます。昔は果実に含まれるタンニンをお歯黒（既婚女性が歯を黒くする風習）に用いました。

ヤマグルマ　山車

● 花期 5〜6月　● 果期 10月頃　● 常緑

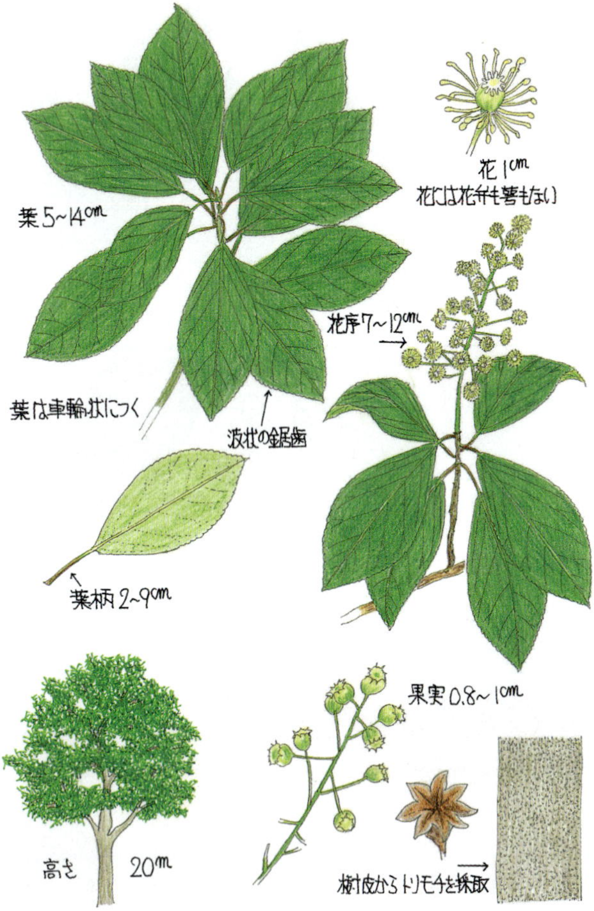

高木

黄緑色花

葉 5〜14cm

花 1cm
花には花弁も萼もない

花序 7〜12cm →

葉は車輪状につく

波状の鋸歯

葉柄 2〜9cm

高さ　20m

果実 0.8〜1cm

樹皮からトリモチを採取 →

やまぐるま科　別名トリモチノキ（鳥黐木）　山形以南〜沖縄に分布。葉が車輪状につくのが名の由来ですが、実物を見れば納得できます。開花期と同じ頃に古い葉は紅葉して次々に落葉します。少し専門的ですが、ヤマグルマは水を運ぶための導管を持たない日本で唯一の広葉樹です。

ヤマモガシ　山茂樫

● 花期 7〜9月　● 果期 10〜11月　● 常緑

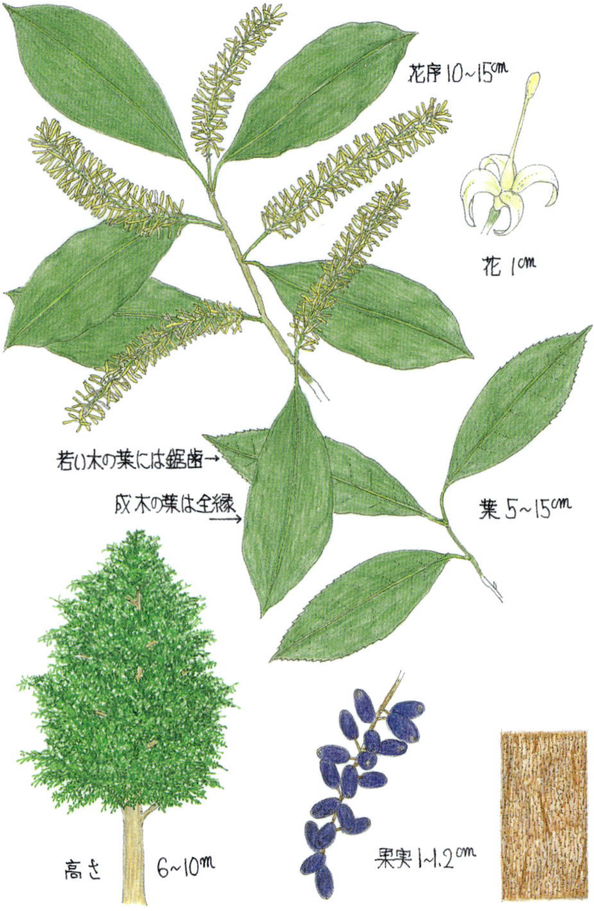

高木

黄緑色花

花序 10〜15㎝

花 1㎝

若い木の葉には鋸歯→

成木の葉は全縁→

葉 5〜15㎝

高さ　6〜10ｍ

果実 1〜1.2㎝

やまもがし科　東海以西〜沖縄に分布。葉腋から出る花序は試験管用の洗浄ブラシに似ていて面白いのですが、一つひとつの花は可愛い形をしています。ヤマモガシのモガシとはホルトノキ（p.50）の別名で、黒く熟した果実が似ていて山に生えることに由来します。果実は紫黒色に美しく熟します。

231

アカメガシワ　赤芽柏

●花期 6〜7月　●果期 9〜10月　●落葉

高木

黄緑色花

雄花序
7〜20cm

雄花

雌花序
7〜14cm

雌花

葉7〜20cm

雌雄別株

葉縁は波打つ

星状毛が密生する

果実 0.8cm

高さ　15m

新葉は赤く美しい

とうだいぐさ科　別名ゴサイバ(五菜葉)・サイモリバ(菜盛葉)
本州〜沖縄に分布。新芽新葉が赤く目立ち、街の中でもよく見か
けます。カシワ(p. 214)やイイギリ(p. 256)と同じように、葉に
食物を乗せたことが別名の由来です。同じように葉が赤くなるオ
オバベニガシワ(p. 301)とよく間違われます。

232

アカギ 赤木

● 花期 2～3月　● 果期 11～12月　● 半常緑

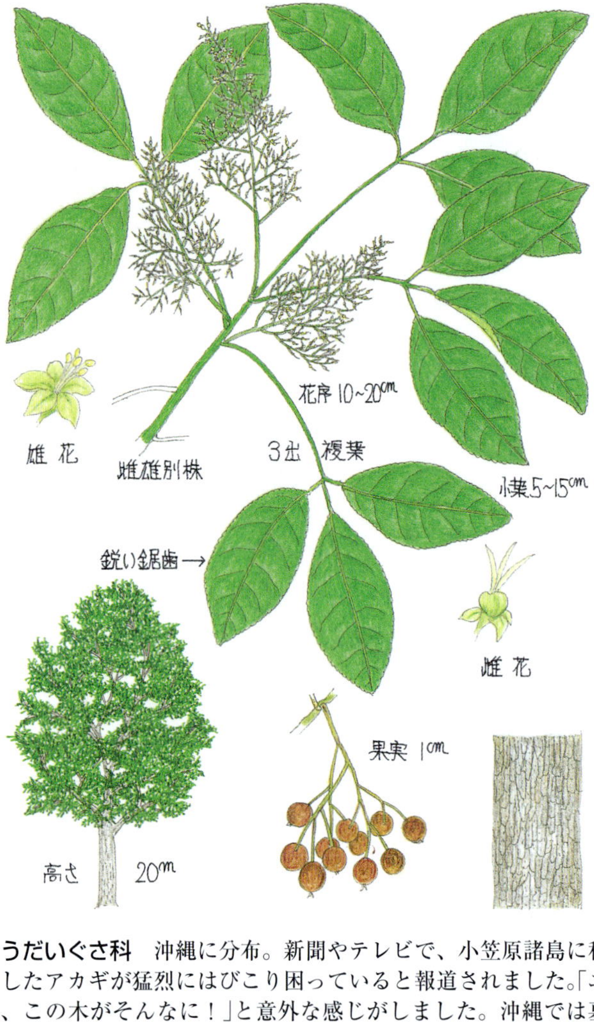

高木

黄緑色花

雄花

雌雄別株

花序 10～20㎝

3出複葉

小葉 5～15㎝

鋭い鋸歯 →

雌花

高さ 20m

果実 1㎝

とうだいぐさ科　沖縄に分布。新聞やテレビで、小笠原諸島に移植したアカギが猛烈にはびこり困っていると報道されました。「エッ、この木がそんなに！」と意外な感じがしました。沖縄では墓地に植えられ、街路樹としても普通に利用されています。四国・九州でも、公園などで時々見かけることがあります。

233

キハダ　黄膚・黄蘗

● 花期 5〜7月　● 果期 9〜10月　● 落葉

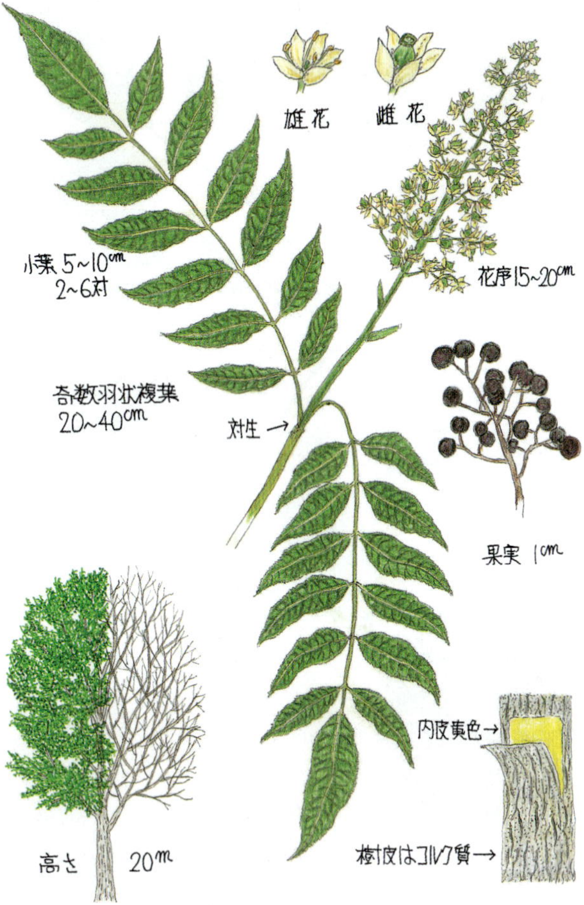

高木

黄緑色花

雄花

雌花

小葉 5〜10cm
2〜6対

花序 15〜20cm

奇数羽状複葉
20〜40cm

対生 →

果実 1cm

内皮黄色 →

高さ 20m

樹皮はコルク質 →

みかん科　北海道〜九州に分布。樹皮を剥ぐと鮮やかな黄色い内皮が出てきます。絶対に興味本位で剥がないでください。この内皮を乾燥させたものは黄蘗（オウバク）と称され、胃腸薬として珍重されてきました。魚にも肌や鰭が黄色いキハダ（マグロ）がいますが、時にこのキハダと間違える慌て者がいて笑いを誘います。

カラスザンショウ　烏山椒

● 花期 7〜8月　● 果期 11〜1月　● 落葉

雌花序 13〜20cm

雄花

0.5〜0.9cm

雌花

互生
刺あり→

奇数羽状複葉
30〜80cm

小葉 7〜15cm
7〜15対

種子 0.3〜0.4cm
←3つに裂開

高さ　15m

刺の基部の突起物が目立つ

高木

黄緑色花

みかん科　本州〜九州に分布。枝を横に大きく広げた姿は山でもよく目立ちます。チョウの幼虫の食草レストランとしてよく知られ、お客様はアゲハの仲間のクロアゲハ・モンキアゲハ・カラスアゲハなどです。一方エノキ(p. 217)食堂はタテハの仲間のオオムラサキ・ゴマダラチョウ・シータテハなどが常連客です。

235

サイカチ　皂莢・西海子

●花期 5〜6月　●果期 10〜11月　●落葉

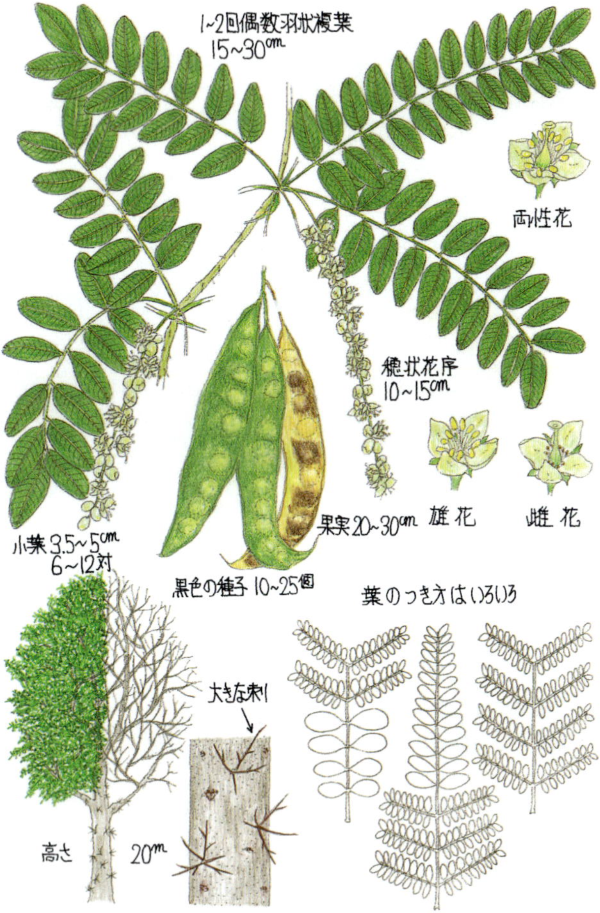

高木

黄緑色花

1〜2回偶数羽状複葉
15〜30cm

両性花

穂状花序
10〜15cm

果実20〜30cm　雄花　雌花

小葉3.5〜5cm
6〜12対

黒色の種子 10〜25個

葉のつき方はいろいろ

高さ 20m

大きな刺

まめ科　本州〜九州に分布。樹姿は威圧感あふれる木です。幹には大きな刺があり、大型の葉は細かい偶数羽状複葉で、秋に強くねじれる豆果にも迫力があります。河原で多く見ますが寺社でもよく見かけます。葉の付き方を参考に示しました。果実にはサポニンが多く薬用や洗濯用に、刺も利尿や解毒剤として利用します。

ニガキ　苦木

●花期　4〜5月　　●果期　9月　　●落葉

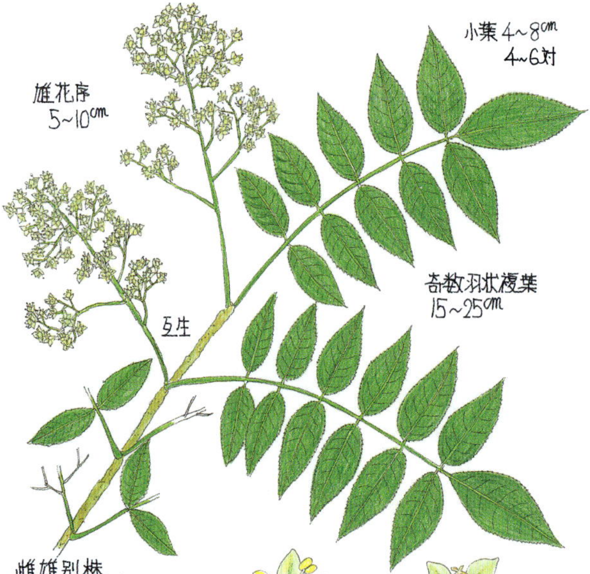

高木

黄緑色花

小葉 4〜8㎝
4〜6対

雄花序
5〜10㎝

互生

奇数羽状複葉
15〜25㎝

雌雄別株

0.5〜0.7㎝
花弁は4〜5枚

雄花　　　　雌花

高さ　15m

果実 0.6㎝

にがき科　北海道〜沖縄に分布。葉は奇数羽状複葉で互生です。感じが似ているキハダ(p. 234)は対生ですから注意してください。花は地味で目立ちませんが、濃緑色に熟する果実は綺麗です。全身に苦味があるのでニガキの名があり、漢方では胃腸薬の重要な原料です。有名な「太田胃散」にも使われています。

237

ムクロジ　無患子

● 花期　6月　● 果期　10〜11月　● 落葉

高木

黄緑色花

雌花
0.4〜0.5cm

花序20〜30cm

雄花と雌花が混在する

雄花
0.4〜0.5cm

小葉7〜15cm
4〜6対

互生

偶数羽状複葉
30〜70cm

果実2〜3cm

種子1cm

高さ　15m

むくろじ科　本州中部以西〜沖縄・小笠原に分布。果皮にはサポニンを含み、昔は洗濯や洗髪に利用しました。丸く硬い果実は、お正月の羽根突きの珠や数珠にも使われました。大きな偶数羽状複葉は大形の鳥の翼のようで風格があります。秋には品が良く美しい黄葉が見られます。寺社に多く植えられる木です。

モクゲンジ　木櫖子

● 花期 7〜8月　● 果期 10月頃　● 落葉

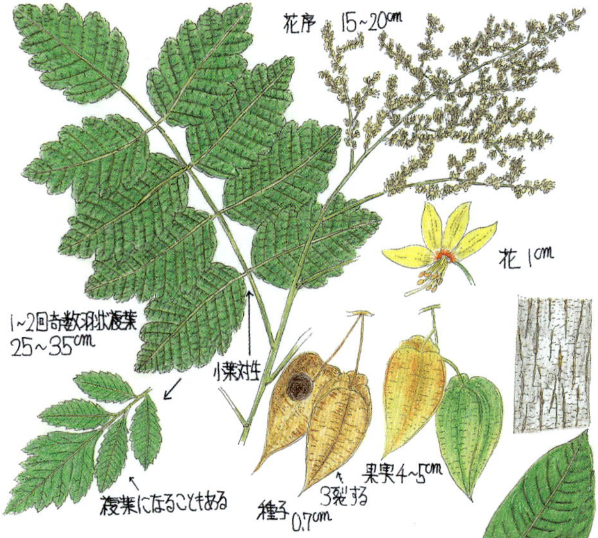

花序 15〜20cm

花 1cm

1〜2回奇数羽状複葉
25〜35cm

小葉対生

複葉になることもある

果実 4〜5cm

3裂する

種子 0.7cm

奇数羽状複葉
50〜60cm

小葉 4〜10cm

小葉も互生

高さ 10m
オオモクゲンジ 15〜20cm

オオモクゲンジ　大木櫖子

● 花期 9月　● 果期 10〜11月　● 落葉

むくろじ科　本州の日本海側と長野・宮城に分布。袋状の果実が面白く、熟して袋が3つに烈開すると中に種子が見えます。オオモクゲンジは中国原産です。中国へ教師として赴任した友人から、「校内にある袋状の果実を付ける木は何か？」と質問がきました。日本では珍しいですが、中国では街路樹として一般的です。

高木

黄緑色花

ヤマウルシ　山漆

●花期 5〜6月　●果期 9〜10月　●落葉

高木

黄緑色花

小葉 4〜15cm
4〜8対

雄花
数mm
雌花

雌雄別株

花序 15〜30cm

奇数羽状複葉
20〜40cm

果実 0.5〜0.6cm

高さ　3〜8m

←刺あり

うるし科　北海道〜九州に分布。漆器などに使う漆は中国原産の
ウルシを栽培して採ります。ウルシの名は、「ぬるしる（塗る汁・
潤る液）」からの転訛といわれています。ウルシの樹液に触れると
かぶれますが、敏感な人は木の下を通っただけでもかぶれます。
特に若葉の時期は気をつけてください。紅葉は素晴らしいです。

240

イヌツゲ　犬黄楊

●花期 6〜7月　●果期 10〜11月　●常緑

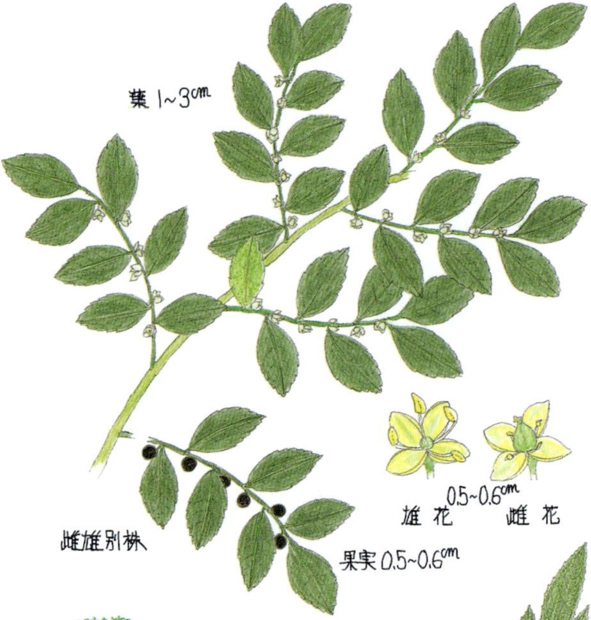

高木

黄緑色花

葉 1〜3cm

雌雄別株

雄花　雌花
0.5〜0.6cm

果実 0.5〜0.6cm

ツルツゲ　蔓黄楊

葉脈がしわのよう
に見える

葉 2〜4cm

高さ 2〜6m

常緑つる性
20〜50cm

もちのき科 本州〜九州に分布。庭木として普通に見られ、枝を丸く刈り込んだ姿は日本庭園によく合います。イヌツゲには葉の大きさの異なるたくさんの変種があります。名はツゲ(p. 251)に似ていて材が劣ることをイヌと表現したことからです。つる性のツルツゲは本州中部以北に分布しグランドカバーとして見かけます。

241

アメリカヒイラギ　アメリカ柊

● 花期 5〜6月　● 果期 10〜11月　● 常緑　（2種とも）

高木

黄緑色花

果実 0.8cm

老木の葉には鋸歯（刺）がない.

葉 5〜10cm

葉は革質で光沢あり

雄花
0.6〜0.7cm

雌花

雌雄別株

セイヨウヒイラギ　西洋柊

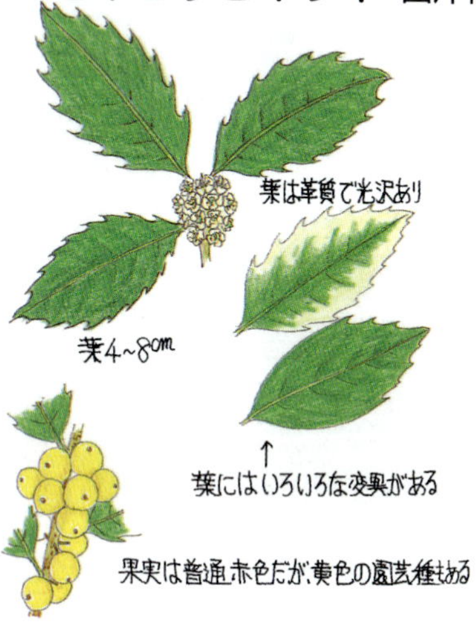

葉は革質で光沢あり

葉 4〜8cm

↑
葉にはいろいろな変異がある

高さ 5〜15m

果実は普通赤色だが、黄色の園芸種もある

もちのき科　アメリカヒイラギは米国東部原産。セイヨウヒイラギ（別名ヒイラギモチ　柊樹）はヨーロッパ中西部・西アジア・北アフリカに分布し、両者はよく似ています。日本のヒイラギ（p.169）はもくせい科で葉は対生に付き「鬼除け」ですが、この2種は互生で、「魔除け」です。付き方も役割も違います。

242

タラヨウ　多羅葉

●花期 5〜6月　●果期 11月頃　●常緑

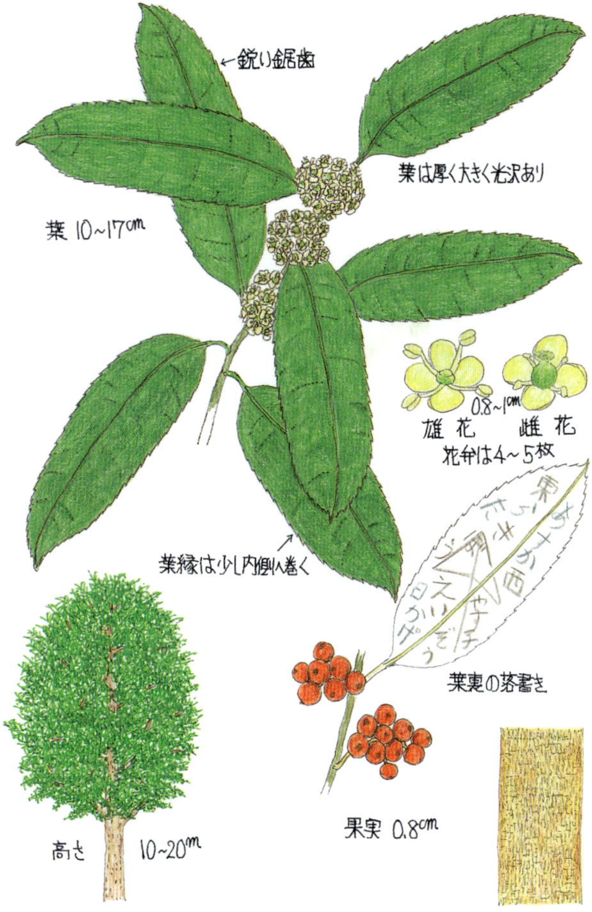

鋭い鋸歯

葉は厚く大きく光沢あり

葉 10〜17cm

雄花　雌花
0.8〜1cm
花弁は4〜5枚

葉縁は少し内側へ巻く

葉裏の落書き

高さ 10〜20m

果実 0.8cm

高木

黄緑色花

もちのき科　静岡以西〜九州に分布。寺社でよく見かけます。葉の裏を尖ったもので掻くと黒や茶色の字が書け、植物園や公園のこの葉の裏にはイタズラ書きがいっぱいです。インドの経文を葉裏に書く多羅葉の木を真似て名をつけました。切手を貼れば葉書になりますから、ハガキノキとも呼ばれます。

243

マサキ　柾・正木

● 花期 6〜7月　● 果期 11〜1月　● 常緑

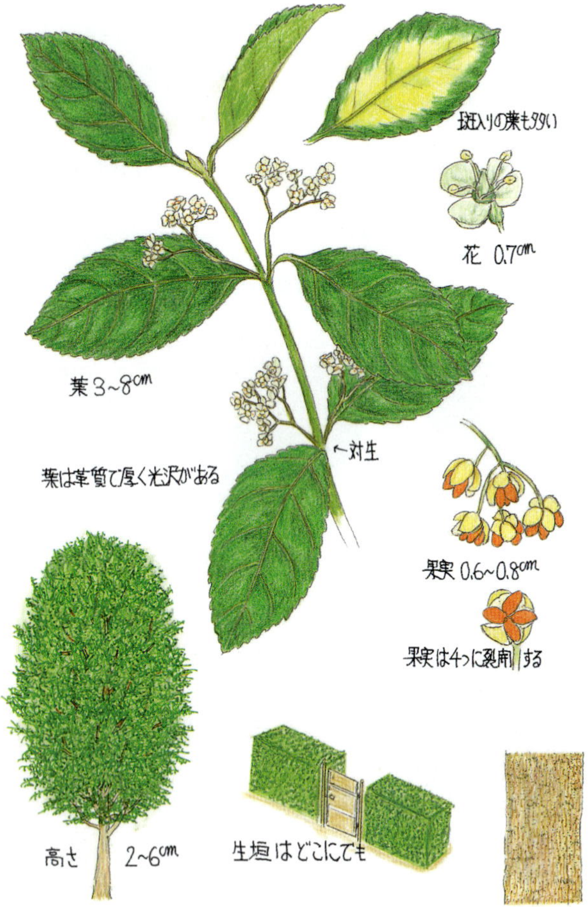

高木

黄緑色花

斑入りの葉も多い

花　0.7cm

葉 3〜8cm

葉は革質で厚く光沢がある

←対生

果実 0.6〜0.8cm

果実は4つに裂開する

高さ　2〜6cm

生垣はどこにでも

にしきぎ科　北海道南部〜沖縄に分布。以前は生垣としてよく見かけましたが、最近は少なくなりました。葉につやがあり美しく、冬には熟した果実が4つに割れ赤橙色の種子が覗きます。昔の子供たちは、柔らかい葉を丁寧に丸め、片端を潰して、笛のように「ピーピー」と鳴らして遊びました。誰にでもできた遊びです。

ゴンズイ　権萃

● 花期　5〜6月　● 果期　9〜10月　● 落葉

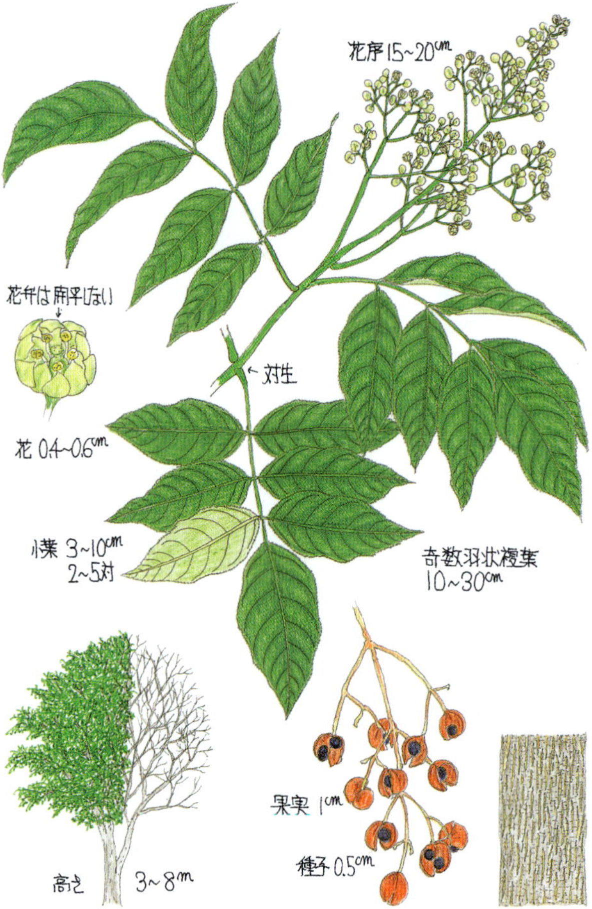

高木

黄緑色花

花序 15〜20cm

花弁は展平しない

花 0.4〜0.6cm

← 対生

小葉 3〜10cm
2〜5対

奇数羽状複葉
10〜30cm

高さ　3〜8m

果実 1cm

種子 0.5cm

みつばうつぎ科　別名ゴゼノキ　関東以西〜九州に分布。春先に枝や幹を切ると樹液がダラダラと出ます。このことから、ションベンノキと呼ぶ人もいました。名はゴンズイという名の海水魚と何か関係があるかも知れません。花は目立ちませんが、赤い果実が裂開すると黒い種子が見え、やや毒々しく感じます。

ヒサカキ　姫榊

● 花期 3〜4月　● 果期 10〜11月　● 常緑

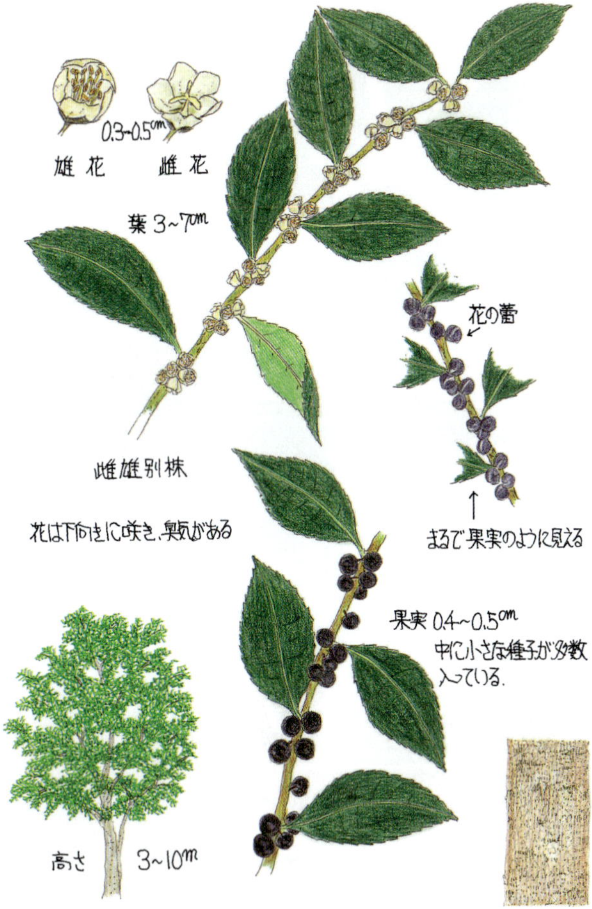

高木

黄緑色花

0.3〜0.5cm

雄花　　雌花

葉 3〜7cm

雌雄別株

花は下向きに咲き、果柄がある

花の蕾

まるで果実のように見える

果実 0.4〜0.5cm
中に小さな種子が多数
入っている.

高さ　3〜10m

つばき科　青森以南〜九州に分布。生垣としてもよく見かけます。関東では神事で使うサカキ(p. 248)の代用として使われ、葉がより小さい品種も栽培されています。白い花が咲く前、花を包む萼片が暗紫色なので、果実と勘違いしてしまいます。下向きに並んで咲く花は、葉の陰になり目立ちませんが愛嬌があります。

ハマヒサカキ　浜姫榊

● 花期 11〜12月　● 果期 11〜12月　● 常緑

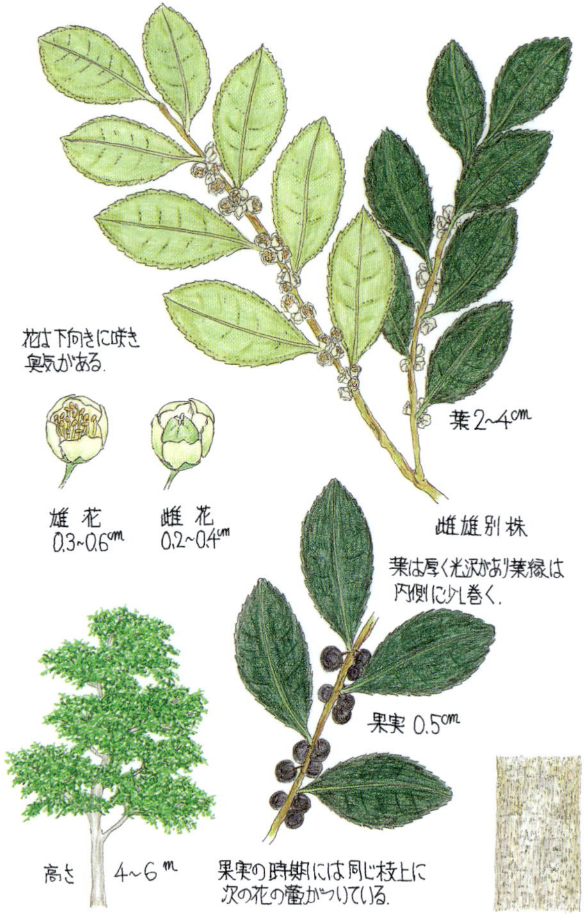

高木

黄緑色花

花は下向きに咲き
臭気がある.

雄花
0.3〜0.6㎝

雌花
0.2〜0.4㎝

葉 2〜4㎝

雌雄別株

葉は厚く光沢があり葉縁は
内側に少し巻く.

果実 0.5㎝

高さ　4〜6ｍ

果実の時期には同じ枝上に
次の花の蕾がついている.

つばき科　千葉以西〜沖縄に分布。海岸地帯に普通に見られます。
花も果実も前頁のヒサカキによく似ていますが、花の時期が冬で
あることや、葉先が丸くなることを確認してください。生垣や公
園樹としてよく使われています。屋久島にはハマヒサカキの類縁
種で雄花の雄しべが5本のヒメヒサカキが分布します。

サカキ　榊

●花期 6〜7月　●果期 11〜12月　●常緑

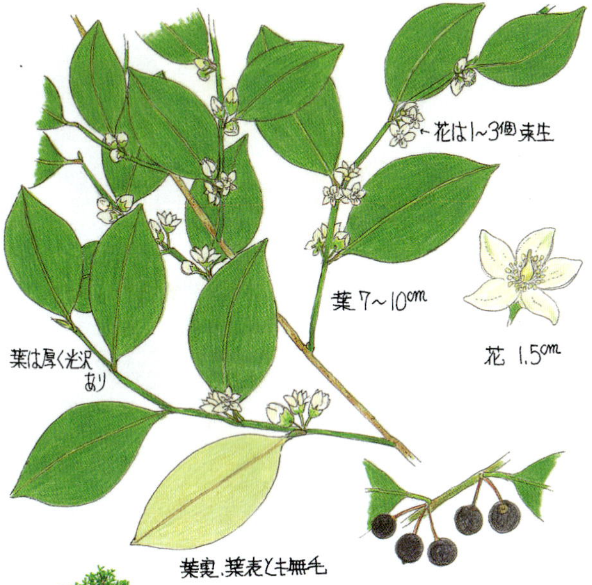

高木

黄緑色花

花は1〜3個束生

葉 7〜10cm

花 1.5cm

葉は厚く光沢あり

葉裏,葉表とも無毛

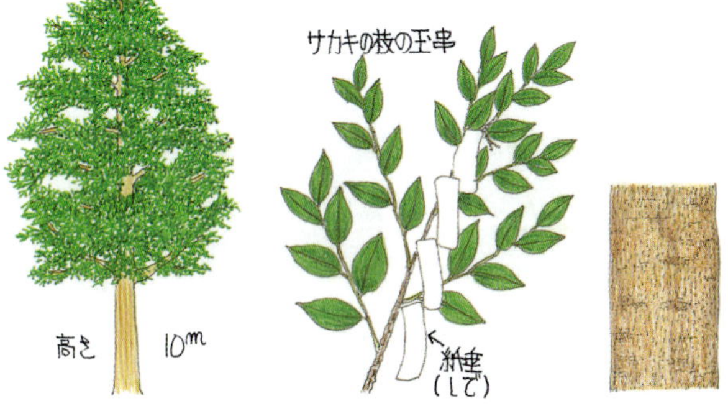

サカキの枝の玉串

高さ　10m

神垂（しで）

つばき科　関東以西〜沖縄に分布。枝葉を神事に使います。葉が左右きれいに開き玉串の形には最適です。名の由来は神と人間領域を分ける堺木（サカキ）の意味からきています。サカキの少ない沿岸地帯ではヒサカキ（p. 246）を、東北や積雪地帯では寒さに強いソヨゴ（p. 178）を代わりに使うこともあります。

クロウメモドキ　黒梅擬

● 花期 4〜5月　● 果期 10月頃　● 落葉

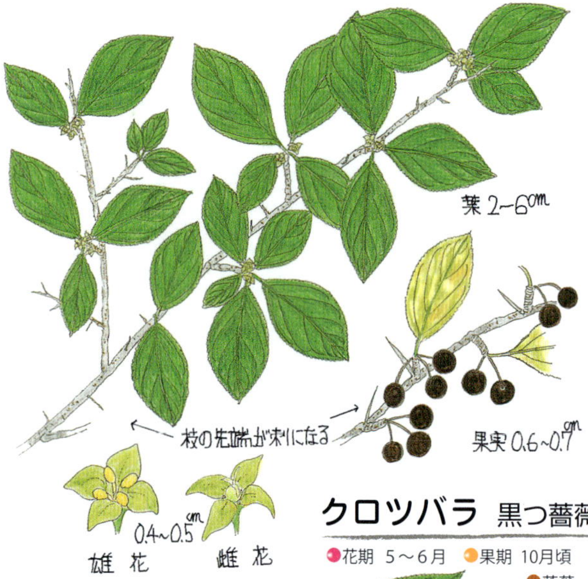

葉 2〜6cm

枝の先端が刺になる

果実 0.6〜0.7cm

0.4〜0.5cm
雄花　　雌花

雌雄別株

クロツバラ　黒つ薔薇

● 花期 5〜6月　● 果期 10月頃
● 落葉

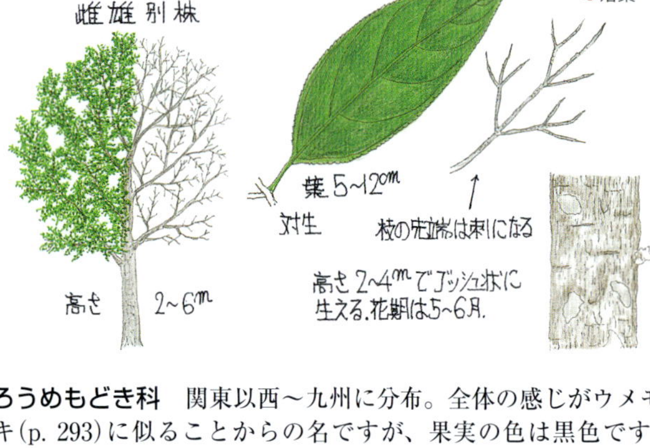

葉 5〜12cm

対生

枝の先端は刺になる

高さ 2〜6m

高さ 2〜4mでブッシュ状に
生える。花期は5〜6月.

高木

黄緑色花

くろうめもどき科　関東以西〜九州に分布。全体の感じがウメモ
ドキ(p. 293)に似ることからの名ですが、果実の色は黒色です。
庭木としてよく見かけます。本州の中部以北に分布するクロツバ
ラはクロウメモドキと枝の刺や花が似ていますが、葉が格段に大
きく、2〜4mのブッシュ状になるので見分けられます。

249

ナツメ　棗

●花期 6〜7月　●果期 10〜11月　●落葉

高木

黄緑色花

葉 2〜4cm

花 0.5〜0.6cm

果実 1.5〜2.5cm

高さ　10m

くろうめもどき科　中国原産。日本にも東海〜沖縄の沿岸地帯に分布するハマナツメ(浜棗)がありますが、最近はあまり見かけないように感じます。ナツメの果実は甘く生食もできますが、砂糖漬けや干果もあります。枝に左右に向きを変えて付く果実は、あちこちを向く幼稚園児の行列のようで愛らしいです。

ツゲ　黄楊

● 花期　3～4月　● 果期　秋　● 常緑　（ほぼ3種とも）

高木

黄緑色花

葉は革質で光沢あり

葉1～3㎝

花

対生

果実 1㎝

チョウセンヒメツゲ
朝鮮姫黄楊

葉0.8～1.2㎝

葉1～2㎝

ヒメツゲ
姫黄楊

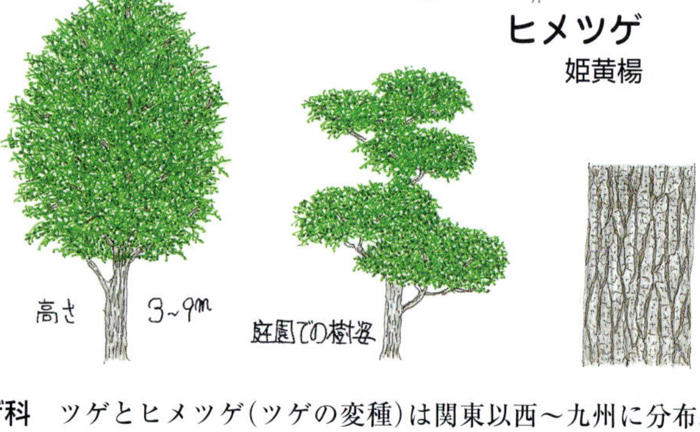

高さ　3～9m

庭園での樹姿

つげ科　ツゲとヒメツゲ（ツゲの変種）は関東以西～九州に分布。
材は木目が細かく、用途は櫛・将棋の駒・印鑑・彫刻などです。
葉の小さなチョウセンヒメツゲは岡山や広島の一部に自生。ツゲ
の別名はホンツゲ（本黄楊）です。よくツゲとイヌツゲ（p. 241）を
混同します。ツゲの葉は対生、イヌツゲの葉は互生です。

251

サンシュユ　山茱萸

●花期 3〜4月　●果期 9〜11月　●落葉

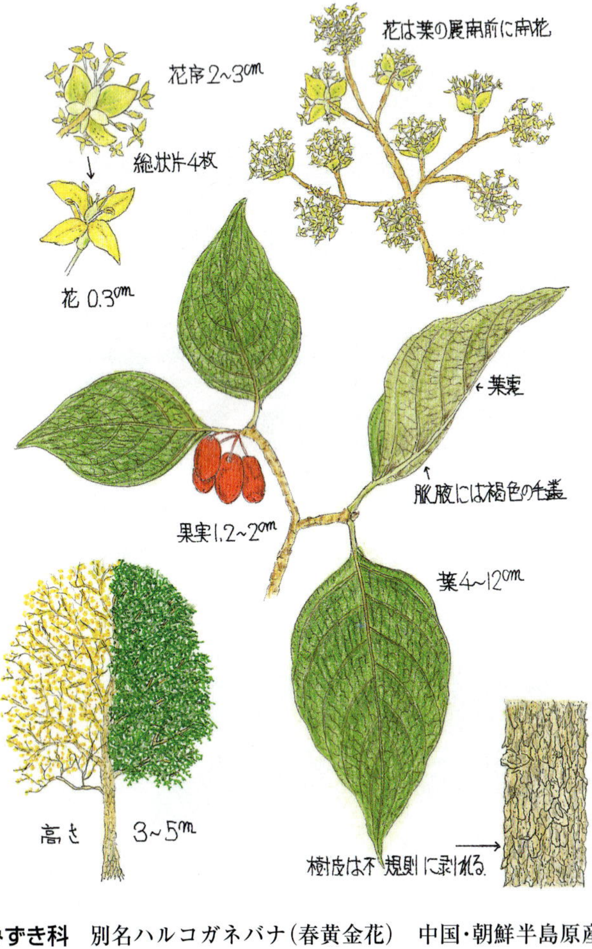

花序2〜3cm

総状片4枚

花 0.3cm

花は葉の展開前に開花

葉裏

脈腋には褐色の毛叢

果実1.2〜2cm

葉 4〜12cm

高さ 3〜5m

樹皮は不規則に剥がれる

高木

黄緑色花

みずき科　別名ハルコガネバナ（春黄金花）　中国・朝鮮半島原産。江戸時代に薬用として渡来し、花木として各地に拡がり、現在では公園、庭園などで見られます。不規則に剥がれる樹皮が目立ちます。枝一面に咲く黄色い花はハルコガネバナの名そのものです。切り花としても、冬の花屋さんの店頭を暖かく飾ります。

252

ユーカリノキ

● 花期 6〜7月 ● 果期 秋〜春 ● 常緑

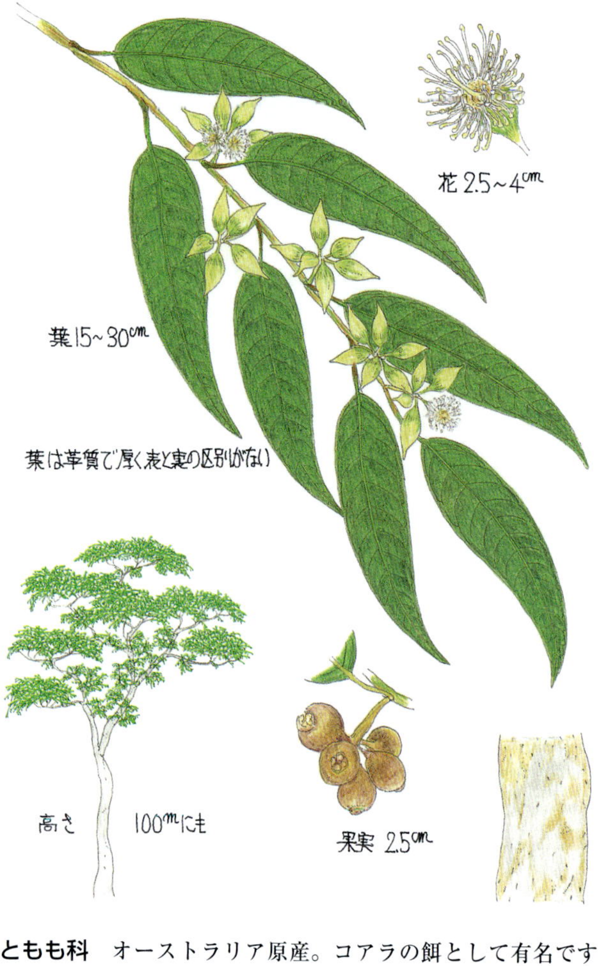

高木

黄緑色花

花 2.5〜4㎝

葉 15〜30㎝

葉は革質で厚く表と裏の区別がない

高さ 100mにも

果実 2.5㎝

ふともも科 オーストラリア原産。コアラの餌として有名です。最近は公園などでも見かけます。樹高は日本でも 30 〜 40m になるそうです。世界のユーカリの種類は 600 種以上あり、国内では一部を見ているにすぎません。オリーブ(p. 198)とよく間違えます。葉を傷つけるとクスノキ(p. 46)の匂いがします。

253

高木

黄緑色花

シナノキ　科の木・級の木

● 花期 6～7月　● 果期 10月頃　● 落葉　（2種とも）

花 1~1.2cm

葉 4~10cm
葉は左右非対称

葉柄 2~5cm

総苞葉 3~6cm

果実 0.5~0.7cm

葉裏に星状毛なし

花序 5~8cm

若葉の托葉は赤色.
すぐに落ちる.

ヘラノキ　箆の木

高さ 8~10m

葉 3~8cm

しなのき科　シナノキは北海道～九州に分布。信濃の木がシナノキに転訛したとする説があります。確かに長野ではよく見かける木です。近畿以西～九州に分布し、よく似ているヘラノキとは葉の形が違います。名は箆状の総苞片に由来します。シナノキとボダイジュとは、葉裏の星状毛(p. 352 参照)の有無で区別できます。

254

ボダイジュ　菩提樹

● 花期 6〜7月　● 果期 9〜10月　● 落葉　（2種とも）

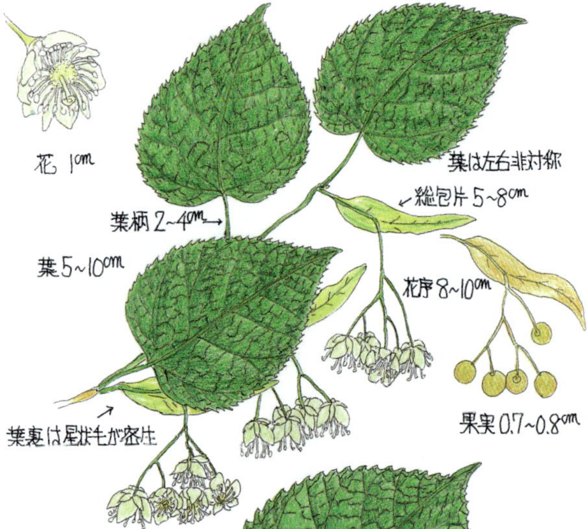

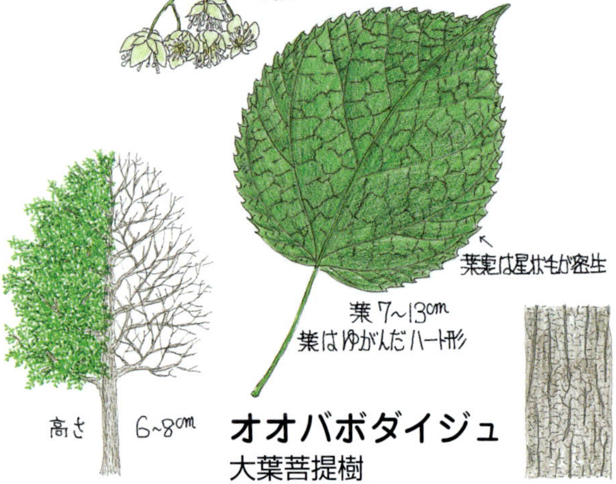

高木

黄緑色花

花 1cm

葉は左右非対称

総包片 5〜8cm

葉柄 2〜4cm

花序 8〜10cm

葉 5〜10cm

葉裏は星状毛が密生

果実 0.7〜0.8cm

葉裏は星状毛が密生

葉 7〜13cm
葉はゆがんだハート形

高さ 6〜8cm

オオバボダイジュ
大葉菩提樹

しなのき科　ボダイジュは中国原産。寺院の庭によく植えられています。お釈迦様が悟りを開いたボダイジュはこの木ではなく、くわ科のインドボダイジュです。左右非対称の葉の形が似ていることから、この名を付けたのではないでしょうか。葉が大きいオオバボダイジュは北海道〜関東以北に分布します。

イイギリ 飯桐

●花期 4〜5月 ●果期 10〜11月 ●落葉

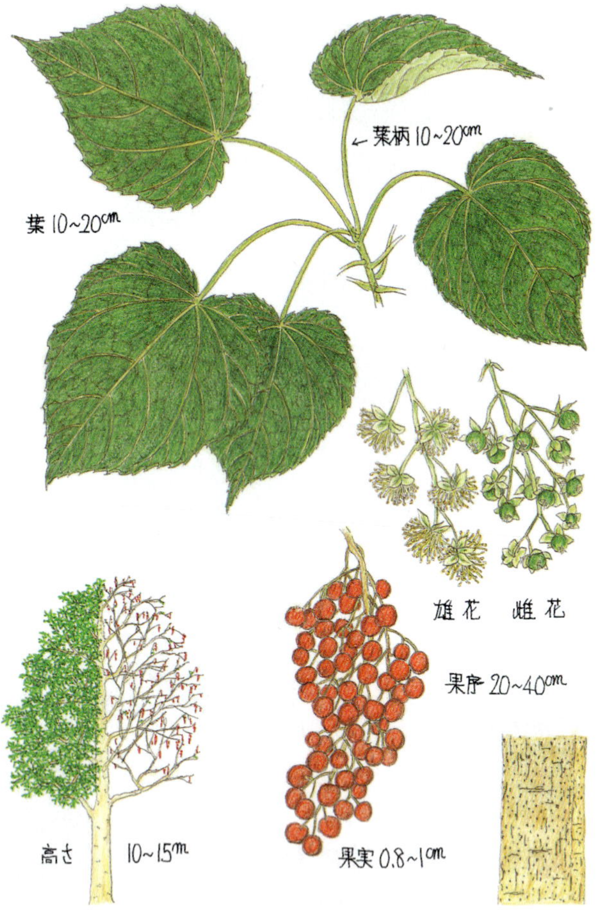

高木

黄緑色花

葉柄 10〜20cm

葉 10〜20cm

雄花 雌花

果序 20〜40cm

高さ 10〜15m

果実 0.8〜1cm

いいぎり科 別名ナンテンギリ（南天桐） 本州〜沖縄に分布。名は、昔キリ（p. 126）に似たこの葉で、ご飯を包んだことに由来します。最も目立つのは葉が落ちたあとに残る果実です。時々「冬に葡萄の房のような赤い果実を見たが・・何？」と尋ねられます。花は良い香りがし、街路樹としても見かけることがあります。

ハンカチノキ

● 花期 5～6月　● 果期 9～10月　● 落葉

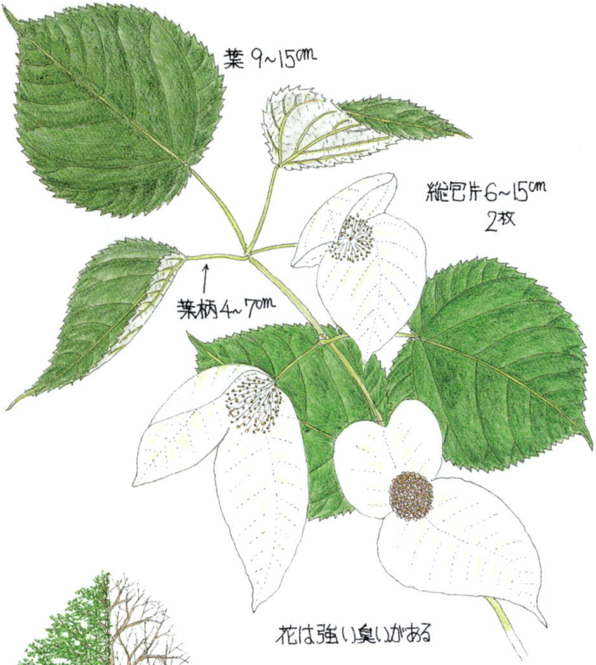

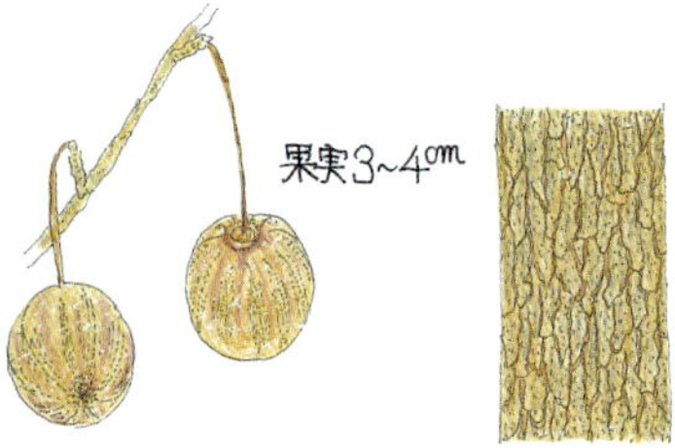

高木

黄緑色花

葉 9～15cm

総苞片 6～15cm
2枚

葉柄 4～7cm

花は強い臭いがある

高さ 15～20cm

果実 3～4cm

おおぎり科　別名オオギリ（大桐）　中国南西部高地原産。名は総苞が白いハンカチのように見えることからですが、中国では飛び立つ白鳩に見立て「鳩子樹」といいます。近年の渡来なのでまだまだ珍しく、植物園では花の頃には大勢の人が木の周りに集まります。東京大学の小石川植物園や日光分園には大木があります。

ハリギリ　針桐

●花期 7〜8月　●果期 晩秋　●落葉

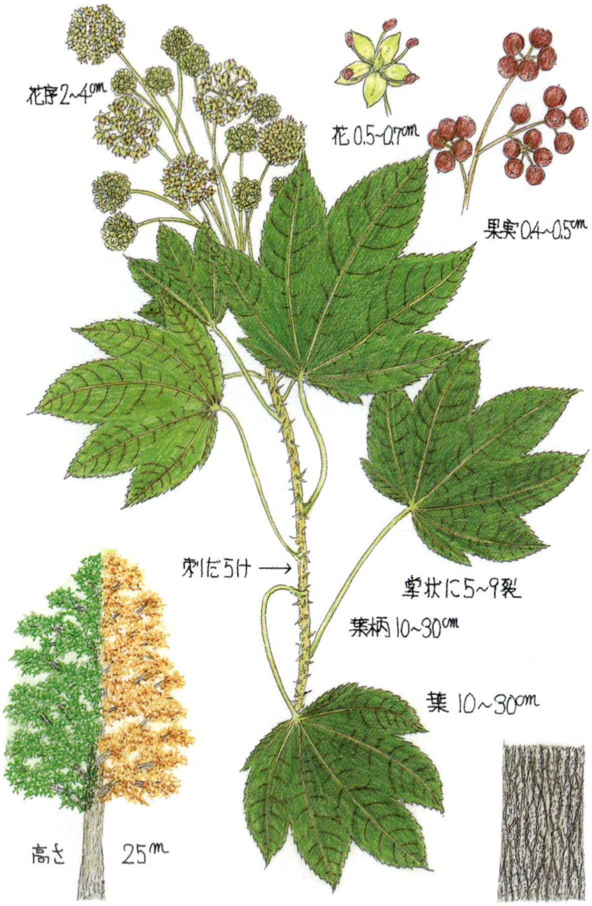

高木

黄緑色花

花序 2〜4㎝

花 0.5〜0.7㎝

果実 0.4〜0.5㎝

刺だらけ→

掌状に5〜9裂

葉柄 10〜30㎝

葉 10〜30㎝

高さ　25ｍ

うこぎ科　別名センノキ　北海道〜九州に分布。枝に鋭い刺がいっぱいあり、材がキリ (p. 126) に似ていることが名の由来です。若芽は食べられますが、刺だらけの木から若芽を採るのは難しいことです。高級木材として使われます。昔、アイヌの人たちは、この大木をくりぬき、装飾を施し、見事な舟を作りました。

258

コシアブラ　漉し油

●花期 8〜9月　●果期 10〜11月　●落葉

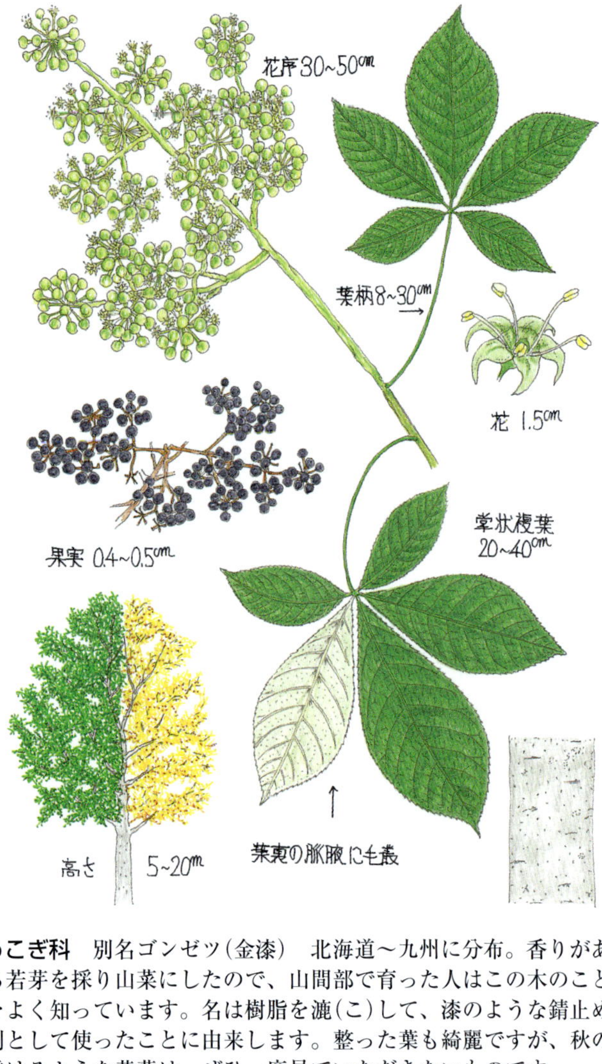

高木

黄緑色花

花序30〜50cm

葉柄8〜30cm →

花 1.5cm

果実 0.4〜0.5cm

掌状複葉 20〜40cm

葉裏の脈腋にも毛

高さ 5〜20m

うこぎ科　別名ゴンゼツ（金漆）　北海道〜九州に分布。香りがある若芽を採り山菜にしたので、山間部で育った人はこの木のことをよく知っています。名は樹脂を漉（こ）して、漆のような錆止め剤として使ったことに由来します。整った葉も綺麗ですが、秋の透けるような黄葉は、ぜひ一度見ていただきたいものです。

259

タラノキ　楤の木

● 花期 8〜9月上旬　● 果期 9〜10月　● 落葉

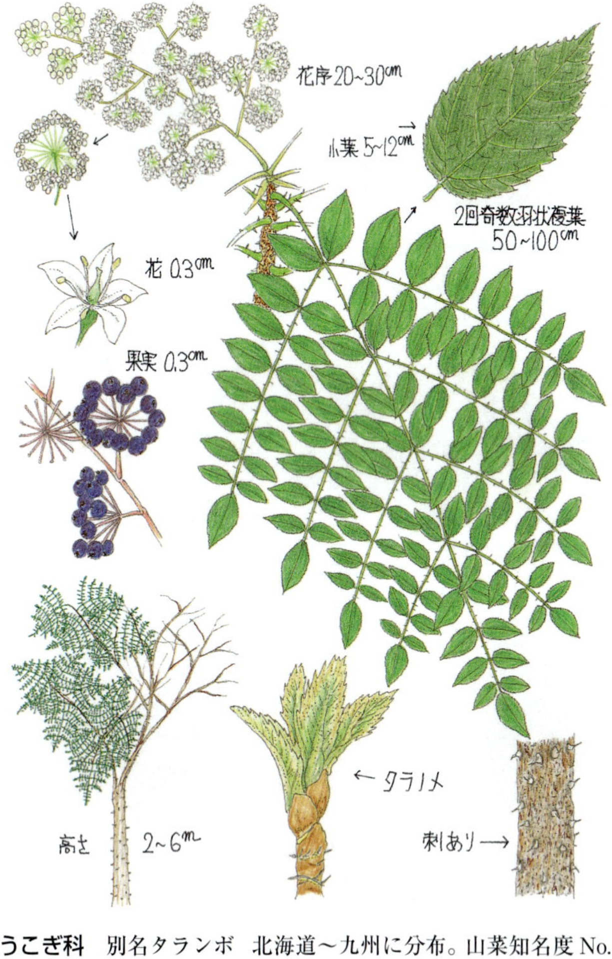

高木

黄緑色花

花序20〜30cm

小葉5〜12cm

2回奇数羽状複葉
50〜100cm

花 0.3cm

果実 0.3cm

← タラノメ

高さ　2〜6m

刺あり →

うこぎ科　別名タランボ　北海道〜九州に分布。山菜知名度 No.1
を誇ります。うこぎ科（p.258〜260, p.354）は山菜が多く在席する
名門校です。最近は刺のない品種も作られ、ビニールハウスで栽
培され早春に都会に出荷されます。葉は整然とした2回奇数羽状
複葉が特徴で、孔雀が羽根を広げたように見えます。

ミツバツツジ　三葉躑躅

●花期 4〜5月　●果期 7〜9月　●落葉

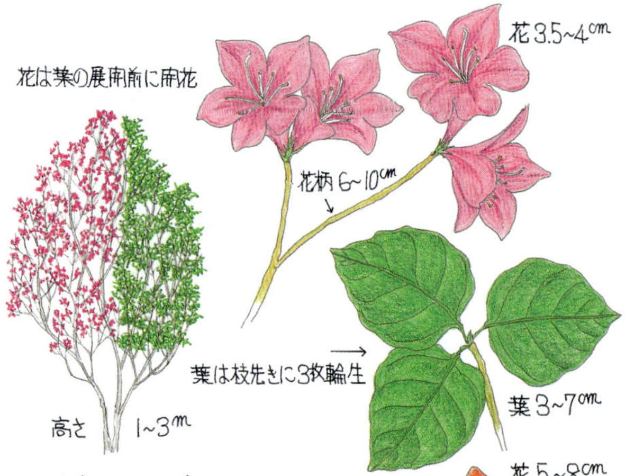

花は葉の展開前に開花

花 3.5〜4㎝

花柄 6〜10㎝

葉は枝先に3枚輪生

葉 3〜7㎝

高さ 1〜3ᵐ

低木

紅紫色花

レンゲツツジ　蓮華躑躅

蕾

●花期 5〜7月上旬　●果期 10〜11月　●落葉

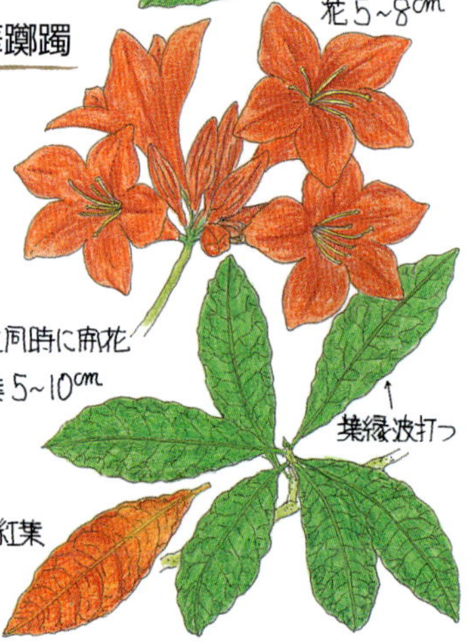

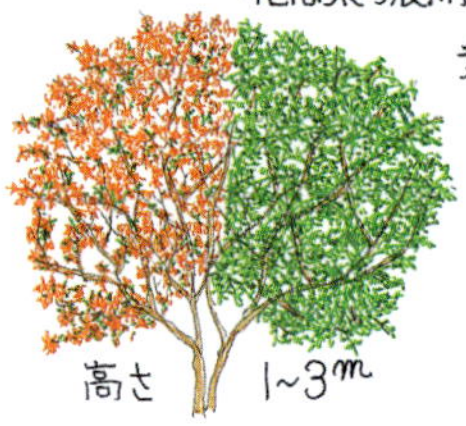

花は葉の展開と同時に開花

花 5〜8㎝

葉 5〜10㎝

葉縁波打つ

紅葉

高さ 1〜3ᵐ

つつじ科　ミツバツツジは関東から近畿の太平洋側に分布。名のとおり葉は枝先に3枚輪生し、花は葉の展開前に開花します。レンゲツツジは本州〜九州に分布し、花は葉の展開と同時に開花します。両者は昔から人気が高く、数多くの園芸品種が育成されました。庭木・生垣などいたる所で見ることができます。

265

サラサドウダン　更紗満天星・更紗灯台

●花期 5〜6月　●果期 9〜10月　●落葉　（2種とも）

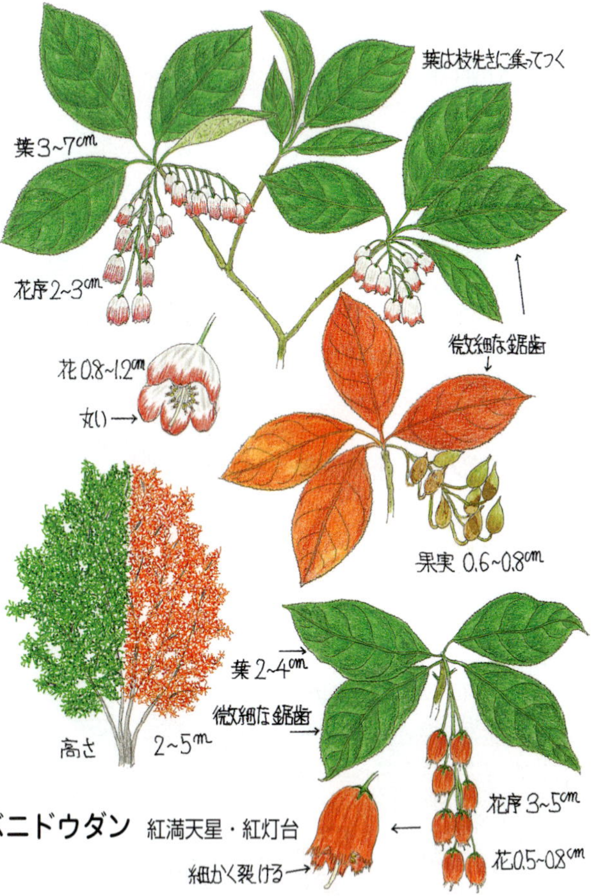

低木

紅紫色花

葉は枝先きに集ってつく

葉 3〜7cm

花序 2〜3cm

花 0.8〜1.2cm

丸い →

微細な鋸歯

果実 0.6〜0.8cm

高さ　2〜5m

葉 2〜4cm

微細な鋸歯 →

ベニドウダン　紅満天星・紅灯台

花序 3〜5cm

花 0.5〜0.8cm

細かく裂ける

つつじ科　サラサドウダンは北海道西南部〜兵庫以北と徳島、ベニドウダンは関東以西〜九州に分布。両者は葉・花・紅葉などどれも美しく人気があります。サラサの名は花の更紗状の模様に由来します。花弁の先が細かく裂ける特徴があるベニドウダンは、シロドウダン(p.306)とも比べてください。

266

スノキ　酢の木

● 花期 6〜7月　● 果期 7〜9月　● 落葉

低
木

紅紫色花

葉 1〜3.5cm

花 1〜4個

果実 0.7〜0.9cm

ウスノキ　臼の木
● 花期 4〜6月

← 微細な鋸歯

葉 2〜5cm

果実 0.7〜0.8cm

花 0.5〜0.6cm

花色は もう少し赤いことも多い

ナツハゼ　夏櫨
● 花期 5〜6月

微細な鋸歯

葉 3〜8cm

紅葉は美しい

果実 0.4〜0.6cm

高さ 1〜2m

つつじ科　スノキは関東〜中部に、ウスノキ・ナツハゼは北海道
〜九州に分布。美しい黄紅葉はよく知られています。スノキの名
は葉を噛むと酸っぱいことに由来し、青黒い果実は甘酸っぱい味
がします。3種とも美味ですが、ナツハゼが一番だと感じます。
ウスノキの名は果実の先端が臼形に凹むことに由来します。

ホンシャクナゲ　本石楠花

●花期　4〜6月　　●果期　7〜10月　　●常緑

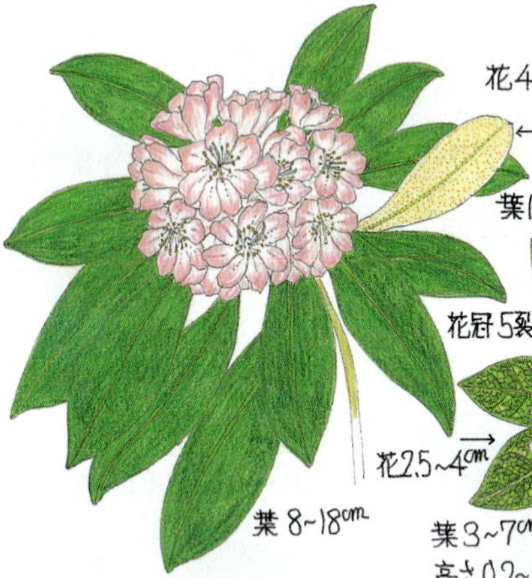

低木

紅紫色花

花4〜5cm, 花冠は7〜8裂

←葉裏

葉は革質で厚く光沢あり

←葉裏

花冠5裂

花2.5〜4cm

葉8〜18cm

葉3〜7cm
高さ0.2〜1m

キバナシャクナゲ　黄花石楠花

●花期　6〜7月

高さ　2〜7m

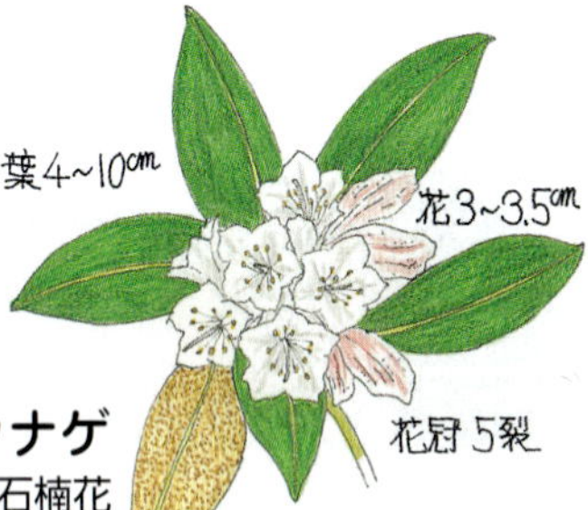

葉4〜10cm

花3〜3.5cm

花冠5裂

葉裏に褐色の毛が密生

ヤクシマシャクナゲ

屋久島石楠花

〔分布〕九州(屋久島)

●花期　5〜6月

つつじ科　ホンシャクナゲは本州の新潟西部以西と四国山地に分布。単にシャクナゲといった場合は、ホンシャクナゲに似ていて花冠が5裂するアズマシャクナゲ(東北〜本州中部に分布)のことです。ほかにハクサンシャクナゲ(白山)・ツクシシャクナゲ(筑紫)・オキシャクナゲ(隠岐)・エンシュウシャクナゲ(遠州)などがあります。

アメリカシャクナゲ　アメリカ石楠花

●花期 5月　●果期 8〜10月　●常緑

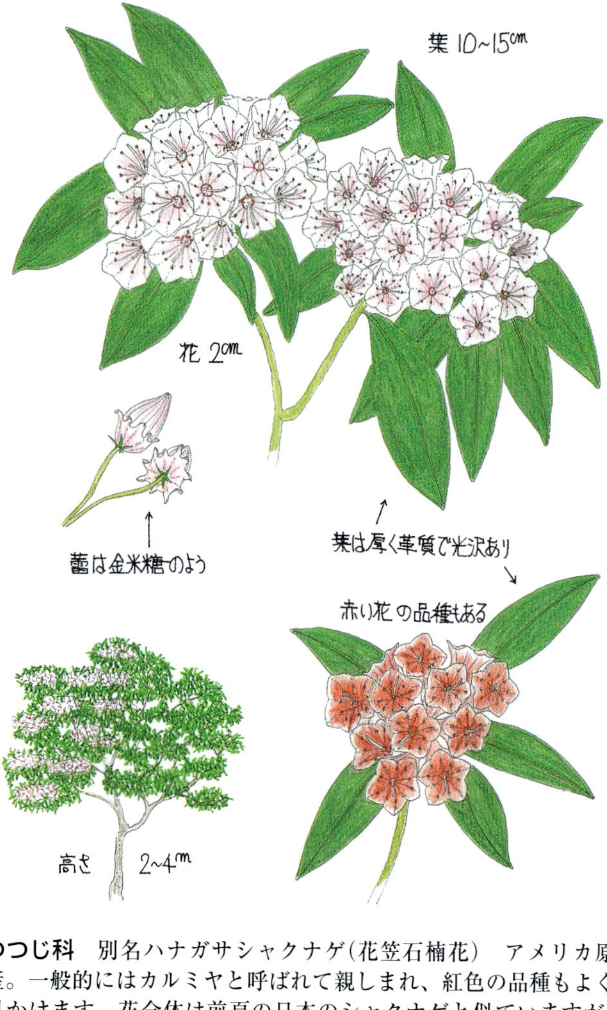

葉 10〜15cm

花 2cm

蕾は金米糖のよう

葉は厚く革質で光沢あり

赤い花の品種もある

高さ 2〜4m

低木

紅紫色花

つつじ科　別名ハナガサシャクナゲ（花笠石楠花）　アメリカ原
産。一般的にはカルミヤと呼ばれて親しまれ、紅色の品種もよく
見かけます。花全体は前頁の日本のシャクナゲと似ていますが、
一つひとつの花はパッチリと開いた目のようで、アメリカ的な感
じがします。金平糖のような蕾も人気があります。

低木

紅紫色花

クコ　枸杞

● 花期 7〜11月　● 果期 夏〜冬　● 落葉

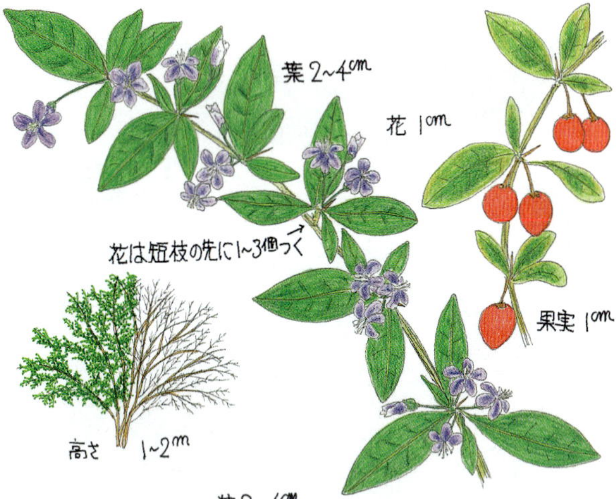

葉 2〜4㎝

花 1㎝

花は短枝の先に1〜3個つく

果実 1㎝

高さ 1〜2m

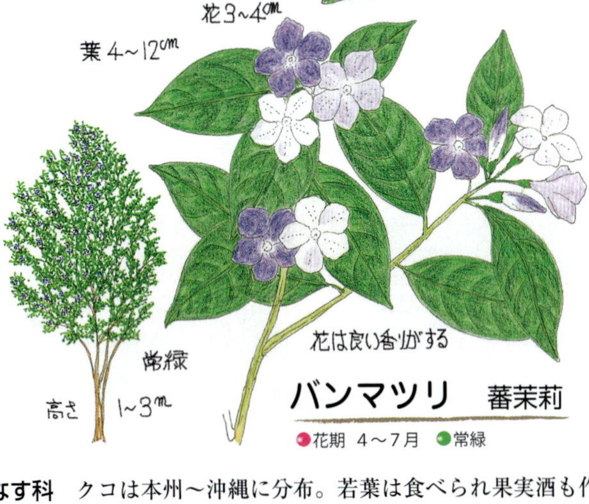

花 3〜4㎝

葉 4〜12㎝

常緑

高さ 1〜3m

花は良い香りがする

バンマツリ　蕃茉莉

● 花期 4〜7月　● 常緑

なす科　クコは本州〜沖縄に分布。若葉は食べられ果実酒も作ります。海岸や原野、川べりや道端などどこでも見られます。バンマツリは南アメリカ原産で明治時代に渡来しました。咲き始めは濃紫色の香りのある花が、次第に淡紫〜白色に変化するのが好まれ拡がりました。よくフェンス越しにこぼれるように咲いています。

270

キョウチクトウ　夾竹桃

● 花期 6～10月　● 果期 秋～晩秋　● 常緑

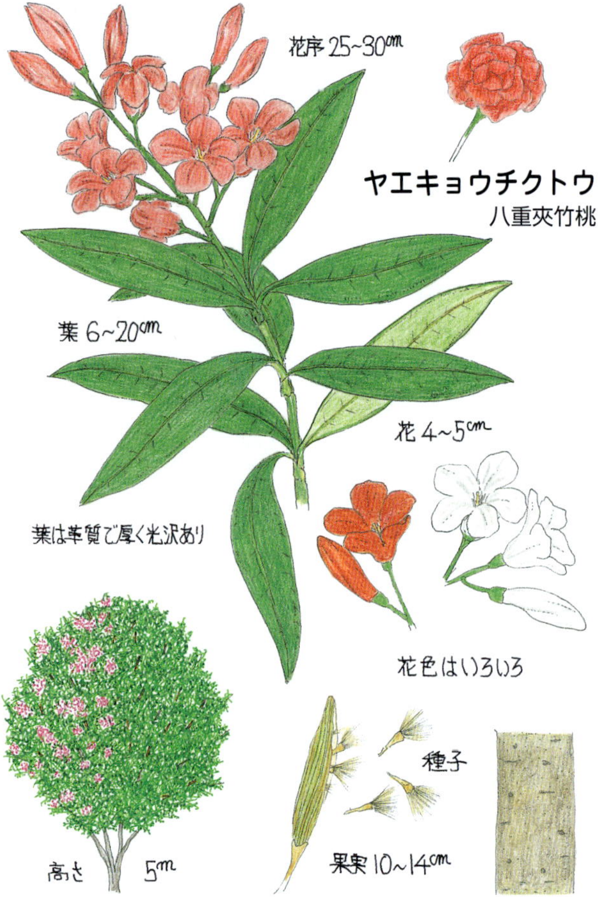

低
木

紅紫色花

花序 25～30cm

ヤエキョウチクトウ
八重夾竹桃

葉 6～20cm

花 4～5cm

葉は革質で厚く光沢あり

花色はいろいろ

種子

高さ　5m

果実 10～14cm

きょうちくとう科　インド原産の有毒植物。江戸時代中期以前に渡来しました。庭木・公園樹・街路樹などでよく見かけます。夏の花の王座をサルスベリ (p. 54) と競っています。ヨーロッパなどでも盛んに栽培され、観光写真や映画の背景に写っています。花色は赤・白・ピンク。最近は黄色もあります。

271

ムラサキシキブ　紫式部

🔴 花期 6〜8月　🟠 果期 10〜11月　🟤 落葉　（2種とも）

低木

紅紫色花

花 0.3〜0.5㎝

葉腋から花序

果実 0.3㎝

葉 6〜12㎝

対生

果実の頃には葉は枯れ落ちるが、果実は残る

高さ　3ｍ

葉 10〜20㎝

オオムラサキシキブ　大紫式部

くまつづら科　ムラサキシキブは北海道〜沖縄に分布、オオムラサキシキブはムラサキシキブの変種で本州〜沖縄に分布。大半の人は花には無関心です。葉が散った後に美しく残る紫色の果実には、なんともいえない風情があり、紫式部の名も素晴らしい命名ですし、庭木として楽しんでいる人が多いことも頷けます。

コムラサキ　小紫

● 花期 7〜8月　● 果期 10〜11月　● 落葉　（ほぼ3種とも）

低木

紅紫色花

葉腋の上から花序

果実 0.3cm →

花 0.3cm

葉 3〜7cm

葉の鋸歯は上半分だけ

シロシキブ　白式部

果実が白い変種

ヤブムラサキ　藪紫

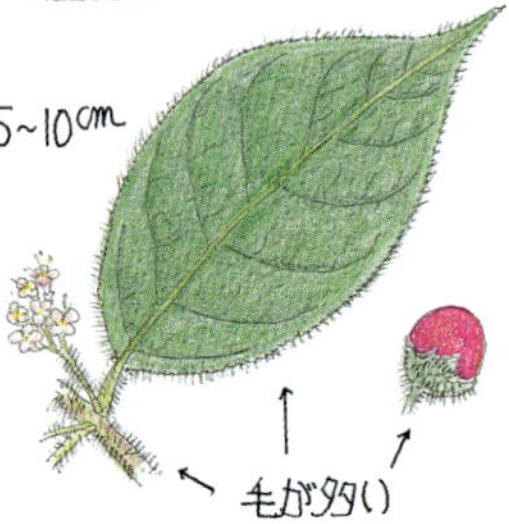

葉 5〜10cm

毛が多い

くまつづら科　コムラサキは別名コシキブ（小式部）で本州〜沖縄に分布。前頁のムラサキシキブとの違いは、葉の大きさや鋸歯にもありますが、決定的な違いは花柄の出る位置です。ヤブムラサキは宮城以西〜九州に分布し、枝や葉など全身に毛が生えています。シロシキブはムラサキシキブの変種です。

ニンジンボク　人参木

●花期 7〜9月　●果期 秋　●落葉　（ほぼ2種とも）

低木

紅紫色花

花 1㎝

花序 5〜12㎝

小葉5〜12㎝

果実 数㎜

鋸歯あり

掌状複葉
3〜5枚

セイヨウニンジンボク
西洋人参木

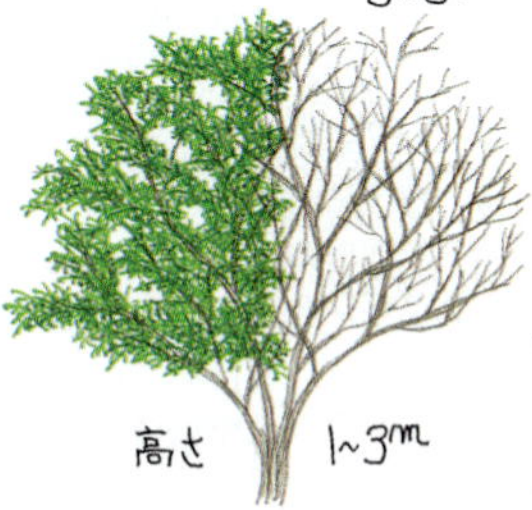

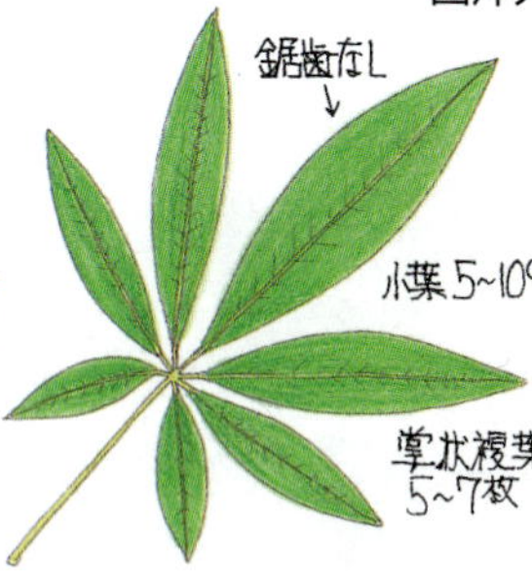

鋸歯なし

小葉5〜10㎝

掌状複葉
5〜7枚

高さ　1〜3m

くまつづら科　ニンジンボクは中国、セイヨウニンジンボクはヨーロッパ南部原産。名は葉がチョウセンニンジンに似ていることからです。一般の人には知名度が低く、植物園だけの樹木のように思いますが、たまに庭木として見かけることもあります。両者とも果実に独特の芳香があり、香料や入浴剤として使われます。

ハマゴウ　蔓荊

● 花期 7〜9月　● 果期 秋〜冬　● 落葉

低
木

紅紫色花

花序4〜6㎝

対生

花 1.2〜1.6㎝　果実0.6〜0.7㎝

葉 3〜6㎝

茎は砂の上を這い伸びる →

枝90〜70㎝

くまつづら科　別名ハマボウ　本州〜沖縄と小笠原に分布。海岸地帯では這いながら伸び、砂浜一面に群落を作ります。石川県の加賀海岸のハマゴウ群落は有名です。花の時期は紫〜赤紫色の絨毯を敷いたように見え壮観です。ユーカリノキに似た揮発油のような香りがします。名の由来は浜香から転訛したといわれます。

275

クサギ　臭木

● 花期 7月下旬〜9月　● 果期 10〜11月　● 落葉

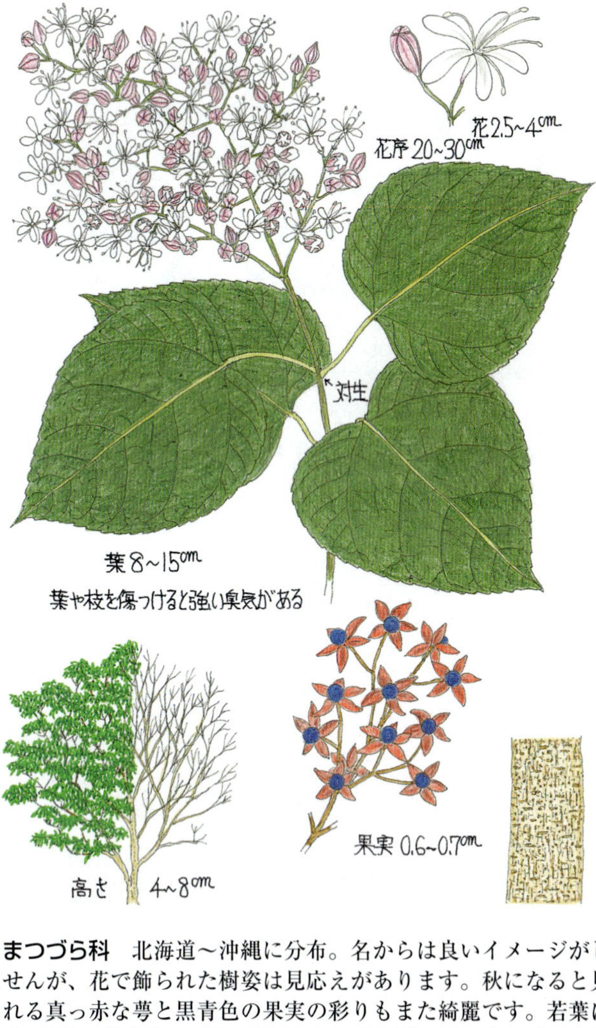

低木

紅紫色花

花序 20〜30㎝

花 2.5〜4㎝

対生

葉 8〜15㎝

葉や枝を傷つけると強い臭気がある

高さ　4〜8㎝

果実 0.6〜0.7㎝

くまつづら科　北海道〜沖縄に分布。名からは良いイメージがしませんが、花で飾られた樹姿は見応えがあります。秋になると見られる真っ赤な萼と黒青色の果実の彩りもまた綺麗です。若葉は山菜、果実は草木染め、根は薬用として大活躍です。木に近づくと嫌な臭気を感じ、枝や葉を傷つけるとさらに強い臭いがします。

ボタンクサギ　牡丹臭木

● 花期 6〜8月　● 落葉

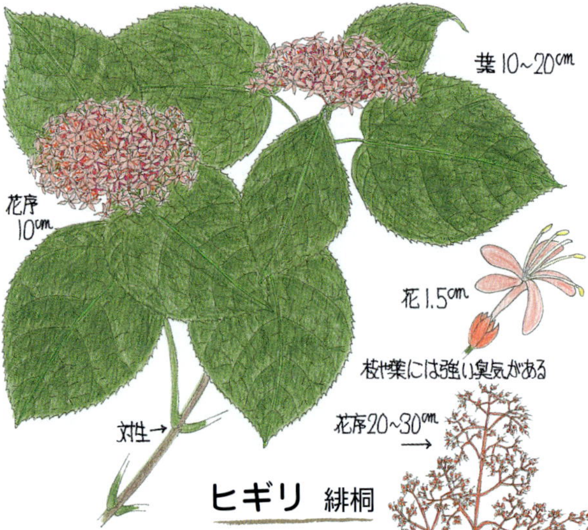

低木

紅紫色花

葉 10~20cm

花序 10cm

花 1.5cm

枝や葉には強い臭気がある

対生 →

花序20~30cm →

ヒギリ　緋桐

● 花期 7〜10月

葉15~30cm

鉢植えも

花 1.8~2.5cm

くまつづら科　ボタンクサギは中国原産。暖かい地方では野生化しています。前頁のクサギ同様葉や枝から臭気を出しますが、花は重厚で綺麗です。同じ仲間にゲンペイクサギがありますが、白い萼（源氏）と赤い花弁（平氏）で源平です。ヒギリはインド・東南アジア原産で江戸時代に渡来しました。

タニウツギ　谷空木

🔴花期 5〜6月　🟠果期 10月頃　🟤落葉　（ほぼ3種とも）

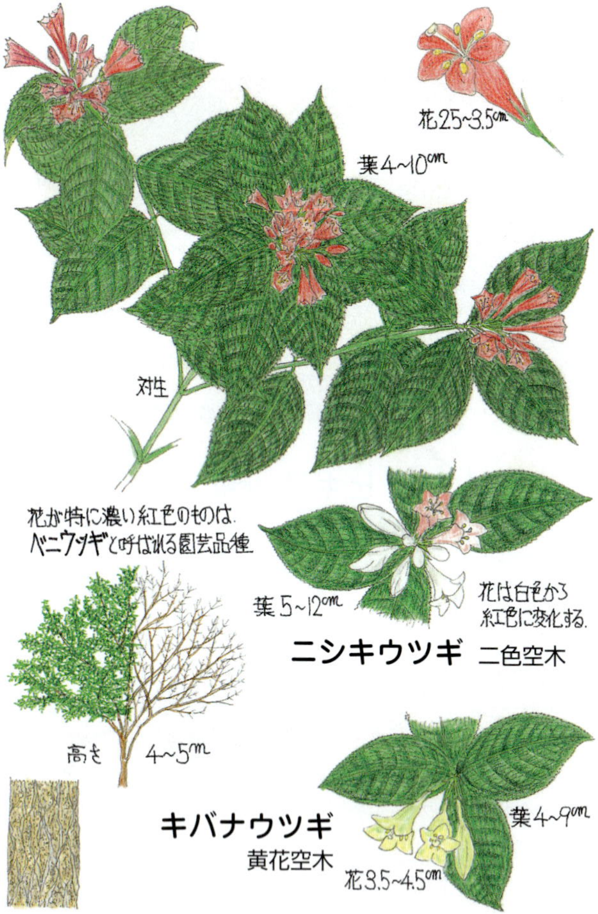

低木

紅紫色花

花25〜3.5cm

葉4〜10cm

対生

花が特に濃い紅色のものは.
ベニウツギと呼ばれる園芸品種

高さ　4〜5m

葉5〜12cm

花は白色から
紅色に変化する.

ニシキウツギ　二色空木

キバナウツギ
黄花空木

葉4〜9cm

花3.5〜4.5cm

すいかずら科　タニウツギは北海道西部と本州の日本海側、ニシキウツギは宮城以西の太平洋側〜九州、キバナウツギは秋田〜山梨に分布。タニウツギは庶民的な感じが好まれます。ニシキウツギやよく似たハコネウツギ（北海道〜九州に分布）は、花は最初は白色ですが後に赤色に変化し2色になります。

ウグイスカグラ　鶯神楽

● 花期　4〜5月　● 果期　6月頃　● 落葉　（2種とも）

低木

紅紫色花

葉 3〜6㎝

葉裏

花 1〜2㎝

対生

果実 1〜1.5㎝

葉裏

ミヤマウグイスカグラ
深山鶯神楽

毛

高さ　2〜4ｍ

すいかずら科　ウグイスカグラは北海道南部〜九州、ミヤマウグ
イスカグラは本州〜九州に分布。公園でも見かけますが、しっと
りとした情緒がある姿は、茶室のある庭園によく似合います。山
では日のかげる谷間にひっそり咲いています。赤い果実は甘くて
美味です。名の由来は鶯の鳴き始めに関係しているようです。

ハナゾノツクバネウツギ　花園衝羽根空木

●花期 6〜10月　●半常緑

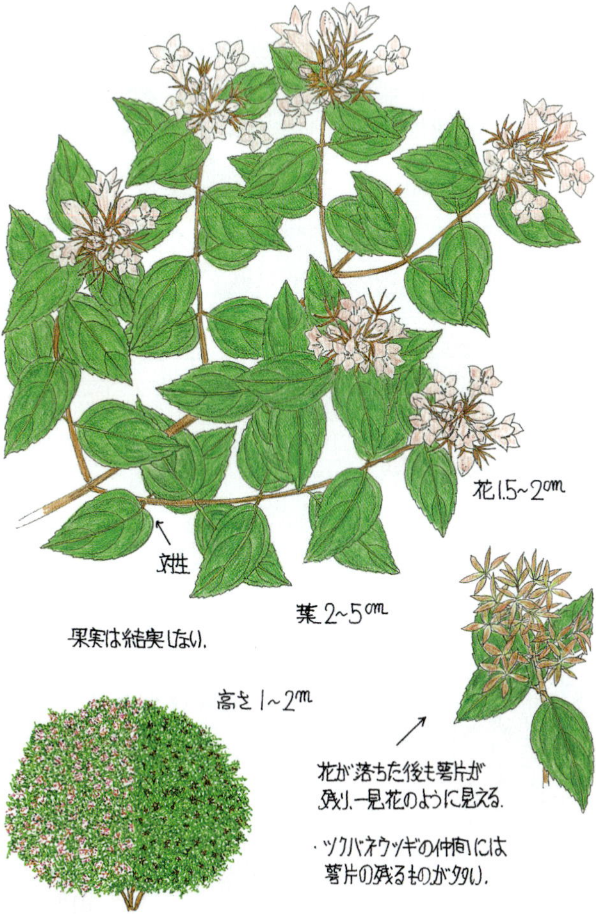

低木

紅紫色花

雄性

花1.5〜2㎝

葉2〜5㎝

果実は結実しない。

高さ1〜2ᵐ

花が落ちた後も萼片が
残り、一見花のように見える。

・ツクバネウツギの仲間には
萼片の残るものが多い。

すいかずら科　別名アベリア　シナツクバネウツギを母種とする
園芸品種です。花の期間が初夏から秋までと長いのが特徴です。
花が落ちた後も萼片が残り、これも花のように見えるのが喜ばれ
生垣・公園・道路沿いなどいたる所に植えられています。花色が
異なるほかのツクバネウツギ(p. 331)とも見比べてください。

280

フジウツギ　藤空木

● 花期 7〜9月　● 果期 10〜11月　● 落葉　（2種とも）

低木

紅紫色花

花序 10〜25cm

花は上だけ

対生 →

枝 4稜

葉 10〜20cm

花 1.5〜1.8cm

裂片は丸い

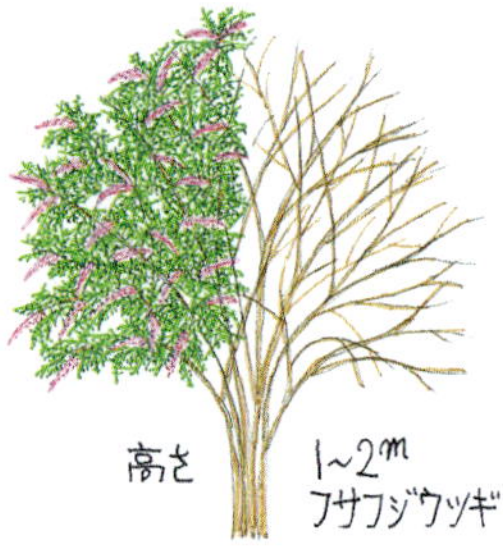

フサフジウツギ　房藤空木

裂片は細い

高さ　1〜2m
フサフジウツギは3m

稜なし

くまつづら科　フサフジウツギは中国原産ですが、フジウツギは東北〜兵庫県・四国に分布します。よく庭木として塀越しに、紅紫色の長い花序をのぞかせています。花は花序の元から先に向って咲き、最盛期はみごとな美しさです。ところが、花の旬を過ぎると急に汚くなり、見る人の美的評価は急降下します。

低木

紅紫色花

ナワシロイチゴ　苗代苺

● 花期　5〜6月　● 果期　6月頃　● 落葉

奇数羽状複葉
8〜14cm

果実 1.5cm

小葉 2〜5cm；1〜　2対

花 0.5〜0.8cm

高さ30〜50cm

← 茎はつる状に伸びる

下向きの刺 ↑

クロイチゴ　黒苺

● 花期　6〜7月　● 果期　8月頃　● 落葉

やや下向きの刺 ↓

小葉 2〜4cm
1〜2対

花 0.5〜0.8cm

奇数羽状複葉
6〜12cm

果実 1cm

高さ 1m

ばら科　両者とも日本全土（クロイチゴは沖縄を除く）で見られます。キイチゴ属の仲間（p. 313）の大半は白色の花ですが、この2種は紅紫色の花が咲きます。ナワシロイチゴ（別名サツキイチゴ）の名は、稲作の苗代作りの頃に果実が熟すことに由来します。クロイチゴの名はキイチゴ属では珍しく黒紫色に熟すからです。

バラの園芸品種

低木

紅紫色花

バラの園芸品種は花の色、形、大きさ、香りなど様々です。
葉は単葉、３出複葉、奇数羽状複葉などです。

ばら科　バラの園芸品種は数知れません。ヨーロッパ・北アメリカ・中央アジア・中国などの原産地の種と日本原産のテリハノイバラ・ノイバラ（p. 312）やハマナス（p. 286）などの遺伝子も入れ、複雑な交雑を繰り返して育成されました。花色は各色ありますが、葉の形に違いにも注目して鑑賞してみてください。

ボケ　木瓜

● 花期 3〜4月　● 果期 7〜8月　● 落葉

低木

紅紫色花

花 2〜6cm

同じ株に紅色と白色など
2色の花が咲くものもある.

花色はいろいろ

高さ　2m

果実 8〜10cm

ばら科　中国原産。平安時代には渡来していました。ボケは中国名木瓜(モッケ)が訛ってボケになりました。現在は数多くの園芸品種が育成されています。木の高さとはつり合わない大きな果実が目を引きます。果実は砂糖漬けや果実酒にします。刺状の枝があるので公園では避けられますが、庭木・盆栽ではよく見かけます。

クサボケ　草木瓜

● 花期 4～5月　● 果期 9～10月　● 落葉

低木

紅紫色花

果実 3～4cm

葉 2～4cm

花 2.5～3cm

小枝は刺状になる

枝は斜上するか地を這う

高さ 0.3～1m

ばら科　別名シドミ・ジナシ（地梨）　本州～九州に分布。一番の特徴は果実の素晴らしい香りです。硬くて生食できませんが、果実酒はおいしく砂糖や焼酎漬けで食します。名は前頁のボケに似ていて背丈が低く、草状になることに由来します。盆栽は高さに不釣合いな大きな実とのバランスの悪さに趣があります。

285

ハマナス 浜梨

低木

紅紫色花

●花期 6～8月　●果期 8～9月　●落葉

花は枝先きに1～3個つく

花 5～8cm

小葉 2～3cm
3～4対

←刺

奇数羽状複葉
9～11cm

托葉↗

果実 2～3cm

高さ 1～1.5m

←地下茎を伸ばして広がる

ばら科　別名ハマナシ(浜梨)　北海道～本州(太平洋側は茨城まで、日本海側は島根まで)の海岸の砂丘に分布し、群落を作ります。花は香りが素晴らしく、とてもおいしそうに見える果実は食べられます。内陸からの旅行者は、海岸のハマナスをとても喜びます。花が白色のものはシロバナハマナス(シロハマナス)といいます。

286

シモツケ　下野

- 花期　5〜8月
- 果期　9〜10月
- 落葉

花 0.3〜0.6cm

花序 5〜8cm

果実 0.3〜0.5cm

葉 3〜8cm

↑
不揃いな鋸歯

低木

紅紫色花

ホザキシモツケ
穂咲下野

- 花期　6〜8月
- 果期　10月
- 落葉

花序 6〜15cm

葉 5〜8cm

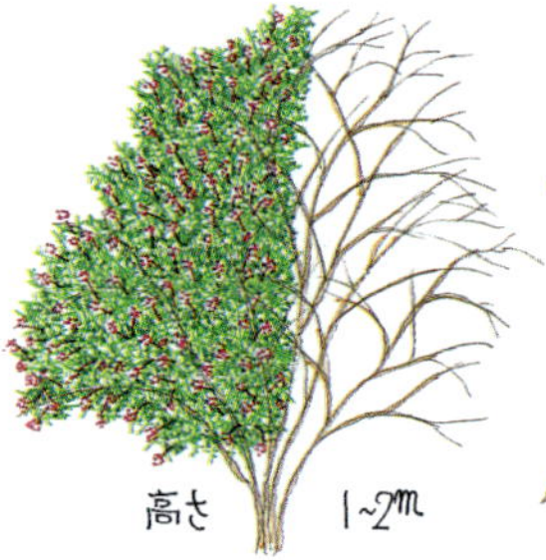

高さ　1〜2m

ばら科　シモツケは本州〜九州に分布。名は昔、下野(栃木県)の国で栽培されていたことに由来します。細かな花は円形の花序を形成し、可愛らしく誰もが好きになる花です。ホザキシモツケは北海道では一般的な花ですが、本州では日光や霧ヶ峰にだけ分布します。白い花のシモツケの仲間(p. 317)とも見比べてください。

287

アオキ　青木

●花期 3〜5月　●果期 12〜5月　●常緑

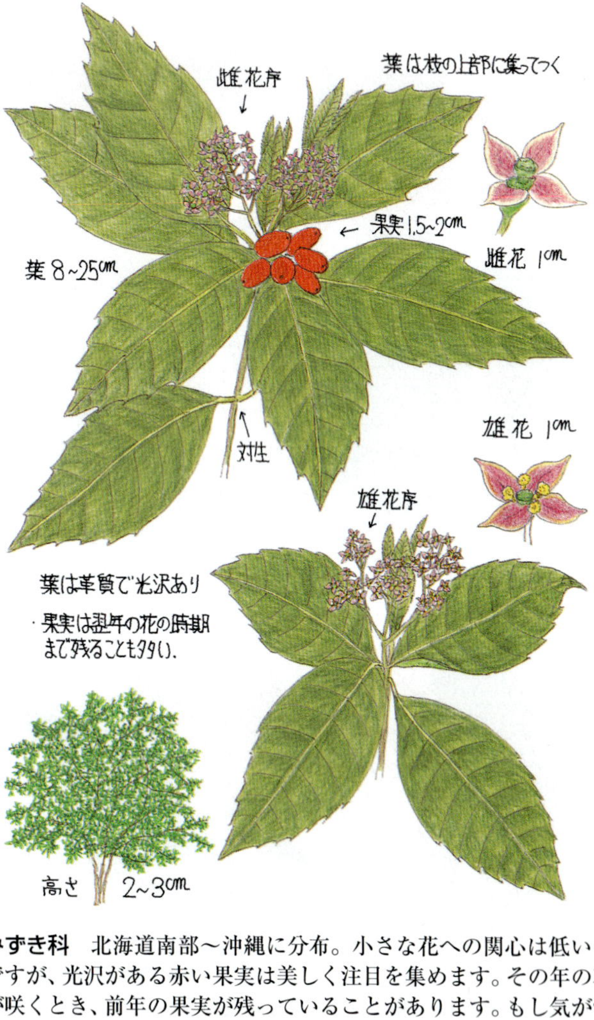

低木

紅紫色花

雌花序

葉は枝の上部に集ってつく

果実1.5〜2cm

雌花 1cm

葉 8〜25cm

対生

雄花 1cm

雄花序

葉は革質で光沢あり

・果実は翌年の花の時期
　まで残ることも多い.

高さ 2〜3cm

みずき科　北海道南部〜沖縄に分布。小さな花への関心は低いのですが、光沢がある赤い果実は美しく注目を集めます。その年の花が咲くとき、前年の果実が残っていることがあります。もし気がついていたとすれば、一流の観察者です。山では日当たりの悪い木の下でも平気で生えています。庭では北側の隅に多く植えられます。

アジサイ　紫陽花

● 花期 6〜8月　● 果期 9〜10月　● 落葉　（3種とも）

低
木

紅紫色花

アジサイはガクアジサイの花序
が装飾花のみになったもの.

高さ 1〜2m

葉 10〜15cm

ガクアジサイ　額紫陽花

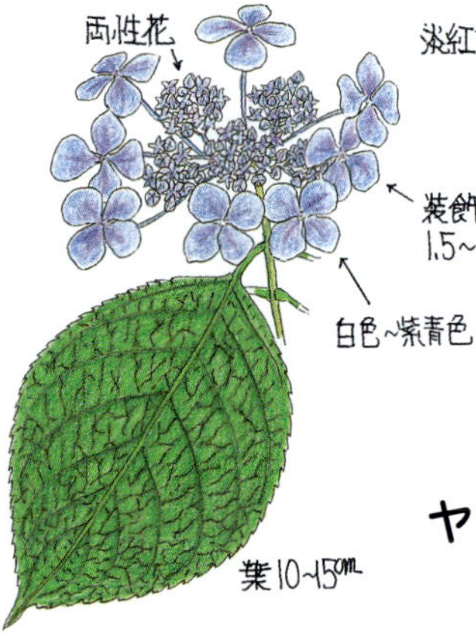

両性花

淡紅色タイプ

装飾花
1.5〜3cm

白色〜紫青色

葉 10〜15cm

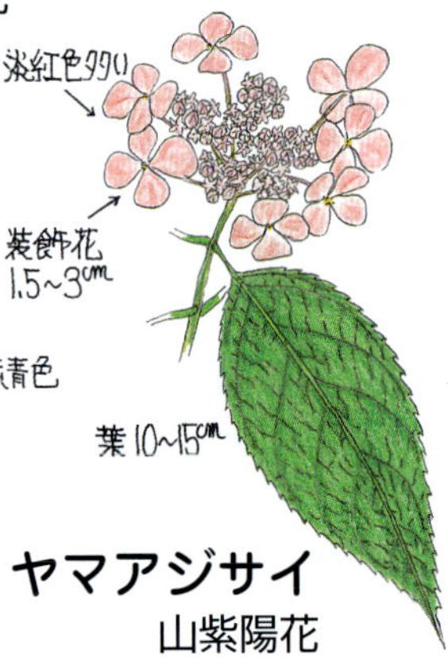

ヤマアジサイ
山紫陽花

葉 10〜15cm

ゆきのした科　アジサイは花序全体が装飾花で、房総・三浦・伊豆・紀伊半島・四国(足摺)に分布するガクアジサイが原種です。よく見かけるセイヨウアジサイは日本のアジサイをヨーロッパで改良した品種群で、今でも新しい品種が多数入ってきます。淡紅色の花が多いヤマアジサイは関東以西〜九州に分布します。

289

アジサイの仲間

低木

紅紫色花

エゾアジサイ　蝦夷紫陽花

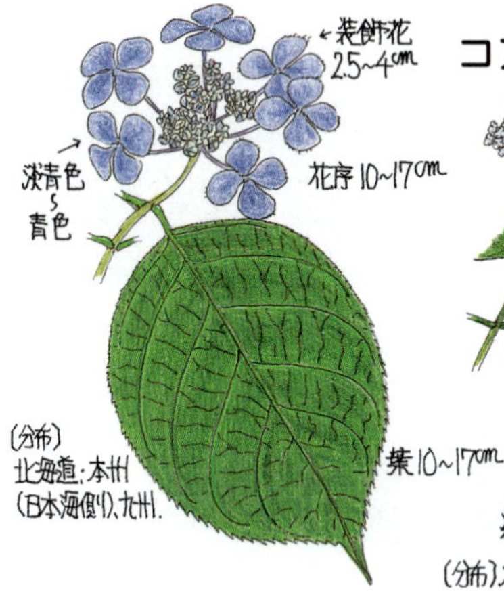

装飾花 2.5～4cm

花序 10～17cm

淡青色～青色

(分布)
北海道:本州
(日本海側),九州.

葉 10～17cm

コアジサイ　小紫陽花

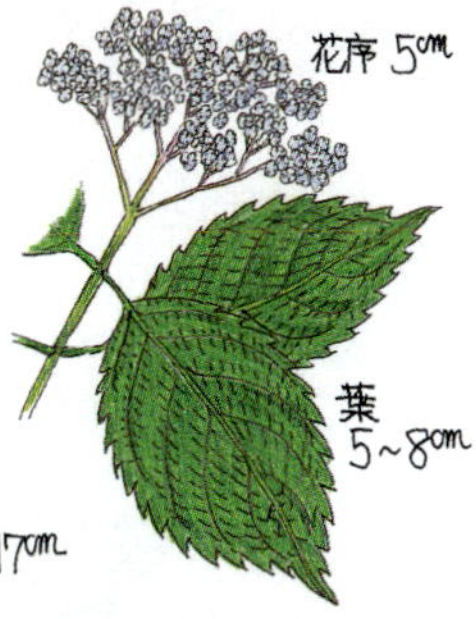

花序 5cm

葉 5～8cm

装飾花はなく両性花のみ
(分布)本州(関東以西)～九州.

花は最初白色

装飾花 3cm

葉 6～10cm

ヤマアジサイの園芸品種

ベニガク　紅額

両性花
淡紫色

葉 5～9cm

(分布)本州(関東・中部)

アマチャ　甘茶

ゆきのした科　全国に多くの紫陽花園があるように人気が高い木です。紫陽花園の樹種は、この前後3頁に載せた種類を基本にして植えられています。アジサイの仲間はそれぞれに風情があり、花とともに秘めた想い出に浸る人もいるでしょう。仲間の区別は葉や花を丁寧に観察すれば誰にでもできます。

アジサイの仲間

タマジサイ 玉紫陽花

蕾 2~4cm

花序 10~15cm

花序 20~25cm

小さな装飾花

葉 10~25cm

〔分布〕
本州（東北南部~中部）

〔分布〕
紀伊半島・四国・九州

葉 12~2?cm

ヤハズアジサイ 矢筈紫陽花

装飾花
2.5~3cm

萼の大きさ不揃い

花序 7~10cm

花序 8~30cm

葉 5~15cm

ノリウツギ
糊空木

葉 4~7cm

〔分布〕北海道~九州

〔分布〕
本州（関東以西）
~九州.

葉 3~5cm
花序 4~7cm

ガクウツギ
額空木

コウツギ
小空木

低木

紅紫色花

ゆきのした科 タマアジサイの蕾は、ピンポン玉状で目立ちますからすぐわかります。ノリウツギなどウツギと名の付くものは、ウツギ属のウツギ (p. 321) の仲間と思われますが、これもアジサイ属の一員なのです。幹や枝が中空になるものを空木と呼んだことからの名で、構造上の違いを示しています。

イワガラミ　岩絡み

● 花期 6〜7月　● 果期 9〜10月　● 落葉　（2種とも）

低木

紅紫色花

対性

葉 5〜15㎝

花序 10〜20㎝

装飾花 1.5〜3.5㎝

つる性
10〜20ｍ

ツルアジサイ　蔓紫陽花

3〜4枚

装飾花

葉 5〜12㎝

ゆきのした科　両者とも北海道〜九州に分布。どこの山でも沢や水辺でよく見かけます。多くの場合、道から離れ、近寄れない岩場などに生えています。遠くからはこの両者の区別はつきません。危険がなく近寄って観察できるときは、葉の鋸歯の違いを調べ、花の時期なら装飾花の数や形の違いを観察すると区別できます。

ウメモドキ　梅擬

● 花期 6〜7月　● 果期 9〜10月　● 落葉　（ほぼ3種とも）

葉 3〜8cm

果実 0.5cm

雄花
0.3〜0.4cm

雌花

雌雄別株

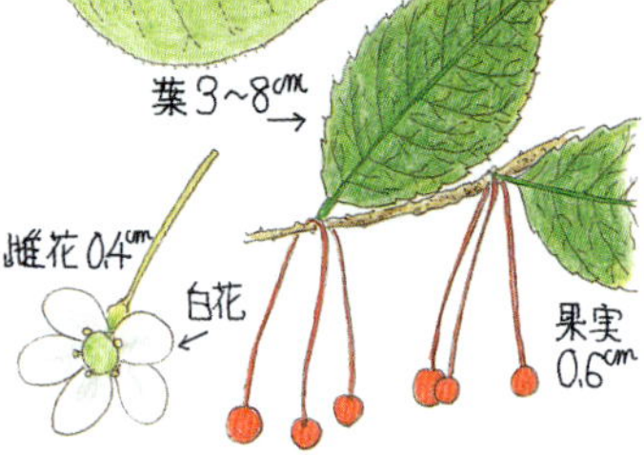

葉 3〜8cm →

雌花 0.4cm

白花

果実 0.6cm

フウリンウメモドキ　風鈴梅擬

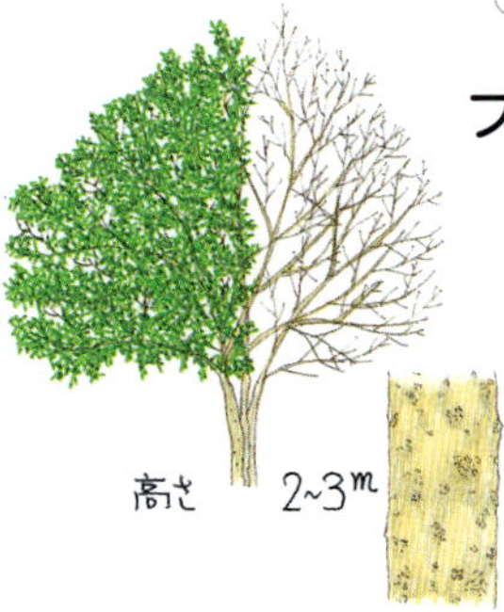

高さ　2〜3m

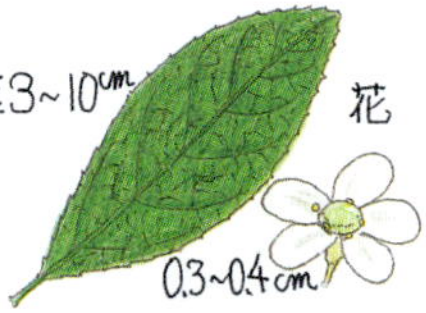

葉 3〜10cm

花

0.3〜0.4cm

ミヤマウメモドキ
深山梅擬

もちのき科　ミヤマウメモドキは本州の東北〜近畿の日本海側に、ほかの2者は本州〜九州に分布。ウメモドキの名は葉がウメ（p. 114）に似るからです。にしきぎ科のツルウメモドキ（p. 108）も同じ理由の名付け方です。ウメモドキもフウリンウメモドキも果実の美しさが好まれ、庭木としてよく植えられています。

ニワフジ　庭藤

● 花期 5〜6月　● 果期 9月　● 落葉

低木

紅紫色花

花序 10〜20㎝

奇数羽状複葉
5〜10㎝

花序 3㎝

小葉 1〜2.5㎝
3〜6対

高さ 0.3〜0.5ｍ

コマツナギ
駒繋

● 花期 7〜9月

奇数羽状複葉
15〜25㎝

小葉 2.5〜4㎝
3〜6対

高さ 0.5〜0.8ｍ

まめ科　ニワフジは本州中部・近畿、コマツナギは中部以西〜九州に分布。花序が大きく見栄えがすることから、公園や道路の縁石の脇によく植えられています。山野では河原で多く見られます。コマツナギはニワフジのミニサイズのようですが、花序が著しく小さく貧弱です。日当たりの良い山道の道端で見かけます。

294

ヤマハギ　山萩

● 花期 初夏〜秋　● 果期 10〜11月　● 落葉　（ほぼ5種とも）

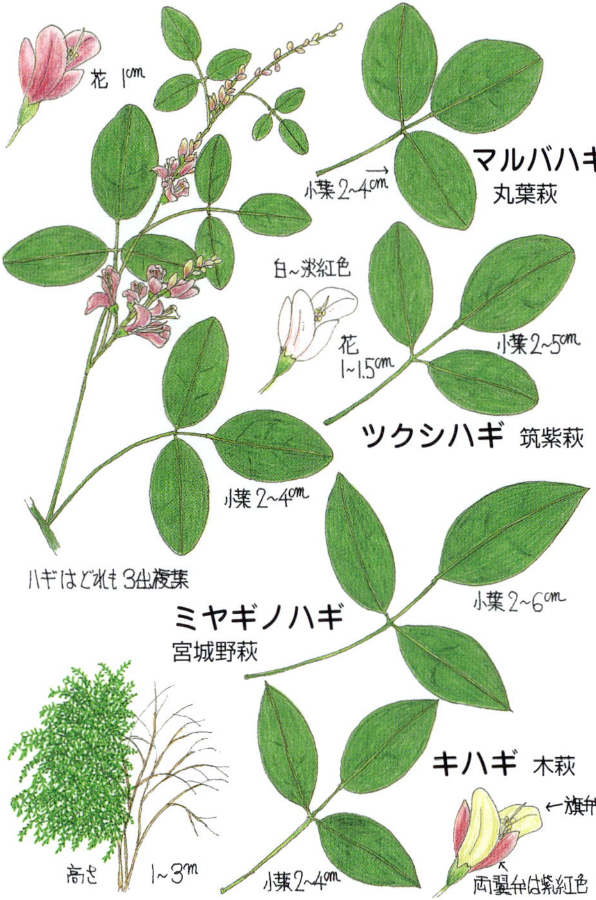

低木

紅紫色花

花 1cm

小葉 2〜4cm

マルバハギ　丸葉萩

白〜淡紅色
花
1〜1.5cm

小葉 2〜5cm

ツクシハギ　筑紫萩

小葉 2〜4cm

ハギはどれも3出複葉

ミヤギノハギ　宮城野萩

小葉 2〜6cm

高さ 1〜3m

キハギ　木萩

← 旗弁

小葉 2〜4cm　両翼弁は紫紅色

まめ科　単にハギとも呼ばれるヤマハギは北海道〜九州、マルバハギ・ツクシハギ・キハギは本州〜九州、ミヤギノハギは東北・北陸・中国に分布。どのハギも同じように見え見分けにくいのですが、葉が丸いのがマルバハギ、花色が白のツクシハギ、花の旗弁が黄色いのはキハギです。同定に挑戦してみてください。

ハナズオウ　花蘇芳

● 花期 4月　● 果期 7〜8月　● 落葉

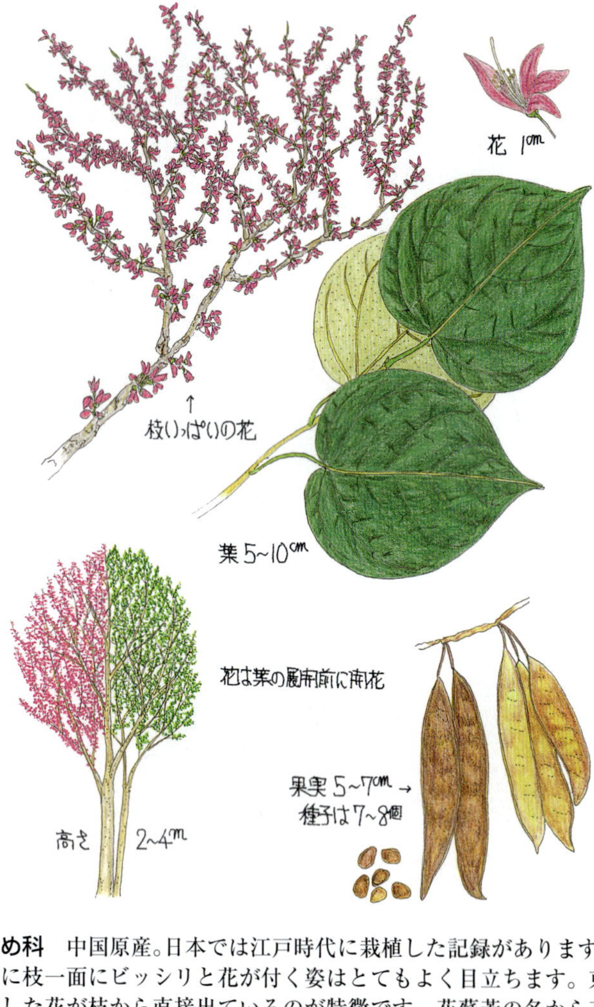

低木

紅紫色花

花 1cm

↑
枝いっぱいの花

葉 5〜10cm

高さ 2〜4m

花は葉の展開前に開花

果実 5〜7cm →
種子は 7〜8個

まめ科　中国原産。日本では江戸時代に栽植した記録があります。春に枝一面にビッシリと花が付く姿はとてもよく目立ちます。束生した花が枝から直接出ているのが特徴です。花蘇芳の名から花に香りがあるように思いますが、実際には香りを感じたことはありません。果実も花と同じように束になって付きます。

ジンチョウゲ　沈丁花

- ●花期 2〜4月　●果期 6〜7月　●常緑

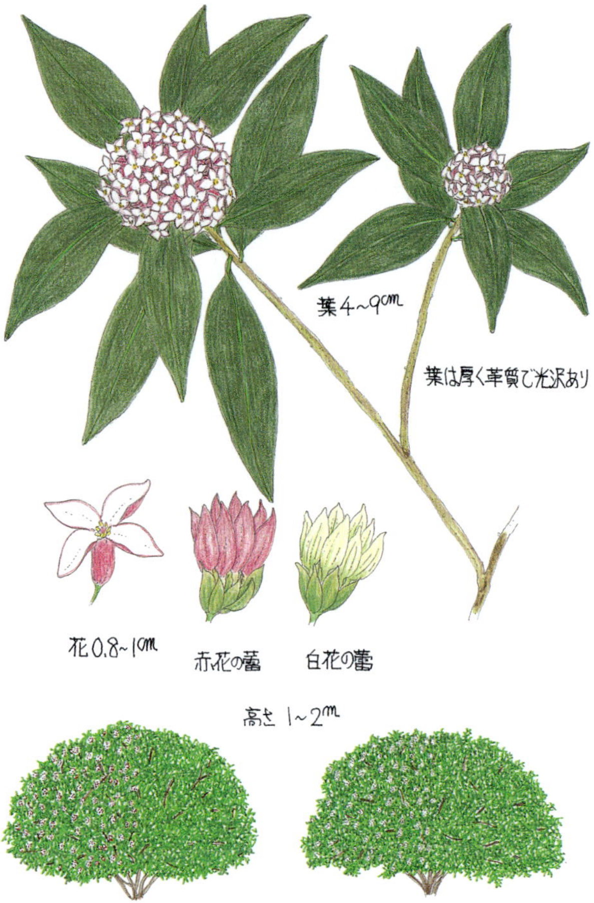

低木

紅紫色花

葉4〜9cm

葉は厚く革質で光沢あり

花0.8〜1cm

赤花の蕾　　白花の蕾

高さ1〜2m

じんちょうげ科　中国原産。室町時代に渡来しました。津軽から東京に住まいを移した著者の叔母は、北国ではなじみがないこの花を見て、香りの良さと花の美しさに感動し、とても元気づけられたそうです。多くの家の庭に植えられる花木の双璧は、このジンチョウゲとアジサイ(p. 289)ではないでしょうか。

297

フヨウ　芙蓉

- ●花期　7～10月
- ●果期　10～11月
- ●落葉　（2種とも）

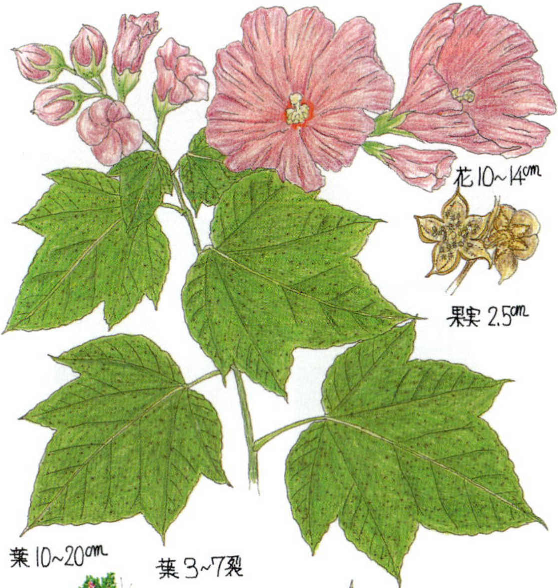

花 10～14cm

果実 2.5cm

葉 10～20cm　　葉 3～7裂

高さ　1～4m

フヨウの八重咲園芸品種

スイフヨウ　酔芙蓉

花 7～8cm

あおい科　中国原産と推定。日本では古くから栽培された記録があります。現在は伊豆・紀伊半島、四国・九州南部・沖縄などでは野生化しています。大きな花が魅力ですが、花は夕方にはしぼむ一日花です。スイフヨウの名は、白色の花が時間とともに赤くなることを、お酒を飲んで顔が赤くなることにたとえたものです。

ムクゲ　槿

● 花期 8〜9月　● 果期 10月頃　● 落葉

低木

紅紫色花

園芸品種
花色いろいろ

花 5〜10㎝

八重品種

ムクゲの花弁は通常5枚

葉 4〜10㎝

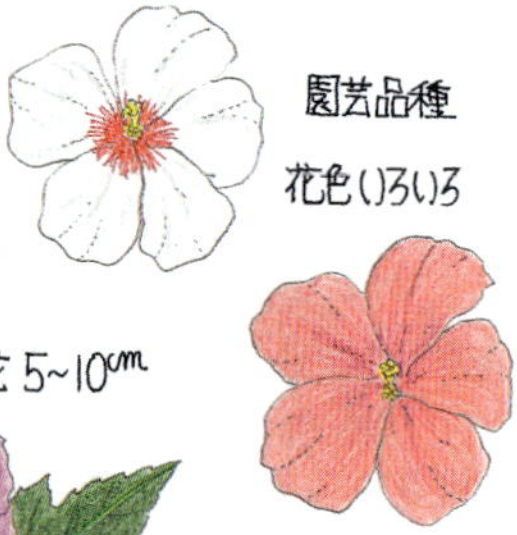

高さ　3〜4㎝

花弁の外に突き出る
↓

園芸品種多数あり

ハイビスカス

あおい科　中国原産説などがあります。ムクゲは園芸品種がたくさんあり、花色も多く八重咲き品種もあります。韓国の国花はムクゲです。ハイビスカスはハワイ市や沖縄市では市の花です。雄しべの筒が花弁の外に飛び出すのが特徴で、沖縄や九州南部で栽培されたブッソウゲ(仏桑花)とよく似ています。

ドクウツギ　毒空木

●花期 4〜5月　●果期 8〜9月　●落葉

低木

紅紫色花

雌花序 2〜5cm

雌花 0.5cm

雄花序 2〜5cm　雄花 0.6〜0.9cm

対生 15〜18対の葉 15〜40cm

高さ 1.5m

葉 6〜8cm

果実は猛毒

果実 1cm

どくうつぎ科　北海道〜近畿以北に分布。猛毒植物としてよく知られています。不思議な怪鳥の羽根のような羽状複葉に似た大きな葉も、熟し始めて赤と黒紫色の混じる果実も毒々しく感じます。そのため公園樹や庭木として見ることはありません。名は樹形がウツギ(p. 321)に似ていることに由来します。

オオバベニガシワ　大葉紅柏

● 花期 春　● 果期 秋　● 落葉

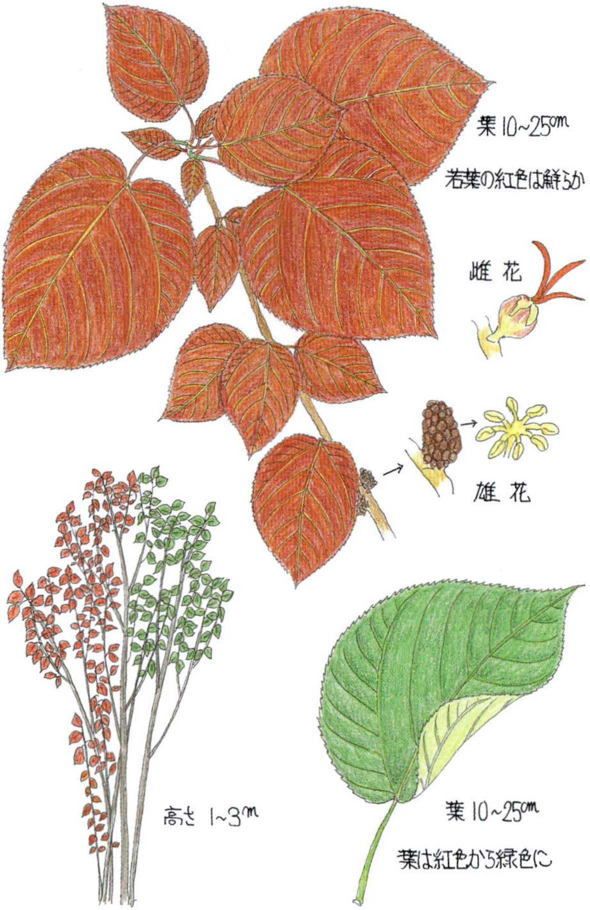

低木

紅紫色花

葉 10～25㎝

若葉の紅色は鮮らか

雌花

雄花

高さ 1～3ｍ

葉 10～25㎝

葉は紅色から緑色に

とうだいぐさ科　中国原産。公園や庭園では同じ場所に何本も植えていることが多く、赤く燃える炎のように見えて目を引きます。特に若葉はみごとに赤くなります。同じように葉が赤くなるアカメガシワ（p. 232）と混同する人もいますが、葉の形が違います。庭木として1、2本植えてあるのもよく見かけます。

301

ノボタン　野牡丹

● 花期　5〜10月　● 果期　秋〜春　● 常緑　（2種とも）

低木

紅紫色花

葉5〜12cm

花6〜8cm

果実 1〜1.5cm

シコンノボタン　紫紺野牡丹

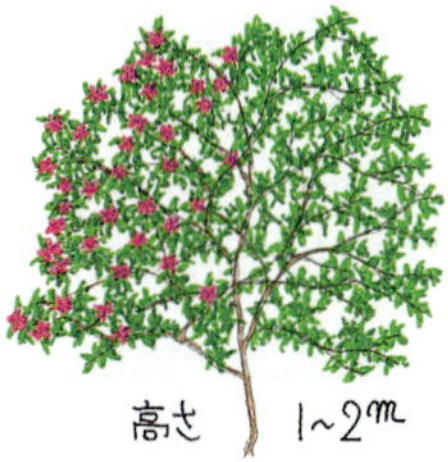

高さ　1〜2m

花色は濃紫色

のぼたん科　奄美大島〜沖縄に分布。本州や四国の街の中では、ブラジル原産のシコンノボタンが多く見られます。暖地向きですが関東でも越冬し、暖かければ1年中花が咲きます。あまり知られていませんがノボタンの果実は食べられます。小笠原父島には絶滅危惧種のムニンノボタン(無人野牡丹)が自生しています。

ブラシノキ

● 花期 4～6月　● 果期 10月頃　● 常緑

低木

紅紫色花

花序 6～9cm

葉 7～10cm

花糸

花弁5枚

高さ 2～6m

果実 0.3～0.5cm

ふともも科　オーストラリア原産。日本では江戸時代には栽培されていました。現在は関東以西～沖縄に栽植されています。赤いブラシ状にたくさん付く花はとてもよく目立ちます。道路側の庭に植えると道を聞かれた近所の人たちは、道案内標識のようにして「あの赤いブラシみたいな花の家」と言って教えてくれます。

303

低木

白色花

ヤブコウジ　藪柑子

●花期 7～8月　●果期 10～11月　●常緑　（ほぼ2種とも）

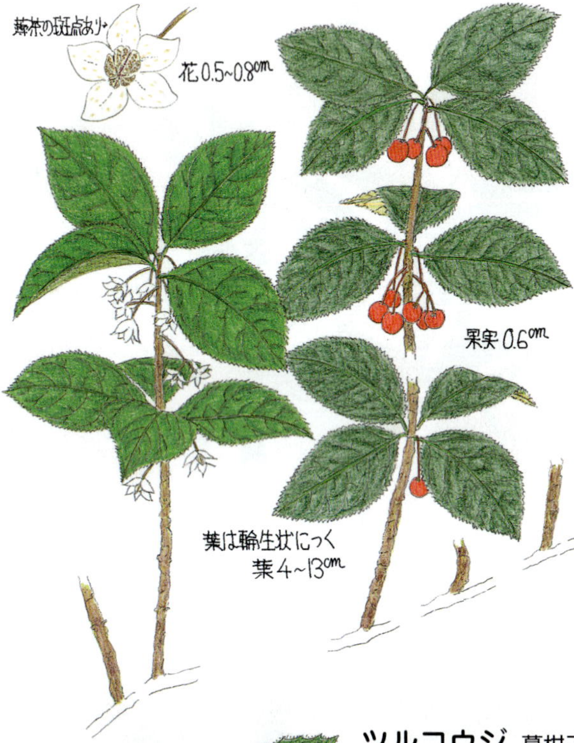

黄茶の斑点あり

花 0.5～0.8cm

果実 0.6cm

葉は輪生状につく
葉 4～13cm

葉 2～6cm

ツルコウジ　蔓柑子

全身に軟毛あり

やぶこうじ科　ヤブコウジは北海道奥尻～九州に分布。赤い果実が美しく鉢植えを正月の飾りにします。葉は鋸歯が細かく鋭いのですが、よく似ている次頁のマンリョウは波状の鋸歯です。同じくヤブコウジによく似たツルコウジは全身に軟毛があるので見分けるのは簡単です。関東以西～沖縄に分布します。

マンリョウ　万両

●花期 7〜8月　●果期 1月頃　●常緑　（ほぼ2種とも）

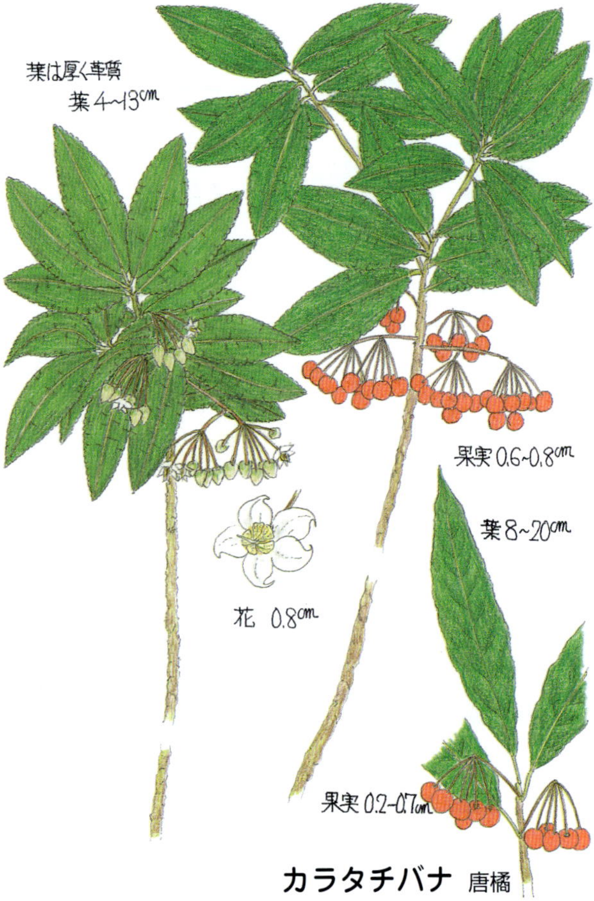

低木

白色花

葉は厚く革質
葉 4〜13㎝

果実 0.6〜0.8㎝

葉 8〜20㎝

花 0.8㎝

果実 0.2〜0.7㎝

カラタチバナ　唐橘

やぶこうじ科　両者ともに関東以西〜沖縄に分布。果実はとても
美しく公園樹や庭木としても見かけます。万両がありますから、
もちろん千両 センリョウ（p. 336）もあります。そして、百両は
カラタチバナです。それぞれの価値評価はいかがでしょうか。ど
れも名が縁起良いとされ、お正月飾りの盆栽として使われます。

ドウダンツツジ　満天星躑躅・灯台躑躅

●花期 4〜5月　●果期 7〜10月　●落葉

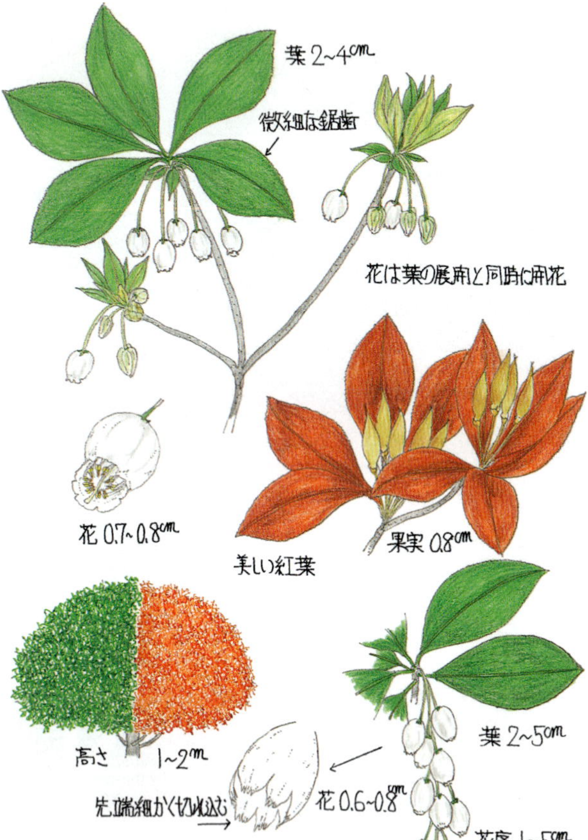

低木

白色花

葉 2〜4cm

微細な鋸歯

花は葉の展開と同時に開花

花 0.7〜0.8cm

美しい紅葉

果実 0.8cm

高さ 1〜2m

先端細かく切れ込む

花 0.6〜0.8cm

葉 2〜5cm

花序 1〜5cm

シロドウダン
白満天星・白灯台

●花期 5〜6月

つつじ科　静岡・愛知・岐阜・紀伊半島・徳島・高知・鹿児島に分布。花は可憐で可愛らしく、秋には美しい紅葉に変身することから、生垣として各地で大活躍しています。シロドウダンは関東以西〜九州に分布。ベニドウダン(p. 266)同様、花弁の先端が細かく切れ込むのが特徴です。

ミヤマシキミ　深山樒

● 花期 4〜5月　● 果期 12〜2月　● 常緑　（2種とも）

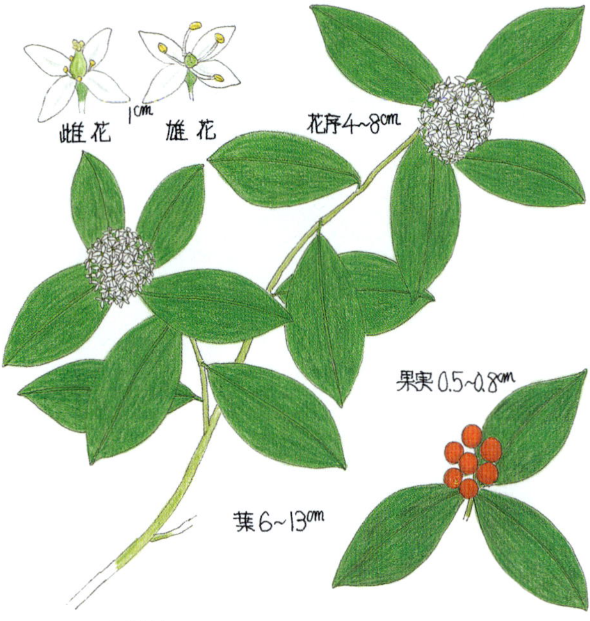

低木

白色花

雌花　　雄花

花序4〜8cm

果実 0.5〜0.8cm

葉6〜13cm

雌雄別株

高さ 1〜1.5m

ツルシキミ
蔓樒

葉3〜8cm

つる性 →
0.3〜0.5m

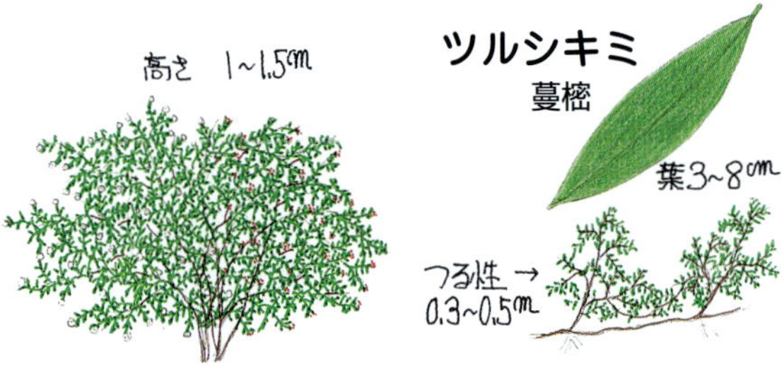

みかん科　ミヤマシキミは関東以西〜九州に、ツルシキミは北海道・東北・中部以西の日本海側・四国・九州に分布。この両者はよく似ているので、分布が重なる地帯では間違えることがあります。名からしきみ科のシキミ（p. 207）との混同もあります。有毒なのですが果実が美しく、庭木や生垣として見かけます。

クチナシ　梔子

● 花期 6〜7月　● 果期 11〜12月　● 常緑

低木

白色花

八重咲きもある

花には強い芳香あり

葉は厚く革質

葉 5〜12cm

5〜7稜

果実 2〜3cm

葉は対生.
ときどき 3輪生もある
花 5〜6cm, 花弁 5〜7裂

高さ　1〜2m

あかね科　静岡以南〜沖縄に分布。ある人が街の中の木では、"春のジンチョウゲ、夏のクチナシ、秋のキンモクセイ"が「香りの3姉妹」と言いました。どれが長女で、どれが次女、三女でしょうか？八重咲き品種のヤエクチナシや、中国原産で葉も花もひと回り小さいコクチナシ(小梔子)も多く植えられています。

308

アリドオシ　蟻通し

● 花期 4〜5月　● 果期 11〜1月　● 常緑

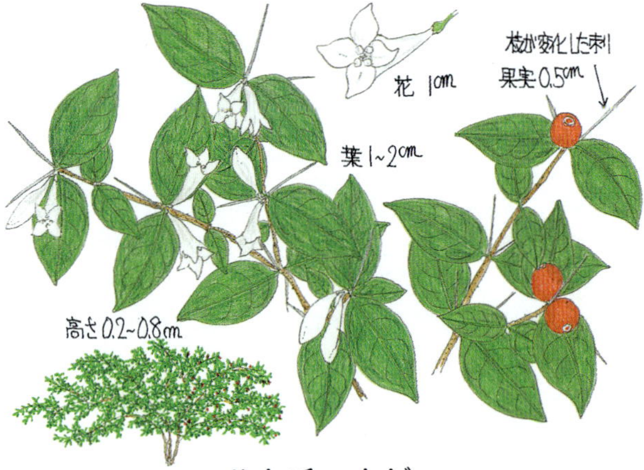

花 1cm

枝が変化した刺
果実 0.5cm

葉 1〜2cm

高さ 0.2〜0.8m

低木

白色花

ハクチョウゲ　白丁花

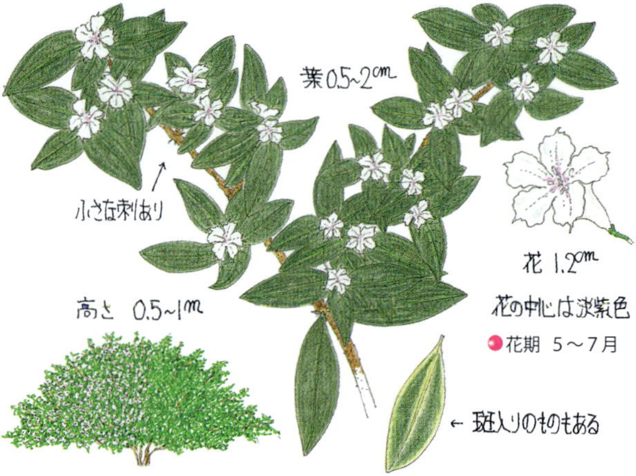

葉 0.5〜2cm

小さな刺あり

高さ 0.5〜1m

花 1.2cm
花の中心は淡紫色
● 花期 5〜7月

← 斑入りのものもある

あかね科　アリドオシは関東以西〜九州に分布。名は蟻でも刺し通すような細くて長い刺があるからです。白花のハクチョウゲは中国原産で庭木や生垣としてよく見かけますが、果実はほとんど付きません。紀伊半島・高知・兵庫などに分布し、花が紅紫色のシチョウゲ(紫丁花)も各地で生垣としてよく見られます。

コウヤボウキ　高野箒

● 花期 9〜10月　● 果期 11〜12月　● 落葉　（2種とも）

低木

白色花

葉 2〜5cm

↑互生

←1cm 花 1.5cm→

花は本年枝の先につく

葉 3〜4.5cm

2年枝の葉は3〜5枚束生する

2年枝

2年枝

←2年枝

花は2年枝の束生した葉の　先に1個つく

ナガバノコウヤボウキ
長葉の高野箒

本年枝の葉は丸みを帯び互生する.

←本年枝

高さ 0.5〜1m

きく科　コウヤボウキは関東以西〜九州、ナガバノコウヤボウキは宮城以南〜九州に分布。高野山では枝を箒にしました。これが名の由来です。ナガバノコウヤボウキは2年枝の束生した葉の先端に花が付きますが、コウヤボウキはその年の枝の先に花が付きます。両者ともやや乾燥気味のところに生えています。

ユスラウメ　桜桃・山桜桃・梅桃

● 花期　3月　● 果期　6〜7月　● 落葉　（ほぼ2種とも）

花1.5〜2㎝

果実1〜1.2㎝

葉4〜7㎝

ニワウメ　庭梅

花1.3㎝

葉4〜6㎝

果実1㎝

ばら科　どちらも中国原産で、日本では古い時代から栽培されていました。今も庭木としてよく植えられています。両者の見分けかたを聞かれますが、ユスラウメの葉は丸くて花は白〜淡紅色、ニワウメの葉は細長くて花は紅紫色です。どちらの果実もおいしく、黙っていると子供は実がなくなるまで食べてしまいます。

ノイバラ　野茨

● 花期 5〜6月　● 果期 9〜10月　● 落葉

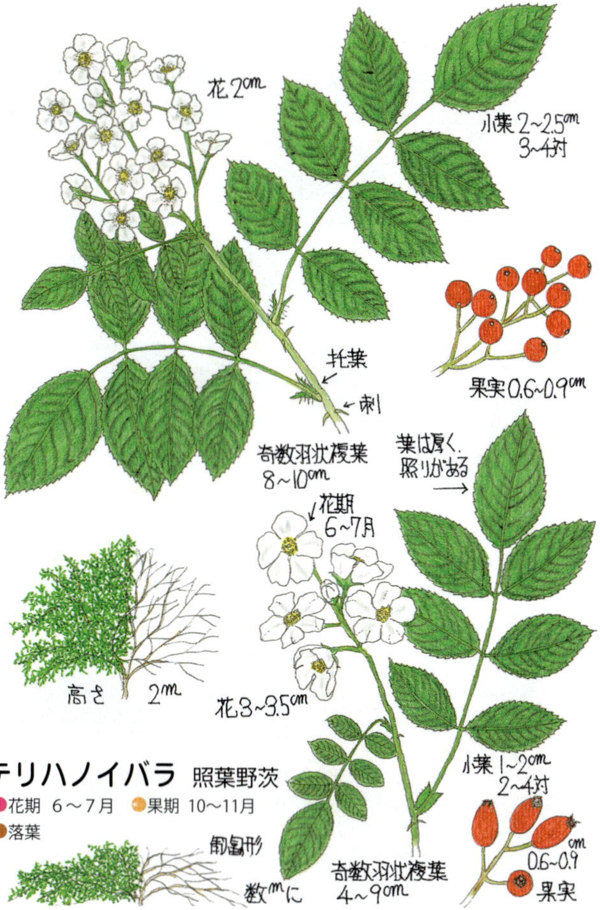

低木

白色花

花 2㎝

小葉 2〜2.5㎝
3〜4対

托葉

刺

果実 0.6〜0.9㎝

奇数羽状複葉
8〜10㎝

葉は厚く、
照りがある

花期
6〜7月

高さ　2m

花 3〜3.5㎝

小葉 1〜2㎝
2〜4対

テリハノイバラ　照葉野茨

● 花期 6〜7月　● 果期 10〜11月
● 落葉

匍匐形

数mに

奇数羽状複葉
4〜9㎝

0.6〜0.9
㎝

果実

ばら科　ノイバラは北海道〜九州に分布しますが、テリハノイバ
ラは本州〜沖縄と西へずれます。公園樹や庭木として見られます。
海岸沿いの河原や草原に生えるテリハノイバラの名は葉の表面が
光ることからです。両者は似ていますがノイバラは立性、テリハ
ノイバラは匍匐性ですから簡単に区別ができます。

312

キイチゴ類の仲間（白い花）

低木

白色花

クマイチゴ　熊苺

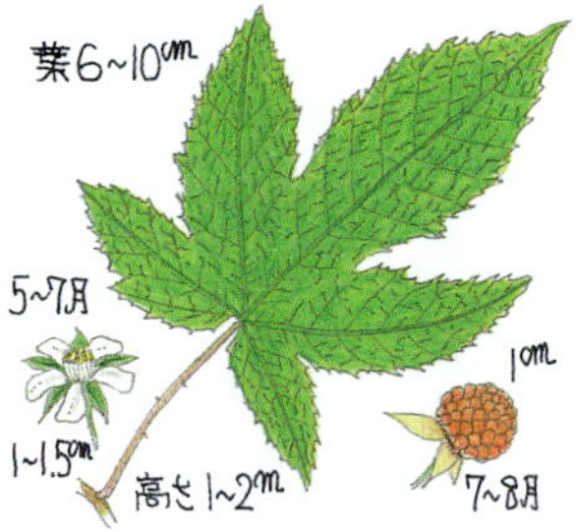

葉6~10cm

5~7月

1~1.5cm

高さ1~2m

1cm

7~8月

モミジイチゴ　紅葉苺

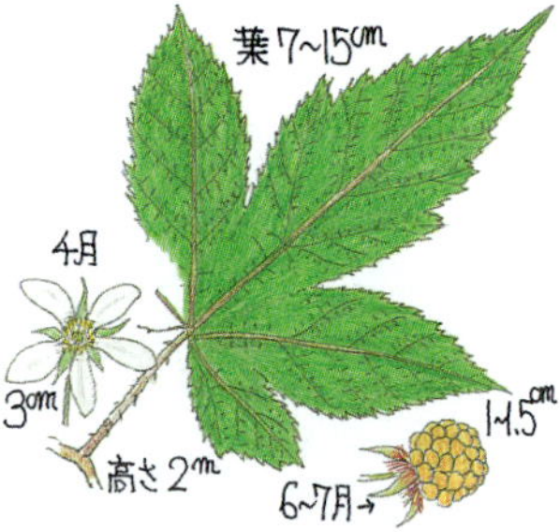

葉7~15cm

4月

3cm

高さ2m

1~1.5cm

6~7月

カジイチゴ　梶苺

葉6~12cm

3~4cm

4~5月

高さ2~3m

1cm

7~8月

クサイチゴ　草苺

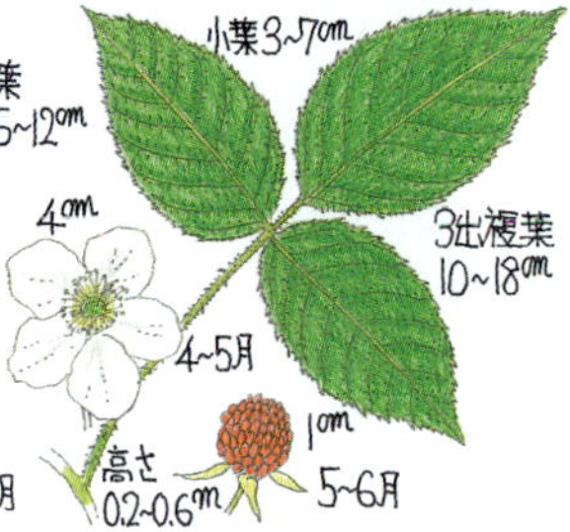

小葉3~7cm

3出複葉 10~18cm

4cm

4~5月

高さ0.2~0.6m

1cm

5~6月

バライチゴ　薔薇苺

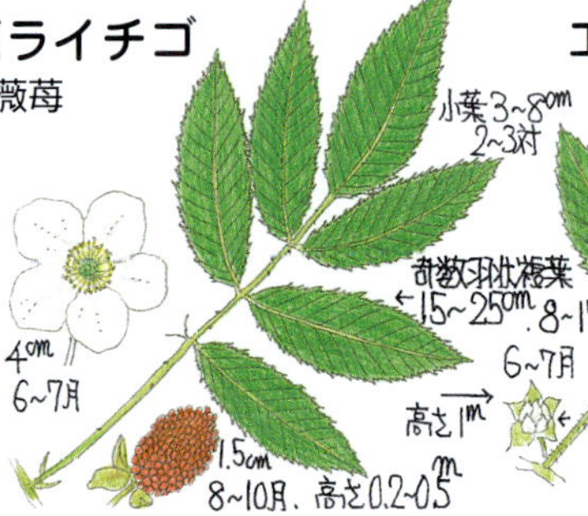

小葉3~8cm 2~3対

奇数羽状複葉 15~25cm

4cm

6~7月

1.5cm

8~10月、高さ0.2~0.5

エゾイチゴ　蝦夷苺

小葉3~6

2~3対

8~17cm

高さ1m

0.8~1cm

1~1.5cm

7~8月

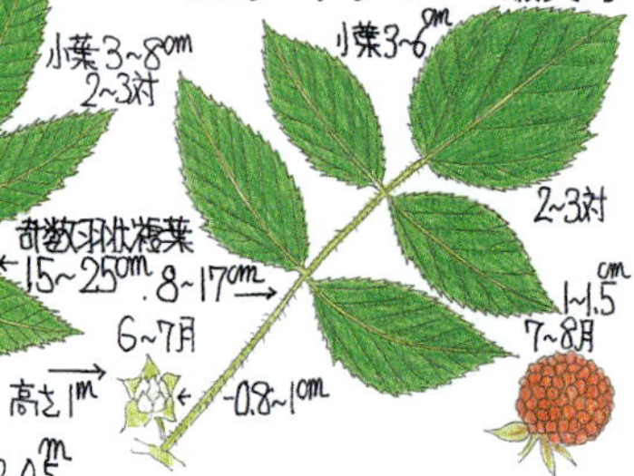

ばら科　紅紫色の花のキイチゴは p. 282 参照。エゾイチゴは主に北海道に、クマイチゴは北海道~九州に、クサイチゴは本州~九州に、モミジイチゴは本州中部以北に、カジイチゴは関東以西の太平洋側~九州に、バライチゴは中国、四国、九州に分布。イチゴの種類がわかると、一層おいしく感じます。

313

シロヤマブキ　白山吹

●花期　4〜5月　●果期　9〜10月　●落葉

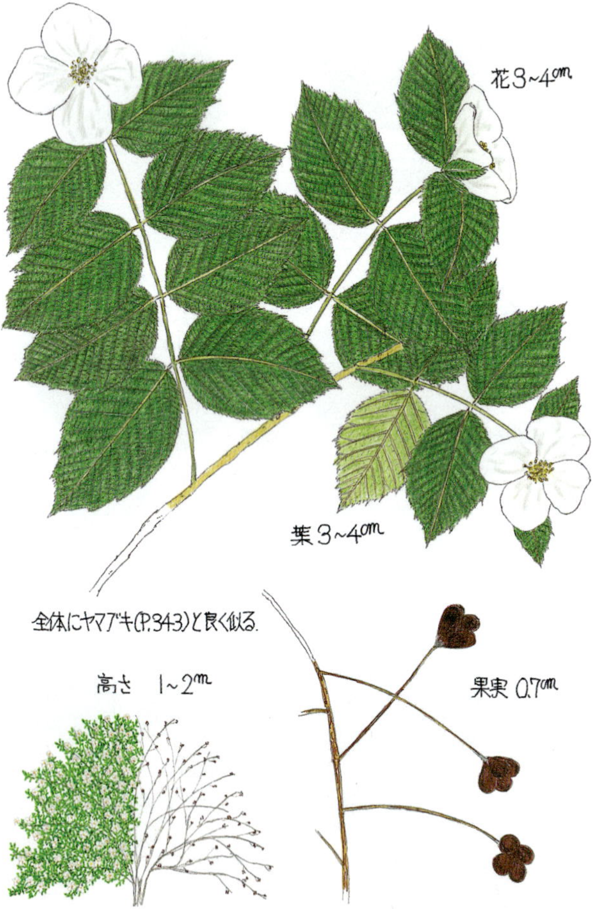

花3〜4㎝

葉3〜4㎝

全体にヤマブキ(P.343)と良く似る.

高さ　1〜2ｍ

果実　0.7㎝

ばら科　福井・岡山・広島・島根に分布。多くの人はヤマブキ(p.
343)の白い花と思ってしまいます。花弁の数を見ると、ヤマブキ
は5弁ですがシロヤマブキは4弁です。植物の分類では花弁1枚
の違いは大きな違いです。両者とも同じばら科ですが、ヤマブキ
属とシロヤマブキ属に分かれ分類が異なります。

シャリンバイ　車輪梅

●花期 5月　●果期 10〜11月　●常緑　（2種とも）

低木

白色花

花 1〜1.5㎝

花序 10〜15㎝

葉 5〜10㎝

↑
ホソバシャリンバイの葉

葉 4〜8㎝

果実 0.8〜1㎝

葉の小さなヒメシャリンバイもある

庭木,生垣など

高さ　1〜5m

ばら科　宮城・山形以南〜沖縄・小笠原に分布。庭・公園・道路の脇などいたる所に植えられています。名は葉が車輪のように輪生状につき、花が梅に似ているからです。動植物園内の昆虫園に植えられているのをよく見ます。適当な温度さえあれば花は次々に咲き続け、羽化したチョウを飼いやすいからなのでしょう。

315

ホザキナナカマド　穂咲七竈

●花期 6〜8月　●果期 9〜11月　●落葉　（ほぼ2種とも）

低木

白色花

花序20〜30cm

奇数羽状複葉
15〜30cm

雄しべは花弁より長い

花 0.5〜0.6cm

雄しべは花弁より短い

ニワナナカマド　庭七竈

葉裏　軟毛と星状毛あり

葉裏　ほとんど無毛

高さ　2〜3m

ばら科　ホザキナナカマドは青森県下北半島に分布。ニワナナカマドは中国北部原産。ともに公園樹や庭木、道路脇の植え込みなどでも見かけます。両者はほとんど同じに見えますが、葉裏が無毛ならニワナナカマドです。花序は細かなレース織りのようで優美なのですが、ニワナナカマドの花の臭いにはいささか幻滅を感じます。

316

シモツケの仲間（白い花）

● 花期 5〜6月　● 果期 10〜11月　● 落葉　（ほぼ6種とも）

低木

白色花

マルバシモツケ　丸葉下野

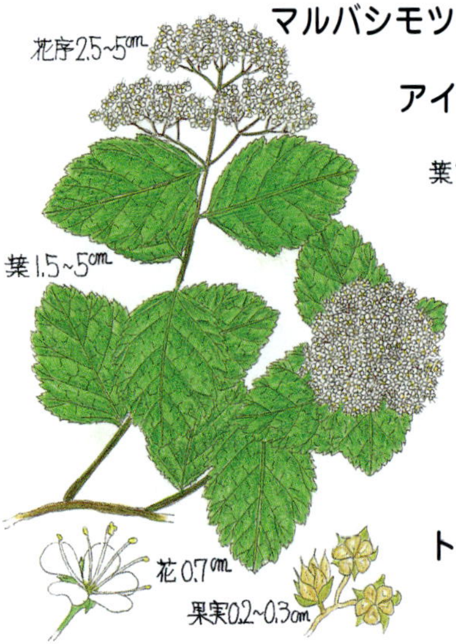

花序2.5〜5㎝

葉1.5〜5㎝

花 0.7㎝

果実0.2〜0.3㎝

アイヅシモツケ　会津下野

葉3〜5㎝

イブキシモツケ　伊吹下野

葉3〜5㎝

トサシモツケ　土佐下野

イワシモツケの変種

葉1.5〜5㎝

イワシモツケ　岩下野

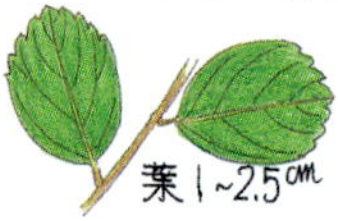

葉1〜2.5㎝

エゾシモツケ　蝦夷下野

葉2〜4㎝

マルバシモツケ	北海道〜本州（中部以東）
アイヅシモツケ	北海道・本州（中部以東）・熊本
イブキシモツケ	本州（近畿以西）・四国〜九州
トサシモツケ	四国（高知・徳島）
イワシモツケ	本州（近畿以西）
エゾシモツケ	北海道・下北半島

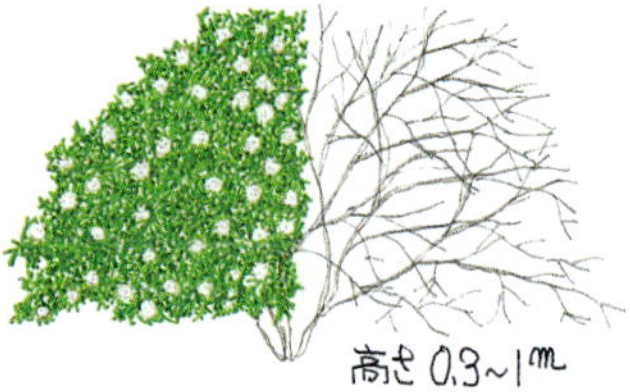

高さ 0.3〜1㎝

ばら科　紅紫色花の頃のシモツケやホザキシモツケ(p. 287)と対比して見てください。ここでは白い花で、シモツケと名がつく種類を紹介しました。自生地分布や葉の形の違いなどはありますが、シモツケの仲間はどれも清楚な感じがあります。今は庭でも公園でも各種のシモツケを見ることができます。

317

ユキヤナギ　雪柳

🔴 花期 4月　🟠 果期 5〜6月　🟤 落葉　（2種とも）

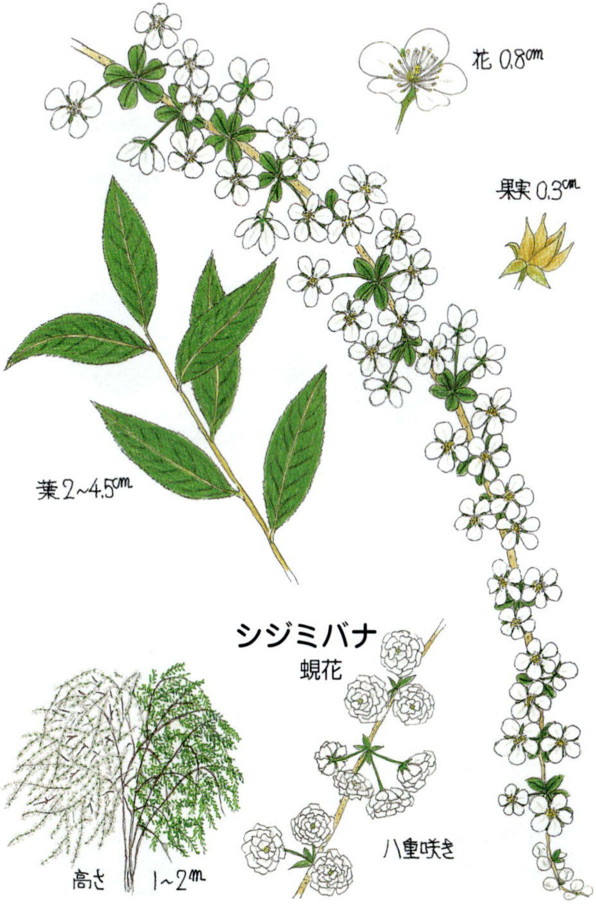

低木

白色花

花 0.8㎝

果実 0.3㎝

葉 2〜4.5㎝

シジミバナ
蜆花

八重咲き

高さ 1〜2㎝

ばら科　ユキヤナギは東北南部以南〜九州に分布。名前のとおり、垂れ下がる枝に真っ白に咲く花は、雪が降った朝のように見えます。シジミバナは中国原産で、古い時代に渡来し栽植されました。花の形をシジミ（蜆）に見立てた名です。遠目には同じように見えますが、シジミバナの花は八重咲きです。

コデマリ 小手毬

● 花期 4〜5月　● 果期 6〜8月　● 落葉　（ほぼ2種とも）

低木

白色花

花 1㎝

花序 2.5〜3㎝

果実 0.2㎝

葉 2.5〜4㎝

この葉の形もよくある

イワガサ

高さ 1.5〜2m

岩傘

葉の切れ込み深い

全体にコデマリに似る

葉 1〜1.5㎝

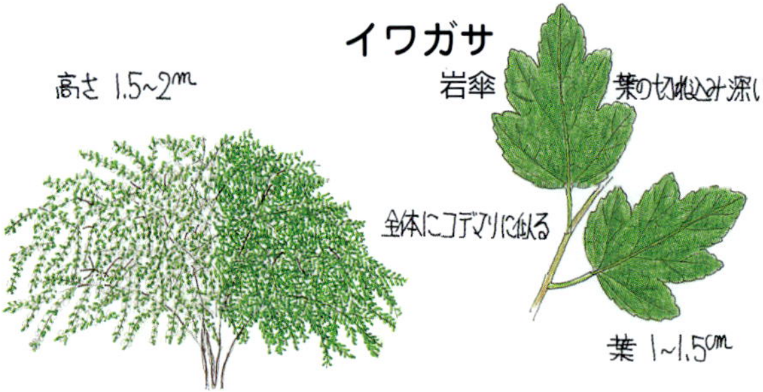

ばら科　コデマリは中国原産で、古い時代に渡来し各地で栽培されました。名や花の形から「オオデマリ (p. 174) の小形種だ」などと冗談を言う人がいますが、オオデマリはすいかずら科です。イワガサは近畿以西、四国、九州に分布。全体にはコデマリとよく似ていますが、葉の形の違いに注意してください。

319

コゴメウツギ　小米空木

● 花期　5〜6月　● 果期　9〜10月　● 落葉　（2種とも）

低木

白色花

花
0.4〜0.5cm

葉 2〜4cm

このような葉形もある

高さ　1〜2m

カナウツギ

葉 5〜11cm

全体はコゴメウツギに似るが葉が大きい

ばら科　コゴメウツギは北海道〜九州、カナウツギは主に神奈川・山梨・静岡に分布。コゴメウツギは山野ではごく普通に出会う花です。花は名のとおり小米のように小さいので特に注目されることはありません。黄葉はまずまずの美しさです。花がよく似ているカナウツギは葉が大きい分、花はさらに小さく見えてしまいます。

ウツギ　空木

● 花期 5〜7月　● 果期 10〜11月　● 落葉

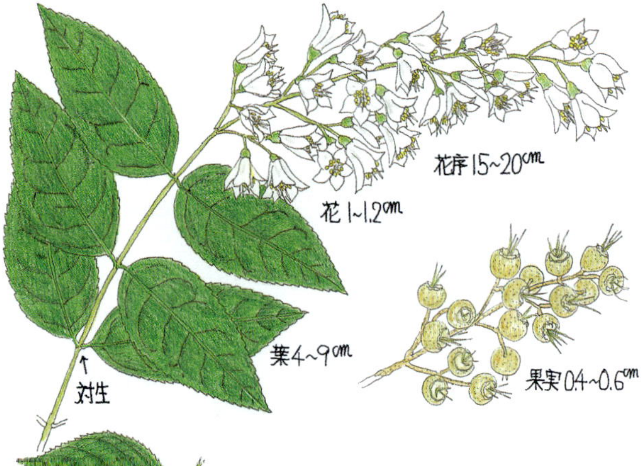

花序 15〜20cm

花 1〜1.2cm

葉 4〜9cm

↑
対生

果実 0.4〜0.6cm

マルバウツギ　丸葉空木
● 花期 4〜5月

葉 3〜8cm

バイカウツギ　梅花空木
● 花期 6〜7月

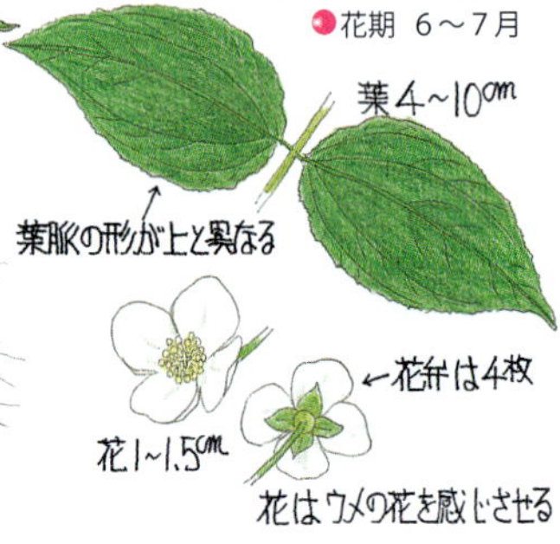

葉 4〜10cm

葉脈の形が上と異なる

高さ 1〜3m

花 1〜1.5cm

←花弁は4枚

花はウメの花を感じさせる

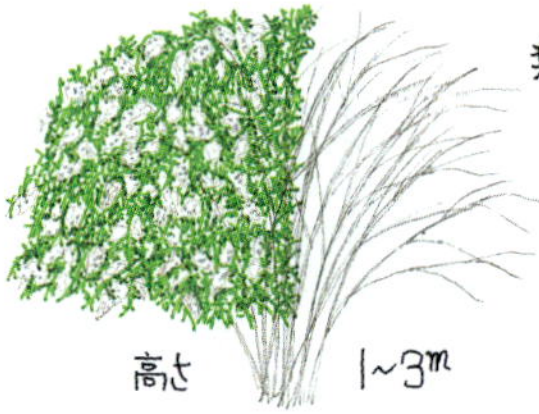

ゆきのした科 ウツギ(別名ウノハナ　卯の花)は北海道〜九州、マルバウツギは関東以西〜九州、バイカウツギは本州〜九州に分布。バイカウツギの花弁は4枚、ほかの2種は5枚です。万葉集にはウツギを詠んだ句が24首あります。ウツギの引き締まった真っ白な花は、古代人の歌心をシッカリととらえました。

ズイナ　瑞菜

● 花期 5〜6月　● 果期 9月　● 落葉　（ほぼ2種とも）

花 0.7〜0.9cm

花序 10〜20cm

葉脈は葉表でへこむ

葉 5〜12cm

果実 0.3cm

花序 8〜10cm

コバノズイナ　小葉の瑞菜

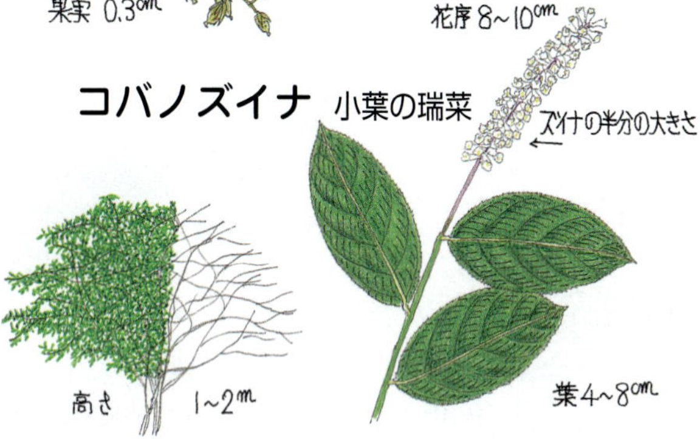

ズイナの半分の大きさ

高さ　1〜2m

葉 4〜8cm

ゆきのした科　ズイナは近畿南部、四国、九州に分布。別名はヨメナノキ（嫁菜の木）ですが、瑞菜・嫁菜とも「若葉がおいしく食べられる菜」が由来のようです。長い花序は目立ちます。株立ち状になるコバノズイナは北米東部原産で、明治時代に渡来し普及しました。庭木としては、今はこちらのほうが多いように感じます。

322

低木

白色花

ミツバウツギ　三葉空木

●花期 5月　●果期 9〜11月　●落葉

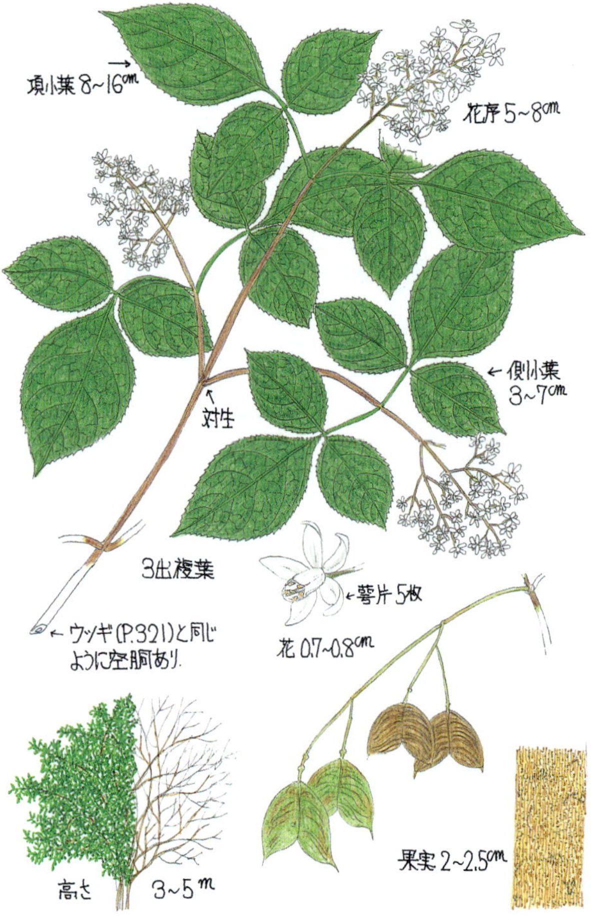

項小葉 8〜16cm

花序 5〜8cm

側小葉 3〜7cm

対生

3出複葉

←ウツギ(P.321)と同じ
ように空胴あり.

萼片 5枚

花 0.7〜0.8cm

高さ 3〜5m

果実 2〜2.5cm

低木

白色花

みつばうつぎ科　北海道〜九州に分布。葉が3出複葉で、枝がウツギ(p. 321)と同じように空洞なのが名の由来です。花の形はウツギとはかなり違います。山野では日当たりの良い沢沿いなどに生えます。若葉にはわずかに胡麻油の香りがあり、花にも芳香があります。矢筈型の果実の中には薄茶の種子が入っています。

323

ナンテン　南天

●花期 5〜6月　●果期 10〜11月　●常緑

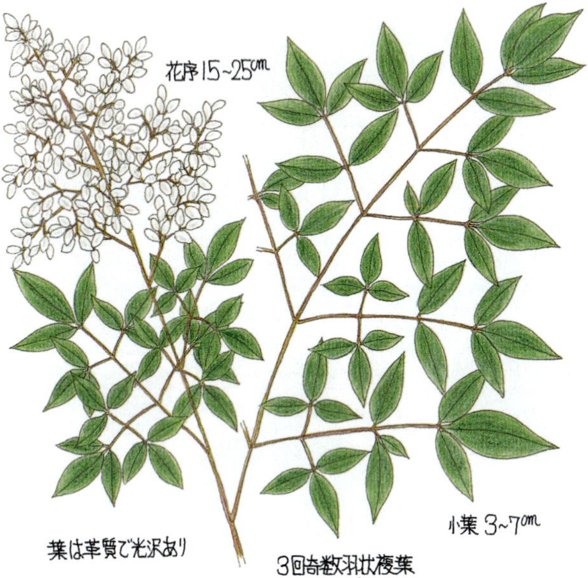

低木

白色花

花序15〜25cm

葉は革質で光沢あり

3回奇数羽状複葉
30〜45cm

小葉 3〜7cm

高さ 3m

花 0.6〜0.7cm
花弁は開花後すぐ落ちる

果実 0.6〜0.8cm

めぎ科　茨城以西〜九州に分布。ナンテンの葉はセンダン (p. 39) などと同じように、2〜3回奇数羽状複葉の見本みたいな葉です。子どものころナンテンの果実をお盆の上に作る「雪ウサギ」の赤い目玉として使いました。ヒヨドリの好物で実をついばむ姿をよく見ます。果実が白いものもあり、シロナンテンと呼ばれます。

チャ 茶

- 🔴花期 10〜11月　🟠果期 10〜12月　🟢常緑

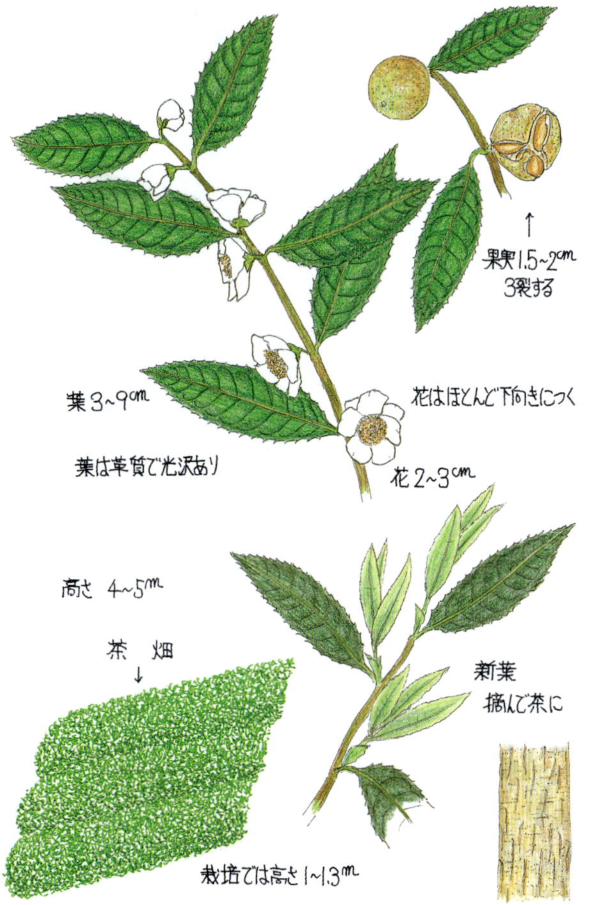

低木

白色花

果実 1.5〜2㎝
3裂する

葉 3〜9㎝

葉は革質で光沢あり

花はほとんど下向きにつく

花 2〜3㎝

高さ 4〜5m

茶畑

新葉
摘んで茶に

栽培では高さ 1〜1.3m

つばき科　別名チャノキ（茶の木）　中国・ベトナム・インド原産。奈良時代に渡来し薬用として栽培されました。茶としての利用は、鎌倉時代に栄西和尚が中国から種子を持ち帰ってから急速に拡がりました。茶畑のチャは誰も見ていますが、自然では4〜5mにもなります。街の中でも生垣として時々見かけます。

ヤツデ 八手

●花期 11〜12月 ●果期 4〜5月 ●常緑

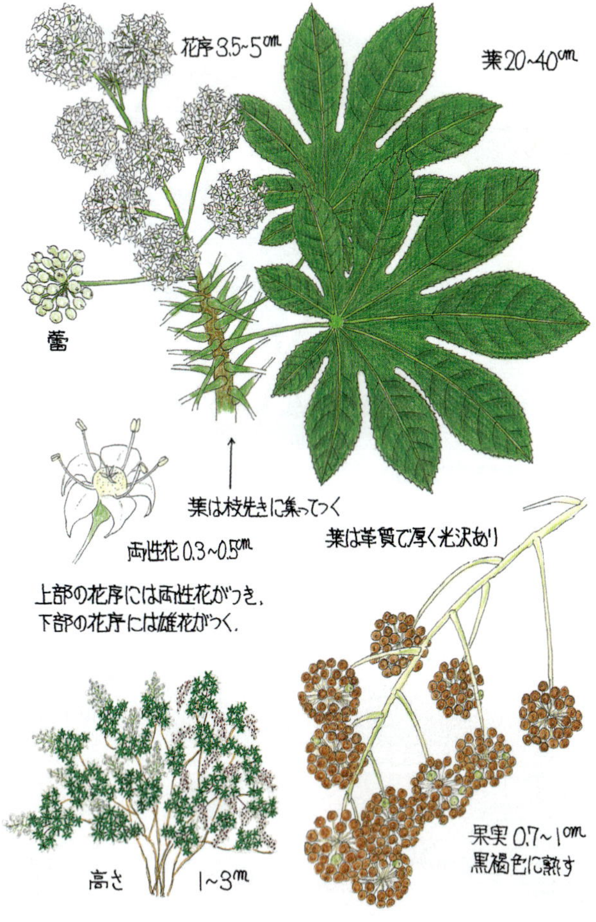

花序3.5〜5cm

葉20〜40cm

蕾

両性花 0.3〜0.5cm

葉は枝先きに集ってつく

葉は革質で厚く光沢あり

上部の花序には両性花がつき,
下部の花序には雄花がつく.

高さ 1〜3m

果実 0.7〜1cm
黒褐色に熟す

うこぎ科　別名テングノハウチワ(天狗の羽団扇)　茨城以西の太
平洋側〜沖縄に分布。昔は家の玄関脇には必ず植えられていまし
た。天狗が持つのはこのヤツデの葉です。寺社などで天狗の絵馬
や彫刻や絵画を見る機会があれば確かめてください。ヤツデは魔
除け団扇です。玄関脇に植える習慣もこのことからです。

カクレミノ　隠れ蓑

●花期 7〜8月　●果期 10〜11月　●常緑

蕾 15〜40個

両性花と雄花混在

花 5〜7cm

葉は革質で光沢あり

葉 7〜12cm

花序には両性花のみと雄花と両性花が
混在するものがある.

3裂する葉もある

雄花　　両性花

果実 1cm

高さ　3〜8m

低木

白色花

うこぎ科　関東以西〜九州に分布。前頁のヤツデと同様に、昔は
玄関脇や敷地の境界付近が定位置でした。蓑をまとうと見えなく
なる昔話があり、この葉を蓑に見立てたことが名の由来です。果
実はヒヨドリの好物で、糞の中の種子で拡がります。街では剪定
され低木ですが、自然界ではかなり大きくなります。

レンギョウ　連翹

●花期 3〜4月　●果期 10〜12月　●落葉　（3種とも）

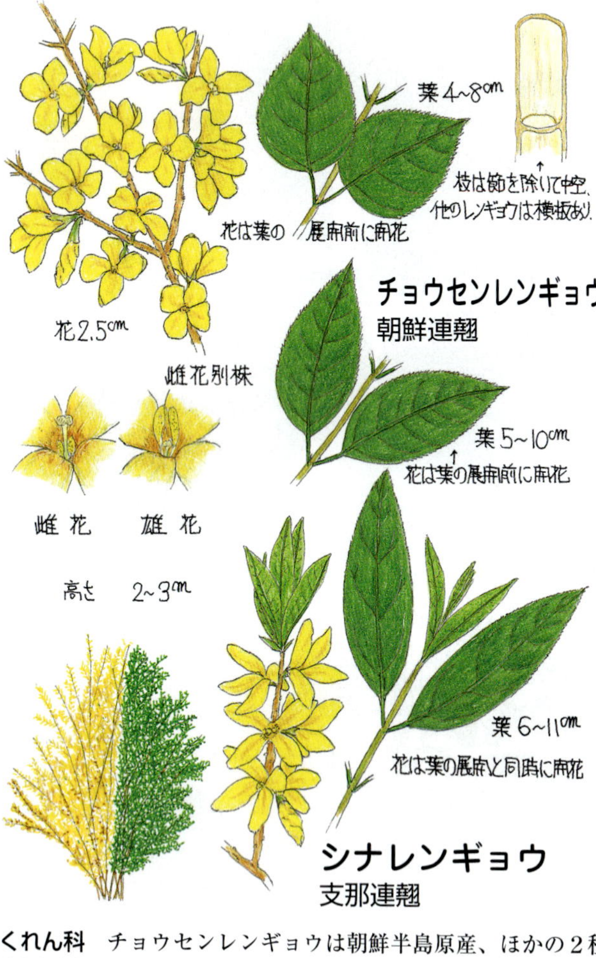

葉4〜8cm

枝は節を除いて中空。
他のレンギョウは横板あり。

花は葉の　展開前に開花

花2.5cm

雌花別株

雌花　雄花

高さ　2〜3m

チョウセンレンギョウ
朝鮮連翹

葉5〜10cm

花は葉の展開前に開花

葉6〜11cm

花は葉の展開と同時に開花

シナレンギョウ
支那連翹

低木

黄緑色花

もくれん科　チョウセンレンギョウは朝鮮半島原産、ほかの2種
は中国原産。日本にも中国地方に分布するヤマトレンギョウ（大
和連翹）や小豆島に棲息するショウドシマレンギョウ（小豆島連
翹）があります。レンギョウは春の魁に咲く花です。鮮やかな黄
色は温かさを感じ、春のエネルギーを放射しているようです。

キソケイ　黄素馨

●花期 5〜7月　●果期 10月頃　●常緑

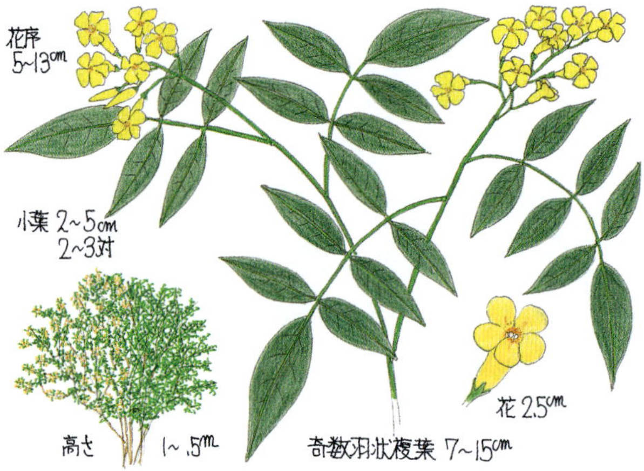

花序
5〜13cm

小葉 2〜5cm
2〜3対

高さ　1〜1.5m

花 2.5cm

奇数羽状複葉 7〜15cm

オウバイ　黄梅

●花期 2〜4月　●果期 9〜10月　●落葉

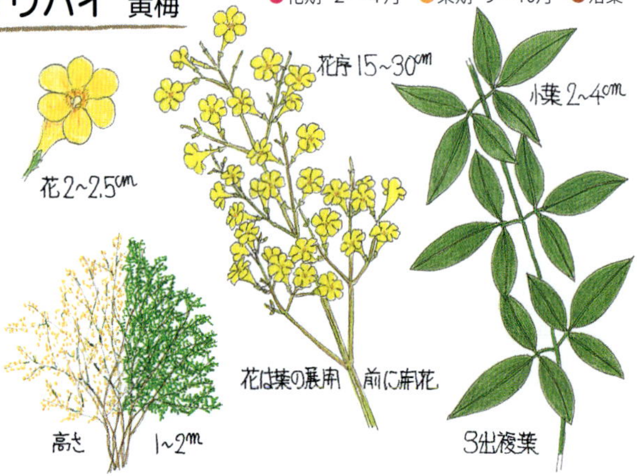

花 2〜2.5cm

花序 15〜30cm

小葉 2〜4cm

花は葉の展開前に開花

高さ　1〜2m

3出複葉

もくせい科　キソケイはヒマラヤ原産、オウバイは中国原産。両者は似ていますが、キソケイは常緑樹で葉は奇数羽状複葉で互生、オウバイは落葉樹で葉は3出複葉で対生です。花の時期がかなり異なりますから混同は少ないでしょう。オウバイの中国名は「迎春花」。レンギョウと同じように、黄色い花は春の花の代表的存在です。

低木

黄緑色花

329

キンギンボク　金銀木

●花期 4〜6月　●果期 7〜9月　●落葉　（ほぼ3種とも）

低木

黄緑色花

対生
葉2〜5cm

果実0.6〜0.8cm
有毒

花ははじめ白色、しだいに黄色
果実は2個並んでつく

花 1.5〜1.7cm

葉 6〜10cm

アラゲヒョウタンボク
粗毛瓢箪木

葉脈、葉柄に毛が多い

葉2〜5cm

高さ　1〜2m

イボタヒョウタンボク
水蠟瓢箪木

すいかずら科　キンギンボクは北海道南西部・東北と日本海側、アラゲヒョウタンボクは北海道南西部〜四国、イボタヒョウタンボクは山梨・長野・静岡に分布。キンギンボク（別名ヒョウタンボク瓢箪木）の名は、花の咲き始めは白く次第に黄色くなるのを金銀にたとえ、ヒョウタンボクは瓢箪状になる果実が由来です。

ツクバネウツギ　衝羽根空木

● 花期 5〜6月　● 果期 9〜11月　● 落葉　（ほぼ4種とも）

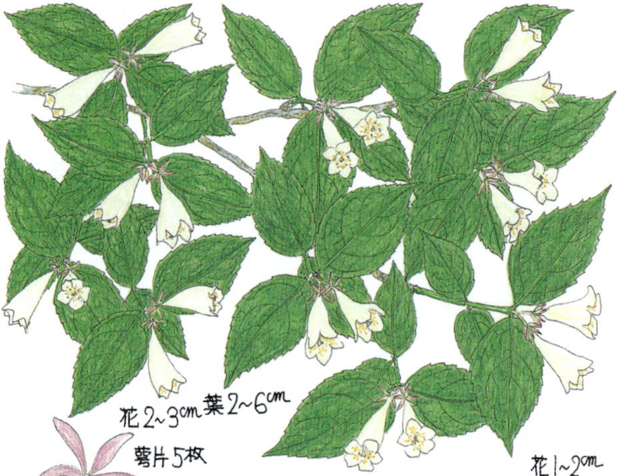

低
木

黄緑色花

花 2〜3cm　葉 2〜6cm

萼片5枚

花の落ちた後の萼片
他の花のように見える.

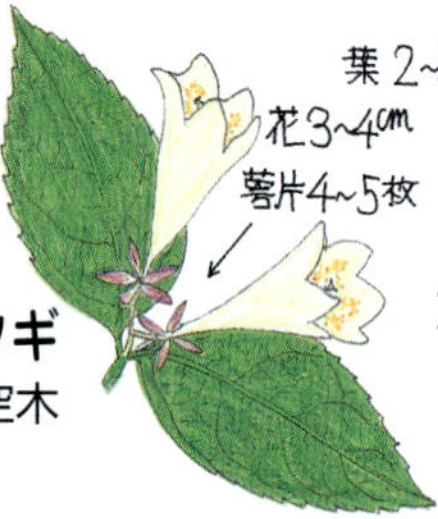

オオツクバネウツギ
大衝羽根空木

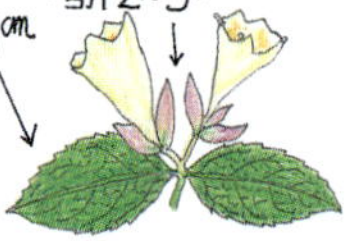

葉 2〜5cm
花 3〜4cm
萼片4〜5枚

花 1〜2cm
萼片 2〜3枚

コツクバネウツギ
小衝羽根空木

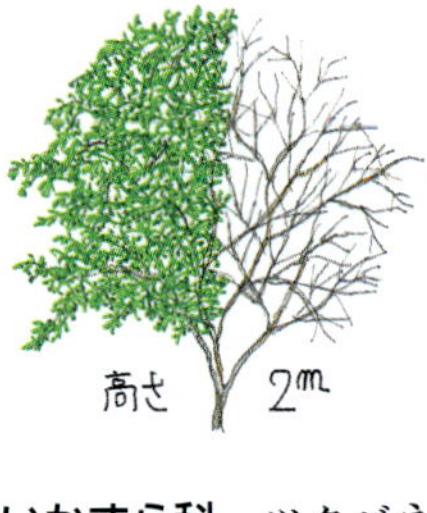

キバナツクバネウツギ
黄花衝羽根空木

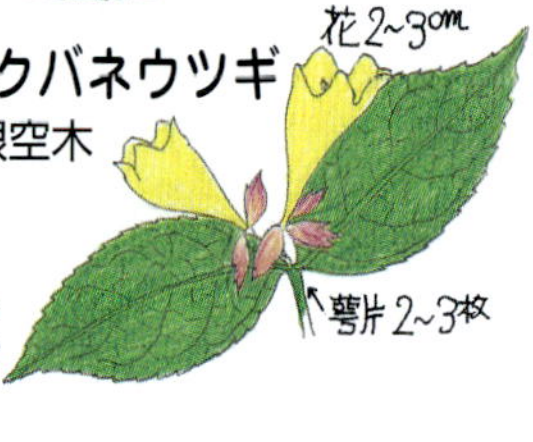

花 2〜3cm

高さ　2m

葉 4〜6cm

萼片 2〜3枚

すいかずら科　ツクバネウツギは福島以西〜九州に、オオツクバ
ネウツギは東北の太平洋側・関東中部以西に、コツクバネウツギ
は本州中部以西〜九州に、キバナツクバネウツギは東北〜中部に
分布。ツクバネの名は果実の先に萼片が5枚残り、羽根突きの羽
根にたとえたからです。アベリア（p.280）とも比べてください。

331

ネコヤナギ　猫柳

●花期 3月　●果期 5月　●落葉

低木

黄緑色花

雌花序
2.5~4cm

雌花

雄花

雄花序
3.5~5cm

りゅうじょ
柳絮（綿毛に包まれた種子）
→果実が成熟して裂開すると飛ぶ

雌雄別株

托葉

葉7~13cm

高さ　1~5m

やなぎ科　北海道～九州に分布。ほかのやなぎの仲間（p. 204～206）とも見比べてみてください。一般には山野や公園で見るより、花材として見るほうが多いかもしれません。名は花序をネコの尾にたとえました。早春に咲く花は、春が近いことを教えてくれます。樹液はカブトムシ・クワガタ・カナブンなどの好物です。

コリヤナギ　行李柳

●花期　3〜4月　●果期　5月　●落葉　（ほぼ3種とも）

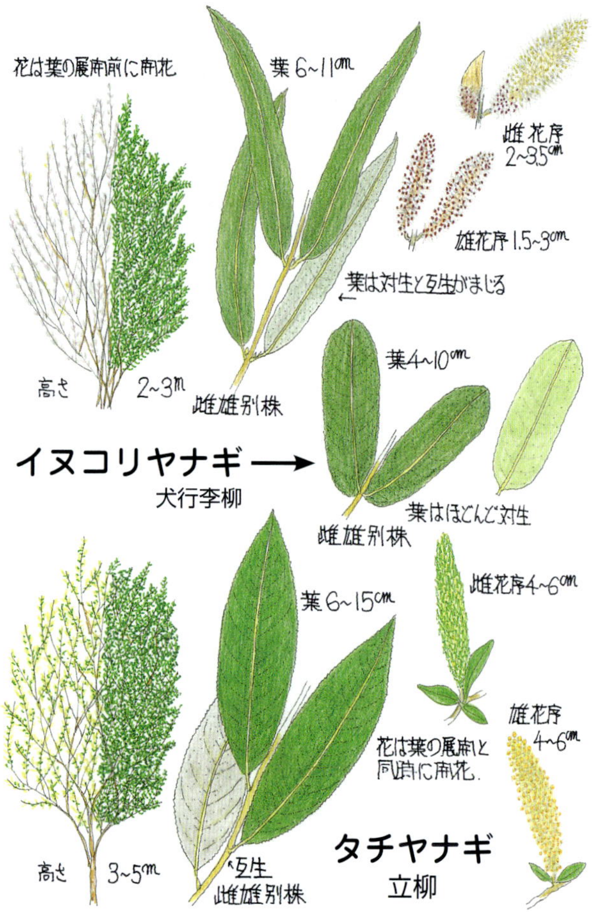

低木

黄緑色花

花は葉の展開前に開花

葉 6〜11㎝

雌花序 2〜3.5㎝

雄花序 1.5〜3㎝

葉は対生と互生がまじる

高さ　2〜3m

雌雄別株

イヌコリヤナギ →
犬行李柳

葉 4〜10㎝

葉はほとんど対生

雌雄別株

葉 6〜15㎝

雌花序 4〜6㎝

花は葉の展開と同時に開花

雄花序 4〜6㎝

高さ　3〜5m

互生
雌雄別株

タチヤナギ
立柳

やなぎ科　コリヤナギは朝鮮半島原産、ほかのイヌコリヤナギ・タチヤナギは北海道〜九州に分布。山野ではいろいろなタイプのヤナギを見ることができます。やなぎ科にはヤナギ属・オオバヤナギ属・ケショウヤナギ属・ヤマナラシ属などがあり、それぞれが大世帯なので、本書ではその一部を紹介するだけに留めました。

エニシダ　金雀枝

● 花期　4〜5月　● 果期　8〜10月　● 落葉

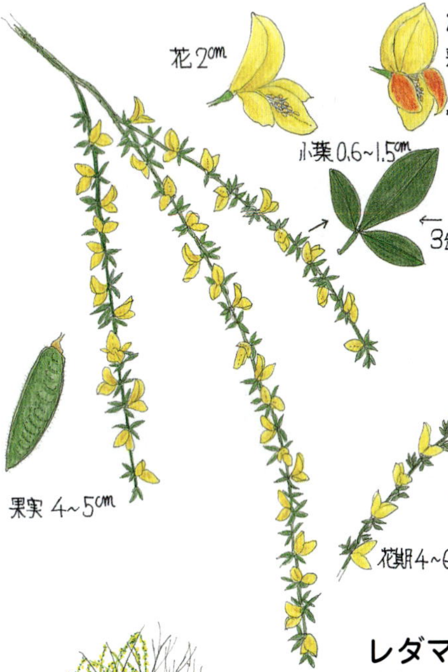

まめ科　エニシダはヨーロッパ、ムレスズメは中国、レダマは地中海沿岸原産です。エニシダは塀やフェンス越しに、黄色い花を惜しげもなく咲かせます。江戸時代にはすでに広く鑑賞されていました。ムレスズメはエニシダの小形版ですが、偶数羽状複葉です。レダマは、前2者より上品な印象があります。

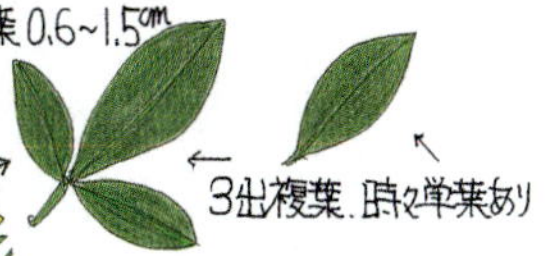

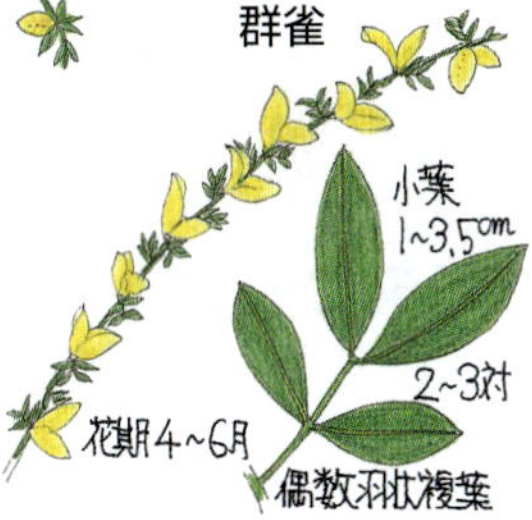

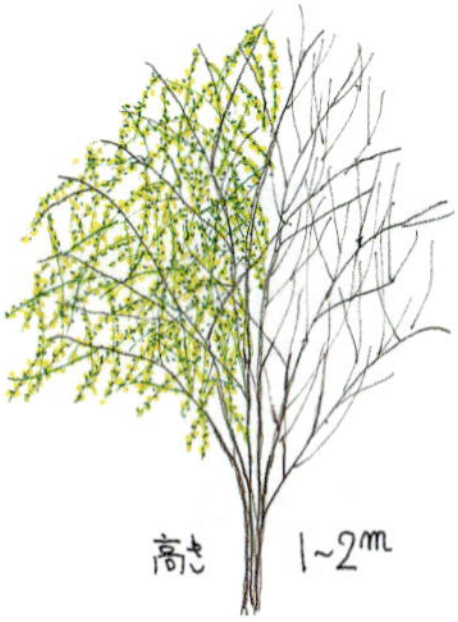

ビョウヤナギ　未央柳・美容柳

● 花期 6〜7月　● 果期 9月頃　● 半常緑　（2種とも）

低木

黄緑色花

雄しべは5つの束に分れ、各30〜40本.

葉 4〜8㎝

花 4〜8㎝
花弁は平開する

高さ　1m

キンシバイ
金枝梅

葉 2〜4㎝

花弁は椀鉢状
雄しべは5つの束に分れ各60本

花 4〜6㎝

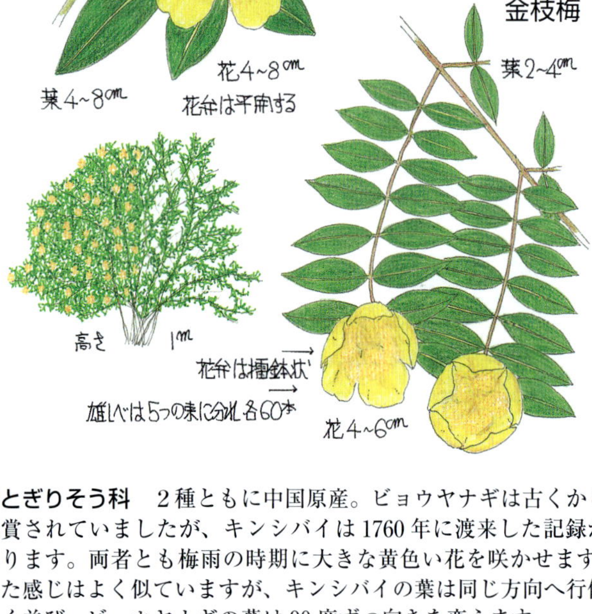

おとぎりそう科　2種ともに中国原産。ビョウヤナギは古くから鑑賞されていましたが、キンシバイは1760年に渡来した記録があります。両者とも梅雨の時期に大きな黄色い花を咲かせます。見た感じはよく似ていますが、キンシバイの葉は同じ方向へ行儀良く並び、ビョウヤナギの葉は90度ずつ向きを変えます。

335

センリョウ　千両

●花期 6〜7月　●果期 12〜3月　●常緑　（2種とも）

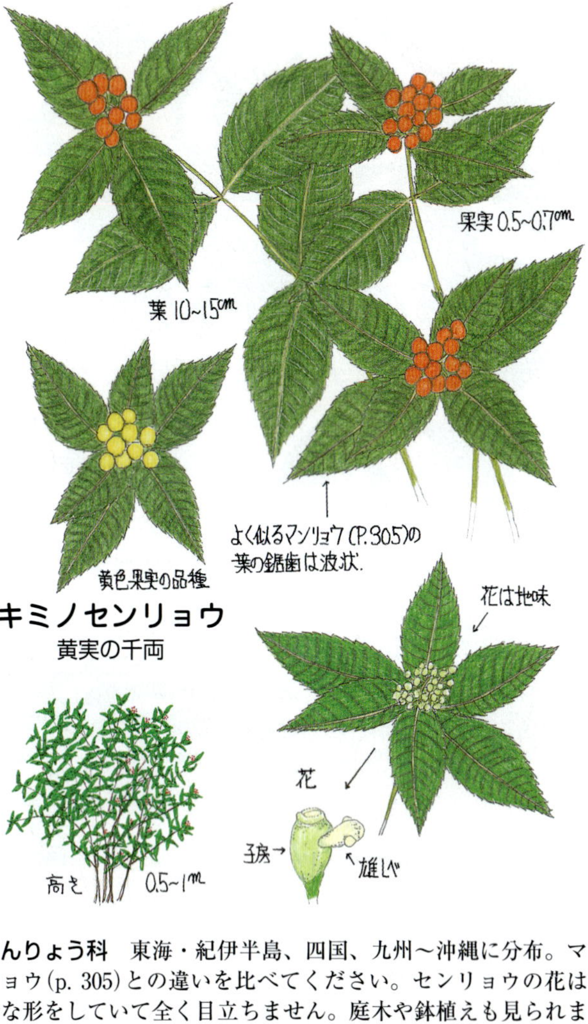

低木

黄緑色花

果実 0.5〜0.7cm

葉 10〜15cm

黄色果実の品種

よく似るマンリョウ（P.305）の
葉の鋸歯は波状.

キミノセンリョウ
黄実の千両

花は地味

花

子房

雄しべ

高さ　0.5〜1m

せんりょう科　東海・紀伊半島、四国、九州〜沖縄に分布。マンリョウ（p. 305）との違いを比べてください。センリョウの花は奇妙な形をしていて全く目立ちません。庭木や鉢植えも見られますが、果実の頃には花屋さんで花材として店頭を飾ります。お正月の縁起物としても使われます。キミノセンリョウは園芸品種です。

336

ロウバイ　蠟梅

● 花期 1〜2月　● 果期 晩秋　● 落葉　（クロバナロウバイを除く）

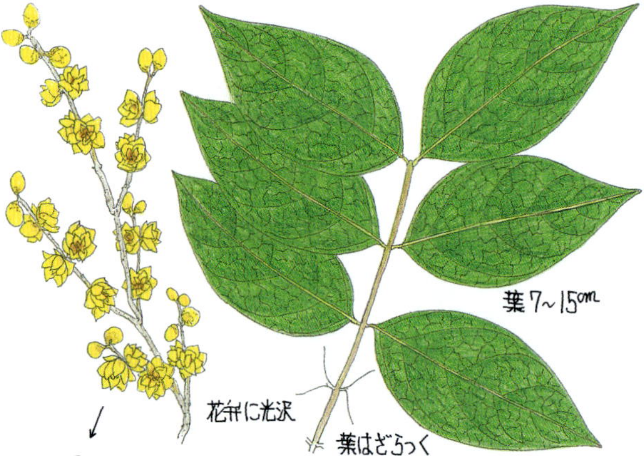

葉 7〜15cm

花弁に光沢

葉はざらつく

花 2cm

中心紅色

ソシンロウバイ
素心蠟梅

花は葉の展開前に開花

高さ　2〜5m

クロバナロウバイ
黒花蠟梅

● 花期 5〜6月

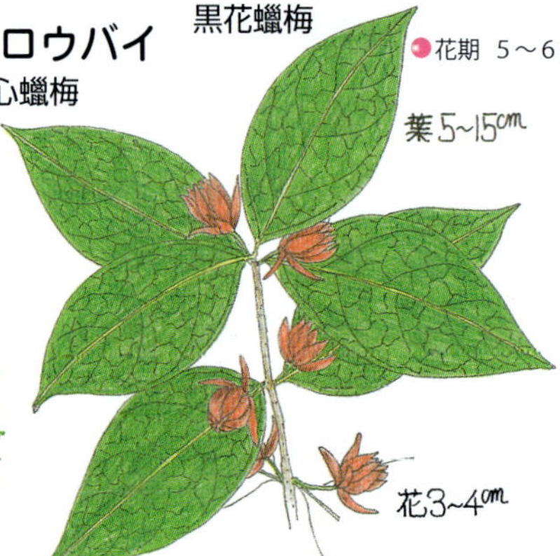

葉 5〜15cm

花 3〜4cm

ろうばい科　ロウバイ・ソシンロウバイは中国原産で江戸時代に渡来。春早く咲き透明感がある黄色い花と香りは、冬の青空によく似合います。花は蠟細工にも見えますが、旧暦の蠟月（12月）に咲くのが名の由来です。クロバナロウバイ（別名アメリカロウバイ）はアメリカ東部原産で明治中期頃に渡来しました。

低木

黄緑色花

337

トサミズキ　土佐水木

● 花期 3〜4月　● 果期 9〜10月　● 落葉　（2種とも）

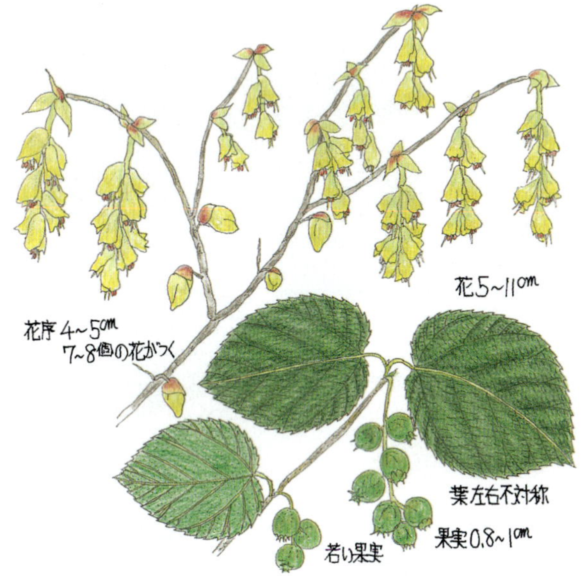

低木

黄緑色花

花序 4〜5cm
7〜8個の花がつく

花 5〜11cm

葉左右不対称

果実 0.8〜1cm

若い果実

花は葉の展開前に開花

ヒュガミズキ　日向水木

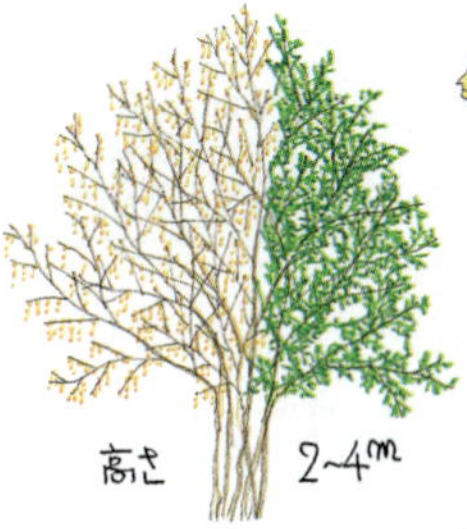

高さ　2〜4m

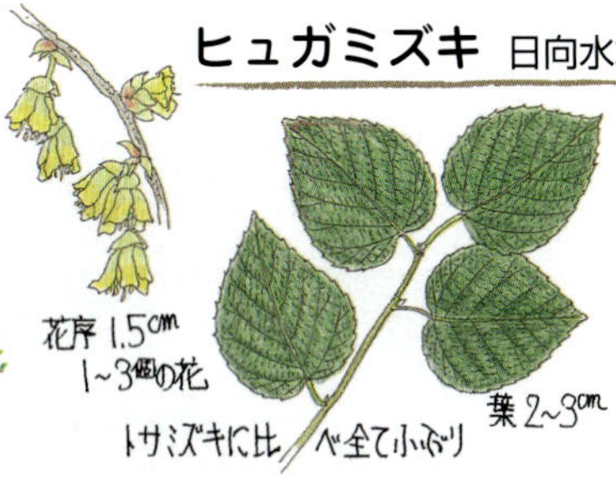

花序 1.5cm
1〜3個の花

トサミズキに比べ全て小ぶり

葉 2〜3cm

まんさく科　トサミズキは高知県に、ヒュウガミズキは石川〜兵庫の日本海側・高知・宮崎に分布。両者とも生垣として各地で見られます。ミズキの名がつきますが、まんさく科（p. 134）のメンバーです。よく似ているコウヤミズキ（高野水木）とかキリシマミズキ（霧島水木）もこの仲間です。

トキワマンサク　常磐満作

● 花期　4〜5月　　● 果期　秋　　● 常緑

低木

黄緑色花

花序 1.5cm
花弁は4枚

葉 2〜6cm
花面に星状毛が密生

葉は赤味を帯びることが多い.
真っ赤になる品種もあります.

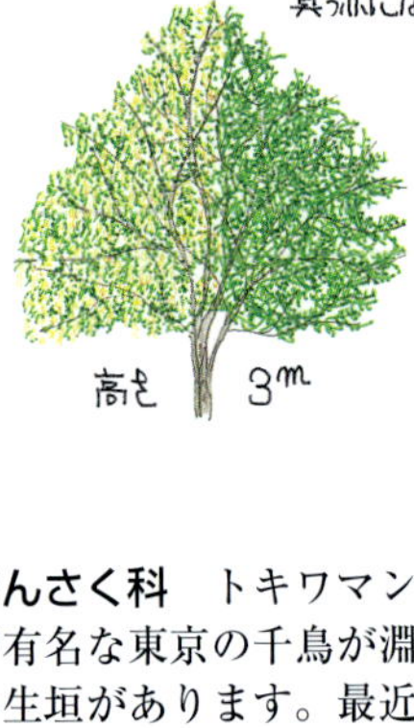

高さ　3m

まんさく科　トキワマンサクは静岡・三重・熊本に分布。お花見で有名な東京の千鳥が淵の遊歩道には、このトキワマンサクの長い生垣があります。最近は花も葉も赤くなる品種がいくつも育成され、一般の家の生垣としても多く見るようになりました。落葉するマンサクの仲間(p. 134・135)とも見比べてください。

低木

黄緑色花

スグリ　酸塊・須具利

● 花期 5〜6月　● 果期 7〜9月頃　● 落葉　（3種とも）

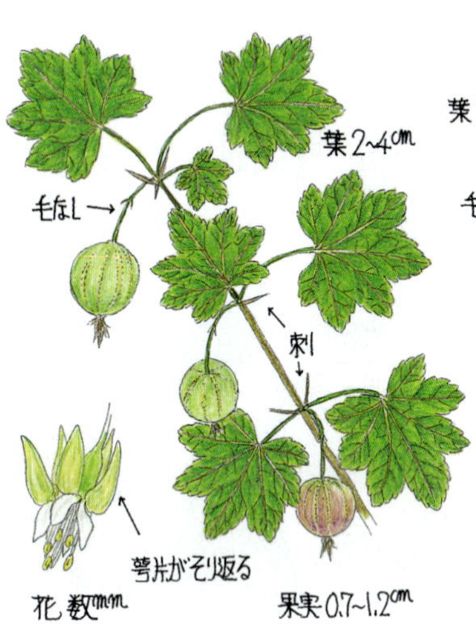

葉 2〜4cm

毛なし →

刺

葉 2〜3cm

毛あり →

果実 1cm

ユーラシア大陸・北アフリカ原産

マルスグリ
丸酸塊

別名セイヨウスグリ
西洋酸塊

萼片がそり返る

花 数mm

果実 0.7〜1.2cm

〔分布〕本州（山梨・長野）

フサスグリ　房酸塊

別名アカフサスグリ　赤房酸塊

ヨーロッパ西部〜アジア西部原産

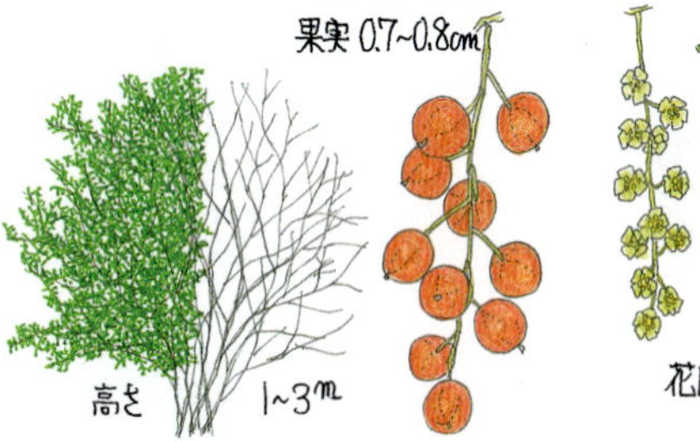

果実 0.7〜0.8cm

葉 3〜8cm

花 0.3cm

花序 5〜10cm

高さ

1〜3m

ゆきのした科　この仲間にはほかに亜高山帯に分布するトガスグ
リ、北海道や東北の一部に分布するエゾスグリ（蝦夷須具利）など
があります。一般的には刺のある種類（スグリなど）を gooseberry
と言い、刺のない種類（フサスグリ）を currant と呼んでいます。
どの種類もジャム界の貴公子で、爽やかな味がします。

340

ヤブサンザシ　藪山櫨子

● 花期 4〜5月　● 果期 10〜11月　● 落葉

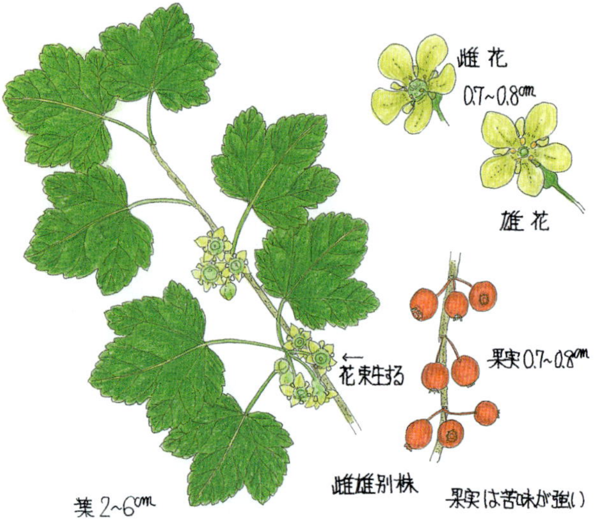

雌花 0.7〜0.8cm

雄花

← 花束生する

果実 0.7〜0.8cm

葉 2〜6cm

雌雄別株

果実は苦味が強い

両種とも野山でより庭や公園で見ることが多い。

ザリコミ

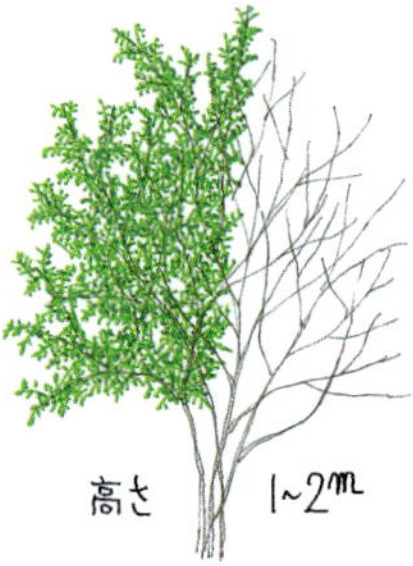

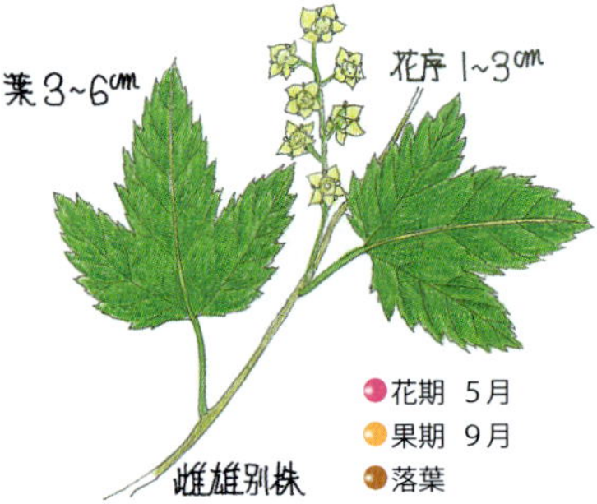

葉 3〜6cm

花序 1〜3cm

● 花期 5月
● 果期 9月
● 落葉

雌雄別株

高さ 1〜2m

ゆきのした科　ヤブサンザシは本州〜九州、ザリコミは本州の宮城以南・高知に分布。山で見るより庭木としてのほうが多いかも知れません。両者の区別は葉の切れ込みの形の違いです。ヤブサンザシの名は、果実がばら科のサンザシ（p. 193）に似ていることに由来します。果実はかなり強い苦味があります。

低木

黄緑色花

341

ミツマタ　三椏・三叉

●花期 3〜4月　●果期 6〜7月　●落葉　（2種とも）

低木

黄緑色花

花 0.8〜1.5cm

花序 30〜50個の花

アカバナミツマタ
赤花三椏

葉 5〜20cm

全ての枝は3分岐する

高さ　1〜2m

じんちょうげ科　中国〜ヒマラヤ原産。古くから和紙の繊維を採る植物として各地で栽培されました。今でも時々その名残りの木を見ることがあります。黄色い花がとても印象的です。どの枝も名のとおり3つに分かれていることを確かめてください。子供に教えるとおもしろがります。アカバナミツマタは園芸品種です。

342

ヤマブキ　山吹

● 花期　4〜5月　● 果期　9月頃　● 落葉

花 3〜5㎝

果実 0.4㎝、種子 0.2-0.3㎝

黄葉する

葉 4〜8㎝

花はヤマブキより少し遅れて咲く

ヤエヤマブキ
八重山吹

高さ 1〜2m

低木

黄緑色花

ばら科　北海道南部〜九州に分布。江戸城を築いた太田道灌の故事による「七重八重　花は咲けども　山吹の　みのひとつだに　なきぞ哀しき」の歌は有名です。八重咲きは結実しませんが、一重の花は結実します。花が薄黄色品種のシロバナヤマブキ（白花山吹）とシロヤマブキ（p. 314）との混同に注意してください。

343

ヒイラギナンテン　柊南天

● 花期 3～4月　● 果期 6～7月　● 常緑

花序 10～15cm

花 0.6～0.8cm

奇数羽状複葉
30～40cm

小葉 4～10cm
5～9対

果実 0.7cm

← 粉白を帯びる

高さ 3m

めぎ科　別名トウナンテン(唐南天)　中国～ヒマラヤ、台湾原産。17世紀に渡来し庭木として鑑賞されました。今はマンションの玄関前の植え込みが定位置になりました。黄色い花が美しく、あまり大きくならず手入れが簡単だからでしょう。ヒイラギの名からくる魔除け効果も考えられてかもしれません。

低木

黄緑色花

344

ホソバヒイラギナンテン　細葉柊南天

●花期　9〜10月　●果期　冬　●常緑

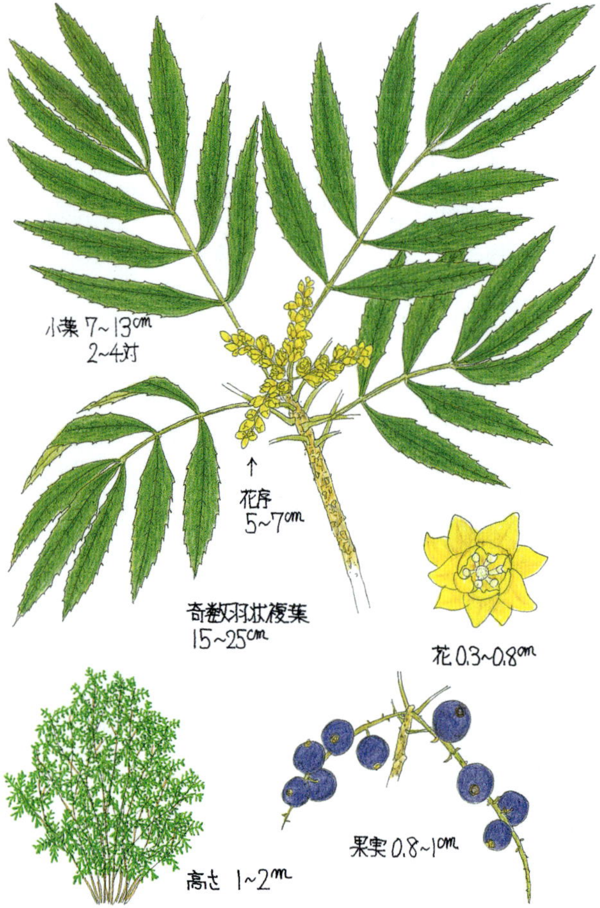

低木

黄緑色花

小葉 7〜13cm
2〜4対

↑
花序
5〜7cm

奇数羽状複葉
15〜25cm

花 0.3〜0.8cm

高さ 1〜2m

果実 0.8〜1cm

めぎ科　中国原産。明治初頭に渡来し観賞用として普及しました。前頁のヒイラギナンテンと同じ科・属ですが、花期が春・秋と違うので、ほとんどの人は近縁だとは思いません。花や果実はもちろん、葉もよく見ればなんとなく似ています。遠くに住む親戚の従兄弟に初めて会った時に「何処となく似ている！」正にその感じです。

345

コクサギ　小臭木

●花期 4〜5月　●果期 7〜10月　●落葉

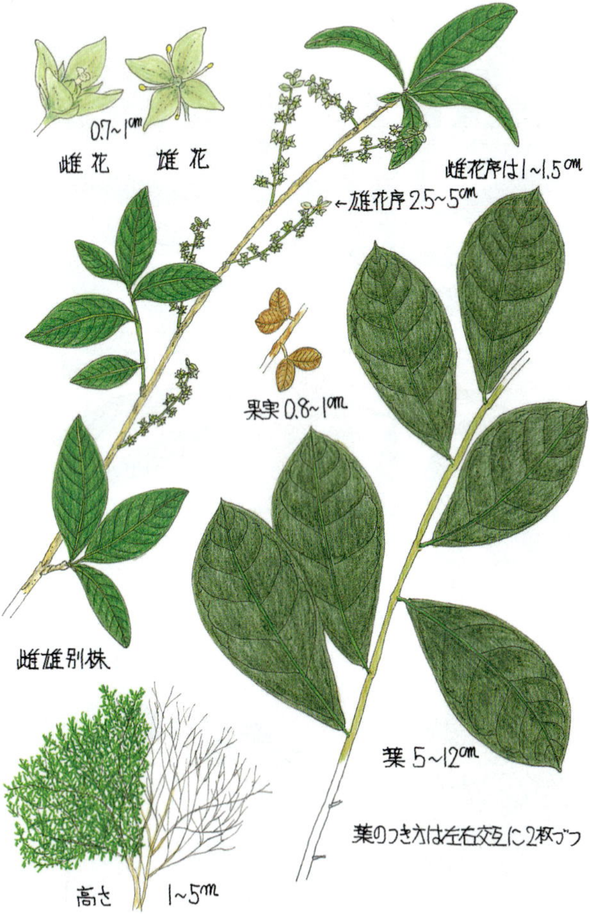

低木

黄緑色花

雌花　雄花
0.7〜1㎝

←雄花序 2.5〜5㎝

雌花序は 1〜1.5㎝

果実 0.8〜1㎝

雌雄別株

葉 5〜12㎝

高さ 1〜5ｍ

葉のつき方は左右交互に2枚づつ

みかん科　本州〜九州に分布。山では沢に沿って歩くと出会えます。名はくまつづら科のクサギ (p. 276) より小形で匂いがあるからですが、このコクサギは良い香りがします。葉のつき方に特徴があり、片側に2枚ずつ付き、まるでスキップしているようです。この形は生物進化の一過程で「コクサギ型葉序」と呼びます。

346

サンショウ　山椒

● 花期 4〜5月　● 果期 9〜10月　● 落葉

雌花
0.5〜0.7cm

雄花序
2〜5cm

雄花
0.5〜0.7cm

奇数羽状複葉
5〜18cm

小葉 1〜3.5cm
5〜9対

葉軸には小さな翼あり

刺あり

雌雄別株

果実 0.5cm

フユザンショウ　冬山椒

● 花期 4〜5月　● 果期 10月　● 常緑

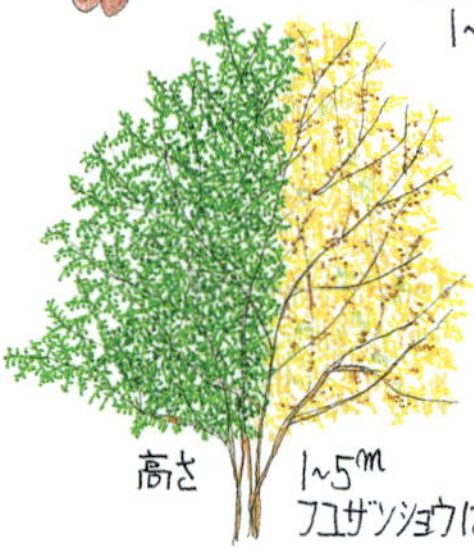

小葉 3〜8cm
1〜3対

花序 2〜5cm

奇数羽状複葉
9〜14cm

雌雄別株

高さ　1〜5m
フユザンショウは1〜3m

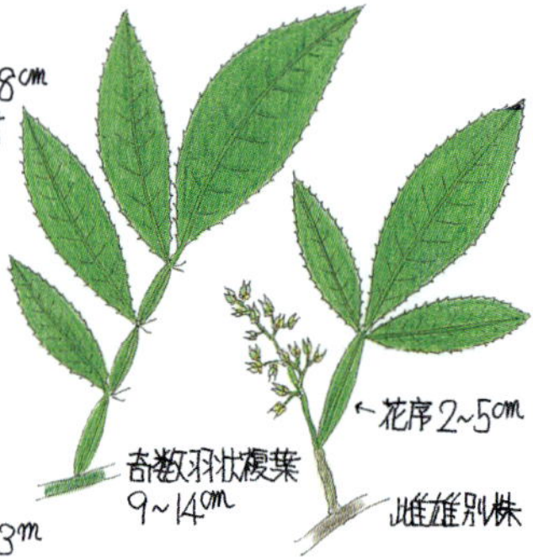

みかん科　サンショウは北海道〜九州に分布。若葉は奴豆腐や和え物の薬味、若い果実は実山椒と言い雄花と同じように佃煮に、熟した果実の粉末が粉山椒の香辛料、果実の皮は七色唐辛子の一色で、多才な頑張り屋さんです。フユザンショウは関東以西〜九州に分布し、西日本で多く見かけます。こちらは常緑樹です。

低木

黄緑色花

ニシキギ　錦木

● 花期 5〜6月　● 果期 10〜11月　● 落葉

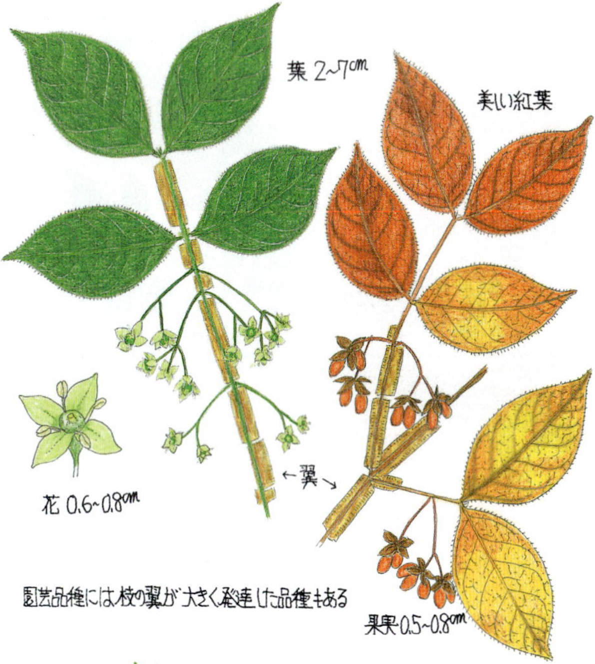

低木

黄緑色花

葉 2〜7cm

美しい紅葉

花 0.6〜0.8cm

←翼→

園芸品種には枝の翼が大きく発達した品種もある

果実 0.5〜0.8cm

リュウキュウマユミ
琉球真弓

● 花期 3〜4月
● 果期 10月
● 常緑

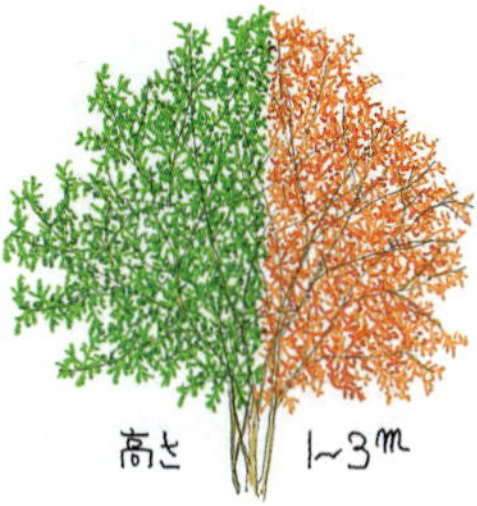

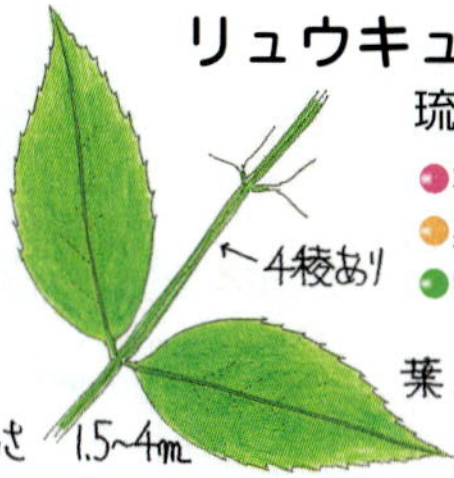

←4稜あり

葉 3〜9cm

高さ 1〜3m

高さ 1.5〜4m

にしきぎ科　ニシキギは北海道〜九州に分布。秋は紅葉の美しさで知られ、錦の名もここからきています。枝に翼があることが特徴で、もっと大きな翼の園芸品種もあります。果実も可愛らしく庭木の人気は高位ランクです。リュウキュウマユミは鹿児島〜沖縄に分布し、特徴は枝が4稜あることです。

348

マユミ　真弓

● 花期　5〜6月　● 果期　10〜11月　● 落葉　（ほぼ3種とも）

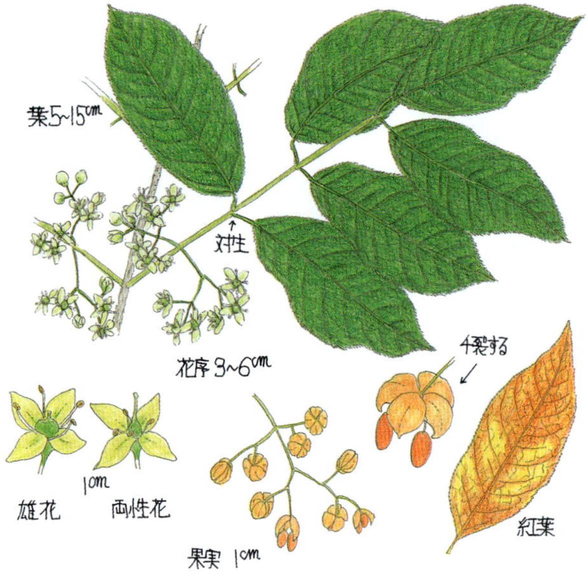

低木

黄緑色花

葉5〜15cm

対生

花序3〜6cm

4裂する

雄花　　両性花

果実　1cm

紅葉

オオコマユミ
大小真弓

コマユミ
小真弓

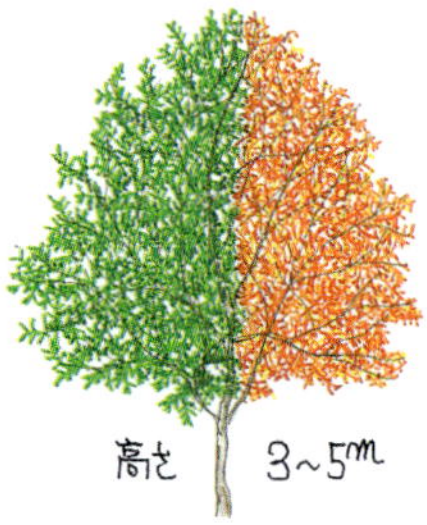

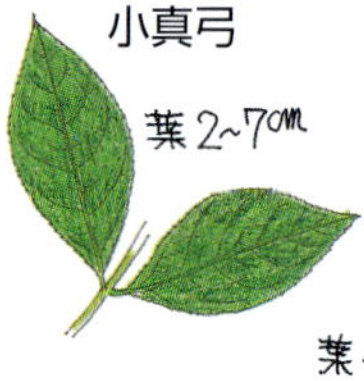

葉2〜7cm

葉4〜10cm

高さ　3〜5m

にしきぎ科　3者ともに北海道〜九州に分布。マユミの名は、これから弓を作ったことに由来します。果実も紅葉も極めて美しく、ニシキギと同じように庭木として人気が高い木です。コマユミ・オオコマユミの名にはマユミとつきますが、植物分類的にはニシキギに近い種類で「翼のないニシキギ」と覚えてください。

349

ツリバナ　吊花

●花期 5〜6月　●果期 9〜10月　●落葉　（3種とも）

低木

黄緑色花

花柄3〜10㎝

花 0.8㎝

葉 3〜10㎝

3種の見分けは果実の違い
が最も確実.

稜は低く5裂する

オオツリバナ
大吊花

稜は明瞭に張出し5裂する

高さ 1〜4m

ヒロハツリバナ
広葉吊花

稜は明瞭で4裂する

にしきぎ科　ツリバナとヒロハツリバナは北海道〜九州、オオツリバナは北海道・本州中部以北と奈良に分布。長い柄の下に付く花は誰もが愛らしく感じます。果実が裂開して黒い種子がのぞく頃は、紅葉とも重なり風情があります。3種の区別は花や葉では難しいのですが、果実の形でなら容易に見分けられます。

350

ハマボウ　浜箒・黄槿

● 花期 7〜8月　● 果期 10〜11月　● 落葉

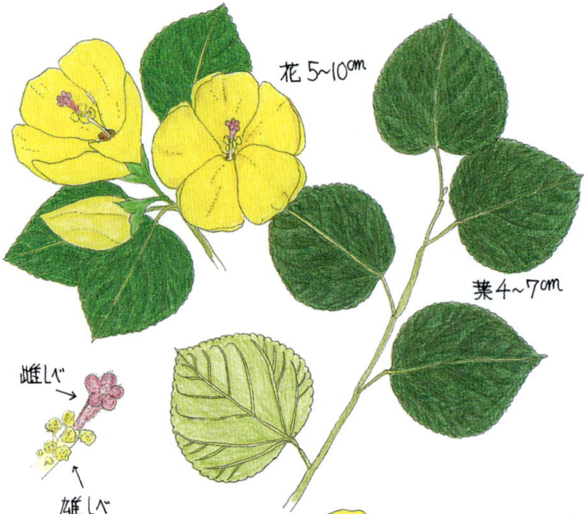

低木

黄緑色花

花 5〜10cm

葉 4〜7cm

雌しべ

雄しべ

オオハマボウ
大浜箒

花は深く湾入する →

花 10cm

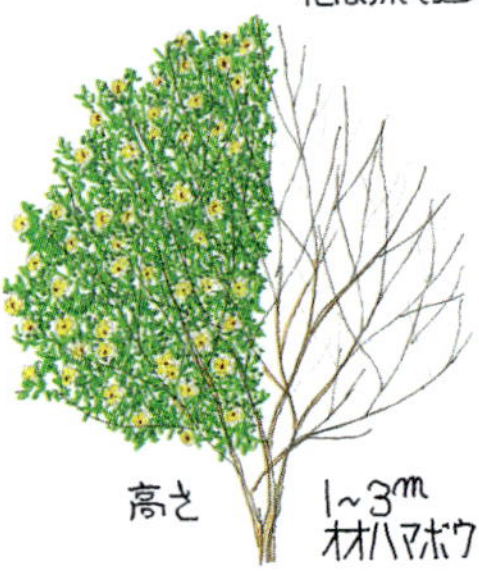

葉 8〜15cm

高さ

1〜3m
オオハマボウは4〜6m

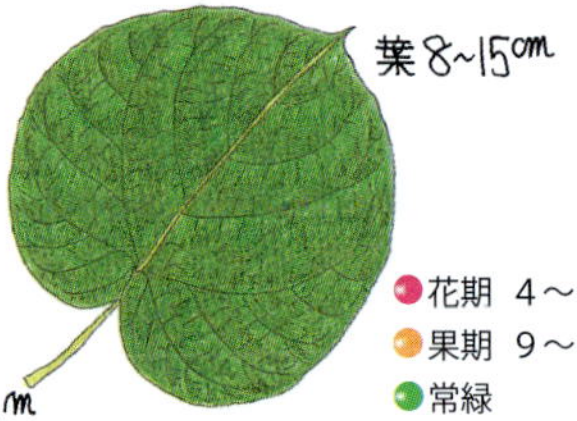

● 花期 4〜6月
● 果期 9〜10月
● 常緑

あおい科　ハマボウは三浦半島以西〜九州、オオハマボウは屋久島・種子島〜沖縄・小笠原の海岸の砂丘に分布。内陸育ちの人が花の時期に海岸地帯のハマボウの防砂・防潮林の横を通ると、感嘆の声をあげます。黄色い大きな花は、海と空の青・砂浜の白とよく似合います。花は朝咲いて夜しぼむ一日花です。

351

アキグミ　秋茱萸

● 花期 4〜6月　● 果期 9〜11月　● 落葉

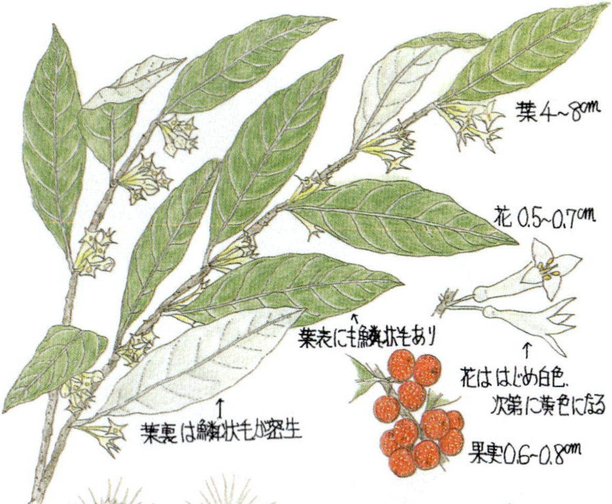

低木

黄緑色花

葉 4〜8cm

花 0.5〜0.7cm

葉表にも鱗状毛あり

花は はじめ白色。
次第に黄色になる

果実 0.6〜0.8cm

葉裏は鱗状毛が密生

鱗状毛　　星状毛

ナツグミ　夏茱萸

● 花期 4〜5月　● 果期 5〜7月
● 落葉

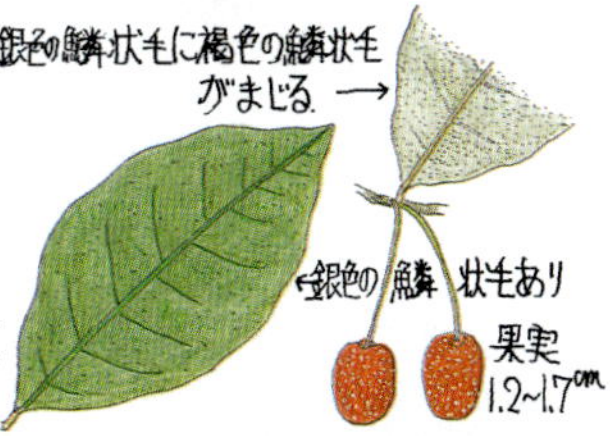

銀色の鱗状毛に褐色の鱗状毛がまじる →

← 銀色の鱗状毛あり

果実 1.2〜1.7cm

トウグミ　唐茱萸

● 花期
4〜6月
● 果期
6〜7月
● 落葉

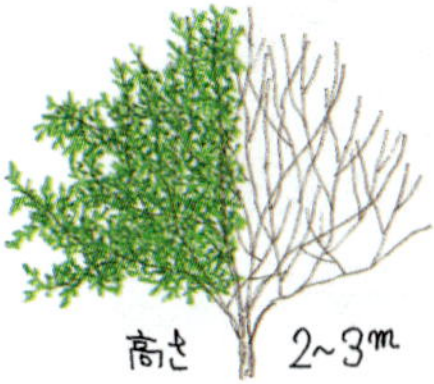

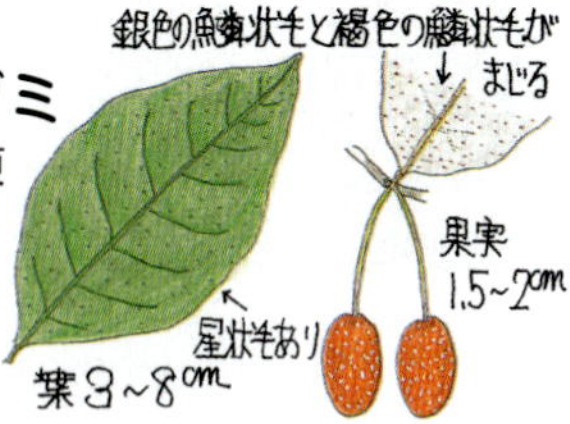

銀色の鱗状毛と褐色の鱗状毛がまじる

果実 1.5〜2cm

星状毛あり

葉 3〜8cm

高さ 2〜3m

ぐみ科　アキグミは北海道渡島半島〜九州、ナツグミは北海道南部・福島〜静岡の太平洋側、トウグミは北海道渡島半島・近畿以北(除く福島〜静岡)に分布。グミの仲間は飛砂防止や土止めとして海浜地帯によく植えられています。子どもの頃採って食べたグミの味は忘れられません。グミの実は漢方薬としても使われます。

ナワシログミ　苗代茱萸

● 花期 10〜11月　● 果期 5〜6月　● 常緑

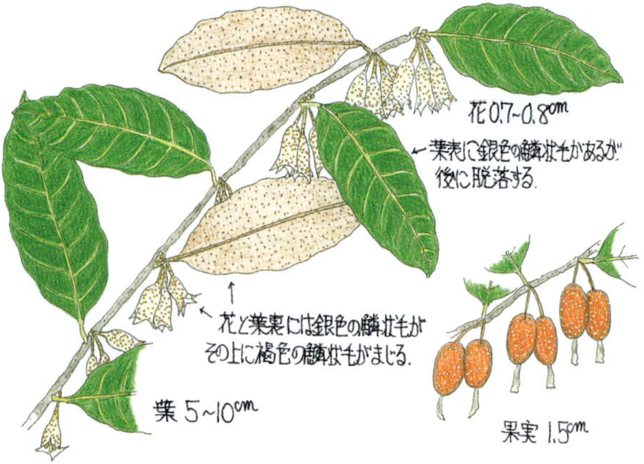

花 0.7〜0.8㎝

← 葉表に銀色の鱗状毛があるが、後に脱落する。

↑
花と葉裏には銀色の鱗状毛が
その上に褐色の鱗状毛がまじる。

葉 5〜10㎝

果実 1.5㎝

マルバグミ　丸葉茱萸

● 花期 10〜11月　● 果期 3〜4月　● 常緑

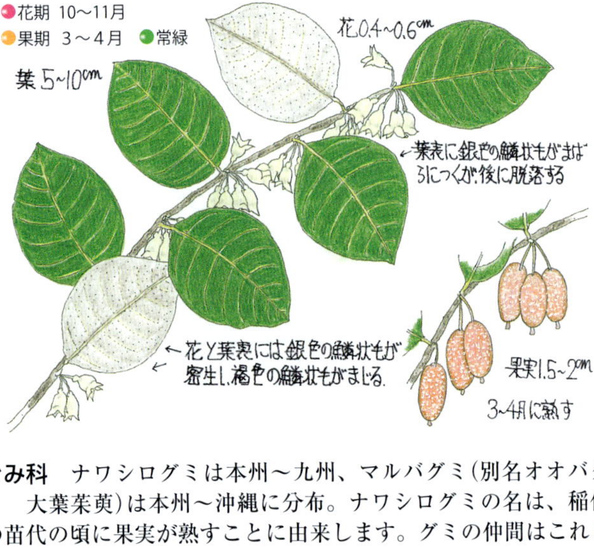

花 0.4〜0.6㎝

葉 5〜10㎝

← 葉表に銀色の鱗状毛がまばらにつくが、後に脱落する

← 花と葉裏には銀色の鱗状毛が
密生し、褐色の鱗状毛がまじる。

果実 1.5〜2㎝

3〜4月に熟す

ぐみ科　ナワシログミは本州〜九州、マルバグミ（別名オオバグミ　大葉茱萸）は本州〜沖縄に分布。ナワシログミの名は、稲作の苗代の頃に果実が熟すことに由来します。グミの仲間はこれら以外にも数種あり、つる性のツルグミもあります。西日本ではナワシログミの生垣を見かけます。

低木

黄緑色花

353

ウコギ　五加木

●花期 5〜6月　●果期 7〜8月　●落葉　（2種とも）

花序 2〜3㎝

雌花　　雄花

雌雄別株

果実 0.5〜0.6㎝

掌状複葉　5枚
小葉 3〜7㎝

ヒメウコギ　姫五加木

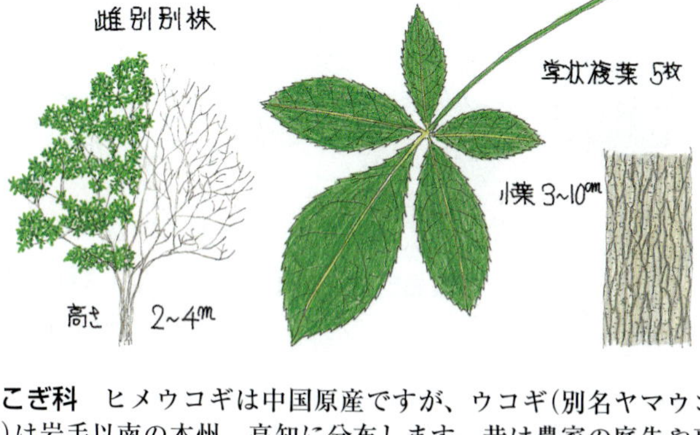

掌状複葉　5枚

小葉 3〜10㎝

高さ　2〜4m

うこぎ科　ヒメウコギは中国原産ですが、ウコギ（別名ヤマウコ
ギ）は岩手以南の本州、高知に分布します。昔は農家の庭先や裏
山などでよく見かけました。飢饉などの時に若葉は良く食べられ
ました。「ウコギ飯」は今ではほかの山菜料理と同様に珍味です。
このほかにオカウコギ・エゾウコギなどあります。

ハナイカダ　花筏

- 花期　4〜6月
- 果期　8〜10月
- 落葉

低木

黄緑色花

果実0.7〜1cm

雄花

0.4〜0.5cm
雌花

雌花株

雌雄別株

葉3〜16cm

ハナイカダの樹姿

高さ　1〜3m

ナギイカダ

棚筏

雌花

数mm

葉1.5〜2.5cm

雄花

ナギイカダの樹姿

- 花期　3〜5月
- 果期　10月頃
- 常緑

雌雄別株

針状→

果実1cm

高さ0.2〜0.5m

みずき科 のハナイカダは北海道南部〜九州に分布。葉の中心に花や果実が付き、その姿は筏に乗る船頭さんのようです。この面白さから庭木としてよく植えられます。**ゆり科** のナギイカダは地中海沿岸原産で江戸末期に渡来。花と果実を乗せた葉を筏にたとえました。ナギの名は葉がナギ(p.84)に似ているからです。

355

メギ　目木

●花期 4月　●果期 10〜11月　●落葉　（ほぼ4種とも）

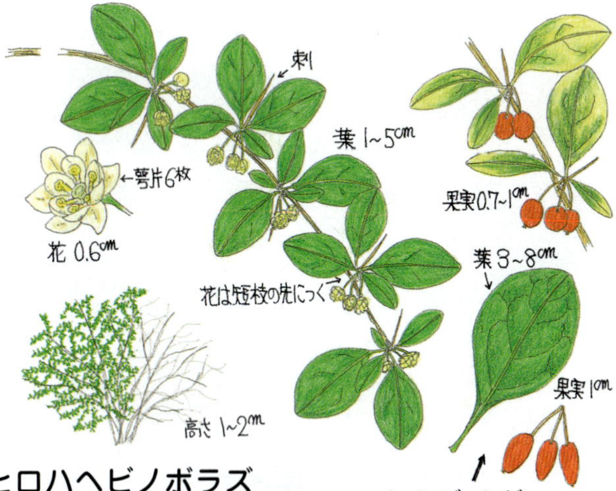

刺

萼片6枚

花 0.6㎝

花は短枝の先につく

葉 1〜5㎝

高さ 1〜2㎝

ヒロハヘビノボラズ
広葉蛇上らず

葉 3〜8㎝

果実 0.7〜1㎝

果実 1㎝

オオバメギ　大葉目木

葉 3〜10㎝

果実 1㎝

葉 3〜9㎝

0.6㎝

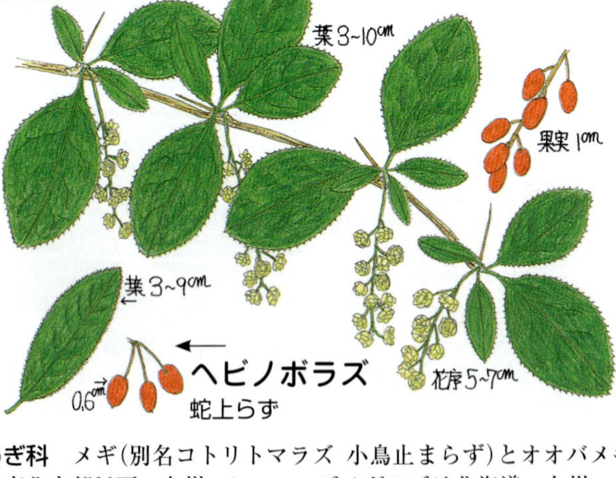

ヘビノボラズ
蛇上らず

花序 5〜7㎝

めぎ科　メギ（別名コトリトマラズ　小鳥止まらず）とオオバメギ
は東北南部以西〜九州、ヒロハヘビノボラズは北海道〜九州、ヘ
ビノボラズは本州中部・近畿・宮崎に分布。メギの名は、葉や枝
を煎じて洗眼剤としたことからで、ノボラズ・トマラズの名は鋭
い刺に関係しています。どの果実もすごくまずいものです。

ソテツ　蘇鉄

● 花期 夏　● 果期 11〜12 月　● 常緑

低木

黄緑色花

雄花序

雌花序

←小葉 10cm

羽状複葉
0.5〜2m

種子 2〜4cm

高さ
2〜6m

そてつ科　九州南部〜沖縄に分布。関東以西では露地でも越冬するので公園樹・庭木や盆栽でも見かけます。このソテツが枯れそうなとき、鉄分（鉄くず、釘）などを与えると元気を回復します。鉄で蘇生するから蘇鉄なのです。昔は飢饉植物として、幹や枝を水にさらし有毒成分を除いた後、食用としました。

索 引

ア

アイヅシモツケ　317
アオキ　288
アオギリ　51
アオダモ　162
アオツヅラフジ　95
アオバノキ　159
アオモジ　221
アカイタヤ　143
アカガシ　35
アカギ　233
アカシデ　130,131
アカバナトチノキ　31
アカバナミツマタ　342
アカマツ　60
アカメガシワ　232
アカメモチ　194
アカメヤナギ　206
アキグミ　352
アキニレ　43
アケビ　106
アケボノアセビ　151
アコウ　147
アサガラ　160
アサノハカエデ　142
アジサイ　289
アスナロ　72
アズマシャクナゲ　268
アセビ　151

アテツマンサク　135
アブラチャン　220
アベマキ　215
アマチャ　290
アメリカキササゲ　200
アメリカシャクナゲ　269
アメリカスズカケノキ　21
アメリカノウゼンカズラ　88
アメリカハナノキ　145
アメリカヒイラギ　242
アラカシ　34
アラゲアオダモ　163
アラゲヒョウタンボク　330
アリドウシ　309
アンズ　114
イイギリ　256
イスノキ　136
イヌエンジュ　24
イタビカズラ　98
イタヤカエデ　143
イチイ　77
イチイガシ　33
イチジク　122
イチョウ　56
イヌガシ　132，225
イヌガヤ　81
イヌコリヤナギ　333
イヌザクラ　185
イヌシデ　131
イヌツゲ　241

358

イヌビワ 146	エゾノコリンゴ 191
イヌブナ 211	エゾヤナギ 205
イヌマキ 78	エゾユズリハ 127
イブキ 75	エドヒガン 15
イブキシモツケ 317	エニシダ 334
イボタノキ 166	エノキ 217
イボタヒョウタンボク 330	エビヅル 92
イワガサ 319	エンコウカエデ 143
イワガラミ 292	エンシュウシャククナゲ 268
イワシモツケ 317	エンジュ 24
イワツルウメ 108	オウゴンシノブヒバ 74
ウグイスカグラ 279	オウゴンスギ 68
ウケザキオオヤマレンゲ 180	オウバイ 329
ウコギ 354	オオイタビ 98
ウスノキ 267	オオイタヤメイゲツ 142
ウツギ 321	オオコマユミ 349
ウバメガシ 36	オオシマザクラ 15
ウマグリ 30	オオツクバネウツギ 331
ウメ 114	オオツリバナ 350
ウメモドキ 293	オオツルウメモドキ 108
ウラジロガシ 33	オオデマリ 174
ウリカエデ 143	オオハマボウ 351
ウリハダカエデ 143	オオバアサガラ 160
ウワミズザクラ 184	オオバイヌビワ 146
ウンシュウミカン 121	オオバイボタ 166
ウンリュウヤナギ 7	オオバエニシダ 334
エゴノキ 3	オオバオオヤマレンゲ 180
エゾアジサイ 290	オオバクロモジ 221
エゾイチゴ 312	オオバベニガシワ 301
エゾウコギ 354	オオバボダイジュ 255
エゾウワミズザクラ 184	オオバメギ 356
エゾシモツケ 317	オオバヤシャブシ 209
エゾスグリ 340	オオムラサキ 264

359

オオムラサキシキブ　272
オオモクゲンジ　239
オオモミジ　141
オオヤマザクラ　16
オオヤマレンゲ　180
オカウコギ　354
オガタマノキ　181
オキシャクナゲ　268
オキナヤシ　58
オトコヨウゾメ　171
オニイタヤ　143
オニクロキ　157
オニグルミ　203
オノエヤナギ　205
オリーブ　198

カ

カイコウズ　27
カイズカイブキ　75
カエデ　141
カキ　112
カギカズラ　91
カクレミノ　327
カゴノキ　227
カシワ　214
カジイチゴ　313
カジカエデ　142
カジノキ　219
カスミザクラ　16
カツラ　55
カナウツギ　320
カナクギノキ　222
カマツカ　188

カヤ　80
カラコギカエデ　142
カラスザンショウ　235
カラタチ　121
カラタチバナ　305
カラタネオガタマ　181
カラマツ　63
カリン　117
カルミヤ　269
カワヅザクラ　17
カワヤナギ　205
カワラハンノキ　129
カンザクラ　17
カンザブロウノキ　159
カンヒザクラ　17
カンボク　173
ガクアジサイ　289
ガクウツギ　291
ガジュマル　147
ガマズミ　170
キイチゴ　313
キウイフルーツ　123
キササゲ　200
キソケイ　329
キッコウタケ　82
キヅタ　94
キヌヤナギ　205
キハギ　295
キハダ　234
キバナウツギ　278
キバナシャクナゲ　268
キバナツクバネウツギ　331
キブシ　229

キミノオンコ 77	クロツバラ 249
キミノセンリョウ 336	クロバイ 158
キャラボク 77	クロバナロウバイ 337
キョウチクトウ 271	クロビイタヤ 143
ギランイヌビワ 146	クロベ 72
キリ 126	クロマツ 60
キリシマミズキ 338	クロミサンザシ 193
キンカン 120	クロモジ 221
キンギンボク 330	クワ 218
キンシバイ 335	ケクロモジ 221
キンモクセイ 199	ケヤキ 40
ギョリュウ 149	ゲッケイジュ 47
ギンドロ 128	ゲンペイクサギ 277
ギンモクセイ 199	コアジサイ 290
ギンヨウアカシア 29	コウゾ 219
クコ 270	コウツギ 291
クサイチゴ 313	コウモリカズラ 95
クサギ 276	コウヤボウキ 310
クサボケ 285	コウヤマキ 79
クスノキ 46	コウヤミズキ 338
クスノハカエデ 142	コウヨウザン 69
クチナシ 308	コガクウツギ 291
クヌギ 215	コクサギ 346
クマイチゴ 313	コクチナシ 308
クマザサ 83	コケモモ 111
クマシデ 131	コゴメウツギ 320
クマノミズキ 155	コゴメヤナギ 204
クリ 216	コシアブラ 259
クロイチゴ 282	コショウ 99
クロウメモドキ 249	コツクバネウツギ 331
クロガネモチ 49	コデマリ 319
クロキ 157	コナラ 212
クロチク 82	コノテガシワ 76

361

コハウチワカエデ 142
コバノガマズミ 171
コバノズイナ 322
コブシ 11
コマツナギ 294
コマユミ 349
コムラサキ 273
コメツガ 66
コリヤナギ 333
ゴマギ 176
ゴヨウマツ 62
ゴンズイ 245

サ

サイカチ 236
サカキ 248
サカキカズラ 90
サクラバハンノキ 129
サザンカ 139
サツキ 264
サネカズラ 96
サラサドウダン 266
サルスベリ 54
サルトリイバラ 89
サルナシ 105
サワグルミ 202
サワシバ 131
サワフタギ 156
サワラ 73
サンカクヅル 92
サンゴシトウ 27
サンゴジュ 175
サンザシ 193

サンシュユ 252
サンショウ 347
サンショウバラ 100
ザイフリボク 189
ザクロ 124
ザリコミ 341
シウリザクラ 184
シオジ 165
シキミ 207
シコンノボタン 302
シジミバナ 318
シダレヤナギ 6
シチョウゲ 309
シデコブシ 11
シナサワグルミ 202
シナノキ 254
シナマンサク 135
シナレンギョウ 328
シノブヒバ 74
シバニッケイ 224
シマガマズミ 171
シマサルスベリ 54
シマサルナシ 105
シマタゴ 163
シマトネリコ 163
シモクレン 10
シモツケ 287
シャシャンボ 152
シャリンバイ 315
シュロ 262
ショウドシマレンギョウ 328
シラカシ 32
シラカバ 208

シロシキブ　273
シロダモ　225
シロドウダン　306
シロナンテン　324
シロバイ　159
シロバナヤマブキ　343
シロモジ　221
シロモッコウ　100
シロヤナギ　204
シロヤマブキ　314
ジャケツイバラ　103
ジンチョウゲ　297
スイカズラ　87
スイフヨウ　298
スギ　68
スグリ　340
スズカケノキ　20
スダジイ　38
スダチ　120
スノキ　267
スモモ　155
ズイナ　322
ズミ　190
セイヨウキヅタ　94
セイヨウサンザシ　193
セイヨウナシ　118
セイヨウニンジンボク　274
セイヨウヒイラギ　242
セイヨウミザクラ　119
センダン　39
センリョウ　336
ソシンロウバイ　337
ソテツ　357

ソメイヨシノ　14
ソヨゴ　178

タ

タイサンボク　182
タカオモミジ　140
タチバナ　121
タチバナモドキ　192
タチヤナギ　333
タニウツギ　278
タブノキ　226
タマアジサイ　291
タムシバ　11
タラノキ　260
タラヨウ　243
タンナサワフタギ　156
ダイオウショウ　61
ダケカンバ　208
ダンコウバイ　220
チシマザサ　83
チシャノキ　154
チドリノキ　144
チマキザサ　83
チャ　325
チョウセンゴミン　97
チョウセンゴヨウ　62
チョウセンヒメツゲ　251
チョウセンレンギョウ　328
ツガ　66
ツキヌキニンドウ　86
ツクシシャクナゲ　268
ツクシハギ　295
ツクバネウツギ　331

ツクバネガシ 33
ツゲ 251
ツゲモチ 48
ツタ 93
ツヅラフジ 95
ツバキ 138
ツリバナ 350
ツルアジサイ 292
ツルウメモドキ 108
ツルグミ 353
ツルコウジ 304
ツルコウゾ 219
ツルコケモモ 111
ツルシキミ 307
ツルツゲ 241
テイカカズラ 90
テウチグルミ 203
テツカエデ 142
テリハノイバラ 312
テンダイウヤク 223
デイゴ 26
トウカエデ 12
トウグミ 352
トウジュロ 262
トウネズミモチ 167
トウモクレン 10
トガスグリ 340
トキワガキ 112
トキワマンサク 339
トサシモツケ 317
トサミズキ 338
トチノキ 30
トックリヤシ 57

トネリコ 164
トベラ 179
ドイツトウヒ 66
ドウダンツツジ 306
ドクウツギ 300
ドロノキ 128

ナ

ナガバノコウヤボウキ 310
ナギ 84
ナギイカダ 355
ナシ 116
ナツグミ 352
ナツツバキ 196
ナツナゼ 267
ナツミカン 120
ナツメ 250
ナツメヤシ 58
ナナカマド 19
ナナミノキ 148
ナラガシワ 213
ナワシロイチゴ 282
ナワシログミ 353
ナンキンハゼ 44
ナンテン 324
ニガキ 237
ニシキウツギ 278
ニシキギ 348
ニッケイ 224
ニワウメ 311
ニワウルシ 23
ニワトコ 201
ニワナナカマド 316

364

ニワフジ　294
ニンジンボク　274
ヌルデ　177
ネコヤナギ　332
ネジキ　150
ネズ　71
ネズミモチ　167
ネムノキ　28
ノイバラ　312
ノウゼンカズラ　88
ノカイドウ　137
ノグルミ　203
ノブドウ　91
ノボタン　302
ノリウツギ　291

ハ

ハイネズ　71
ハイノキ　158
ハイビスカス　299
ハイビャクシン　76
ハウチワカエデ　142
ハクウンボク　2
ハクサンシャクナゲ　268
ハクサンボク　171
ハクショウ　61
ハクチョウゲ　309
ハクモクレン　10
ハシドイ　5
ハスノハカズラ　95
ハゼノキ　45
ハチク　82
ハッサク　120

ハナイカダ　355
ハナカイドウ　137
ハナズオウ　296
ハナゾノツクバネウツギ　280
ハナノキ　145
ハナミズキ　52
ハナモモ　18
ハマイヌビワ　146
ハマゴウ　275
ハマナス　286
ハマナツメ　250
ハマヒサカキ　247
ハマビワ　228
ハマボウ　351
ハリエンジュ　25
ハリギリ　258
ハルニレ　42
ハンカチノキ　257
ハンノキ　129
バイカウツギ　321
バクチノキ　186
バッコヤナギ　205
バラ　283
バライチゴ　313
バンマツリ　270
ヒイラギ　169
ヒイラギナンテン　344
ヒイラギモクセイ　168
ヒギリ　277
ヒサカキ　246
ヒトツバカエデ　144
ヒトツバタゴ　161
ヒナウチワカエデ　142

365

ヒノキ 73	フユイチゴ 101	
ヒマラヤスギ 64	フユザンショウ 347	
ヒムロ 74	フヨウ 298	
ヒメイタビ 98	ブッソウゲ 299	
ヒメウコギ 354	ブナ 210	
ヒメクロモジ 221	ブラシノキ 303	
ヒメコウゾ 219	ブラックベリー 113	
ヒメシャラ 196	ブルーベリー 110	
ヒメツゲ 251	ヘビノボラズ 356	
ヒメヒサカキ 247	ヘラノキ 254	
ヒメヤシャブシ 209	ベニガク 290	
ヒメユズリハ 127	ベニドウダン 266	
ヒュウガミズキ 338	ベニバナトチノキ 31	
ヒヨクヒバ 74	ベニマンサク 135	
ヒロハゴマギ 176	ホオノキ 183	
ヒロハツリバナ 350	ホオベニエニシダ 334	
ヒロハヘビノボラズ 356	ホザキシモツケ 287	
ビャクダン 39	ホザキナナカマド 316	
ビョウヤナギ 335	ホソエカエデ 142	
ビロウ 58	ホソバイヌビワ 146	
ピラカンサ 192	ホソバシャリンバイ 315	
フウ 22	ホソバタブ 226	
フウトウカズラ 99	ホソバヒイラギナンテン 345	
フウリンウメモドキ 293	ホテイチク 82	
フェニックス 57	ホナガアセビ 151	
フカノキ 261	ホルトノキ 50	
フサアカシア 29	ホンコンカポック 261	
フサザクラ 133	ホンシャクナゲ 268	
フサスグリ 340	ボケ 284	
フサフジウツギ 281	ボタンクサギ 277	
フジ 102	ボダイジュ 255	
フジウツギ 281	ポプラ 8	
フジキ 195		

マ

マサキ　244
マタタビ　104
マダケ　82
マツブサ　97
マテバシイ　37
マメガキ　112
マユミ　349
マルスグリ　340
マルバアオダモ　163
マルバウツギ　321
マルバグミ　353
マルバシモツケ　317
マルバチャノキ　154
マルバニッケイ　224
マルバハギ　295
マルバマンサク　135
マルメロ　117
マンサク　134
マンリョウ　305
ミカイドウ　137
ミカン　120
ミズキ　155
ミズナラ　213
ミツデカエデ　144
ミツバアケビ　106
ミツバウツギ　323
ミツバツツジ　265
ミツマタ　342
ミネカエデ　142
ミミズバイ　159
ミヤギノハギ　295

ミヤマアオダモ　163
ミヤマイボタ　166
ミヤマウグイスカグラ　279
ミヤマウメモドキ　293
ミヤマガマズミ　171
ミヤマシキミ　307
ミヤマフユイチゴ　101
ミヤママタタビ　104
ムクゲ　299
ムクノキ　41
ムクロジ　238
ムシカリ　172
ムニンノボタン　302
ムベ　107
ムラサキシキブ　272
ムレスズメ　334
メギ　356
メグスリノキ　144
メタセコイヤ　70
モウソウチク　82
モクゲンジ　239
モチノキ　48
モッコウバラ　100
モッコク　197
モトゲイタヤ　143
モミ　65
モミジイチゴ　313
モミジバスズカケノキ　21
モミジバフウ　22
モモ　115

ヤ

ヤエキョウチクトウ　271

ヤエクチナシ　308
ヤエヤマコクタン　112
ヤエヤマブキ　343
ヤエヤマヤシ　58
ヤクシマシャクナゲ　268
ヤクシマツバキ　138
ヤクタネゴヨウ　62
ヤシャブシ　209
ヤチダモ　165
ヤツデ　326
ヤハズアジサイ　291
ヤハズハンノキ　129
ヤブコウジ　304
ヤブサンザシ　341
ヤブデマリ　173
ヤブニッケイ　224
ヤブムラサキ　273
ヤマアジサイ　289
ヤマウルシ　240
ヤマグルマ　230
ヤマグワ　218
ヤマコウバシ　222
ヤマザクラ　16
ヤマトアオダモ　165
ヤマトレンギョウ　328
ヤマハギ　295
ヤマハンノキ　129
ヤマフジ　102
ヤマブキ　343
ヤマブドウ　92
ヤマボウシ　53
ヤマモガシ　231
ヤマモミジ　141

ヤマモモ　13
ユーカリノキ　253
ユキツバキ　139
ユキヤナギ　318
ユクノキ　195
ユスラウメ　311
ユズ　121
ユズリハ　127
ユリノキ　9
ヨシノヤナギ　204
ヨレスギ　68

ラ

ライラック　4
ラカンマキ　78
ラクウショウ　70
ラズベリー　113
リュウキュウカンヒザクラ　17
リュウキュウマツ　61
リュウキュウマメガキ　112
リュウキュウマユミ　348
リョウブ　153
リンゴ　116
リンゴツバキ　138
リンボク　187
レダマ　334
レンギョウ　328
レンゲツツジ　265
ロウバイ　337

【著者紹介】

開　誠（ひらき　まこと）

　1941 年生まれ。東京在住。

　東京教育大学（現 筑波大学）で、植物病理及び菌学を学ぶ。卒業後、キリンビール（株）に入社し、ビール大麦の新品種開発及び植物関連の新事業展開に従事、後にトキタ種苗（株）研究農場長として花や野菜の新品種の育成にたずさわる。この間、日本育種学会賞（グループとして）、日本経済新聞社年間最優秀製品賞（キリンビール社、トキタ種苗社として）受賞。

　退職後、植物教室を開き、多くの方々と野草や樹木の観察をしながら木々の資料を集めた。この経験から、初心者の方々に樹木の名や特徴を知る楽しさを伝えたいと考え、本書を著した。

　著書：高尾山の野草 313 種（近代出版）

街へ　野山へ　楽しい木めぐり
― ポケット　スケッチ図鑑 616 種 ―

発 行 日	2007 年 10 月 20 日　初版
著　　者	開　誠
編集制作	有限会社 じてん社 　　小林栄三
発 行 者	菅原律子
発 行 所	株式会社 近代出版
	〒150-0002　東京都渋谷区渋谷 2-10-9 TEL03-3499-5191　FAX03-3499-5204 E-mail　mail@kindai-s.co.jp http://www.kindai-s.co.jp
印 刷 所	河和田屋印刷株式会社
カバーデザイン	渡辺裕子
校　　正	村田光崇
Ｄ Ｔ Ｐ	神原　文（じてん社）

©Makoto Hiraki　2007 Printed in Japan
ISBN978-4-87402-137-8　C2645